KB191117

회복탄력성의 뇌과학

하버드대 의사가 알려주는 5가지 회복탄력성 리셋 버튼

회복탄력성의 뇌과학

아디티 네루카 지음 | 박미경 옮김

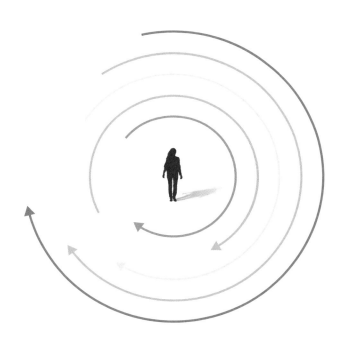

현대
지성

가시 하나에도 뚫리는 얇은 피부를 가진 인간. 빠르게 뛰지도 못하고, 날아서 도망가지도 못하는 몸을 가지고 태어난 호모사피엔스. 이처럼 나약하기 짝이 없는 인류는 어떻게 지구의 주인이 될 수 있었을까? 그 어느 종보다 큰 뇌를 가졌기 때문이라고 뇌과학자들은 말한다. 덕분에 세상을 이해하고 예측할 수 있는 능력이 진화했고, 다른 사람들과의 소통과 협업도 가능해졌다. 혼자서는 절대 이기지 못할 맹수도 잡을 수 있다. 수십 명, 수백 명이 협업하면 거대한 매머드도 사냥한다. 특히 1만 년 전 지금의 중동 지역에서 '농사'를 짓기 시작하며 한곳에 정착한 인류는 위대하고 찬란한 도시와 문명, 기술과 예술을 만들어냈다.

그런데 문제가 생겼다. 이기적인 유전자 덕분에 나와 직속 가족의 생존만을 위해 최적화된 뇌가 유전자적으로는 아무 상관 없는, 아니 잠재적인 경쟁자일지 모를 다른 사람들과 쉴 새 없이 소통하고 협업해야 하니 말이다. 이것은 하루 종일 하기 싫은 일을 해야 하고, 함께 있고 싶지 않은 사람과 함께 있어야 하는 대부분의 현대인이 '스트레스'를 느끼는 가장 중요한 원인일 것이다. 그렇다고 문명의 혜택을 포기하고 깊은 산속 동굴로 도피하고 싶지도 않은 우리를 위해, 하버드대 의사이자 멘탈 전문가인 네루카 박사는 '현대문명'이라는 존재적 틀 안에서도 스트레스와 번아웃으로부터 해방시켜줄 회복탄력성을 강조한다. 스트레스와 번아웃에서 벗어나는 최고의 방법은 뇌의 회복탄력성 회로를 재설정하는 것이다. 이 책은 단순히 이론적인 설명에 그치지 않고 일상생활에서 적용 가능한 다양한 방법을 제시한다. 지금 이 순간에도 스트레스와 번아웃에 시달리고 있을, 21세기를 살아가는 많은 현대인에게 이 책을 추천한다.

김대식 | 뇌과학자, 카이스트 교수

회복탄력성이란 삶의 여정에서 겪게 되는 온갖 어려움을 극복하고 이를 통해 회복하고 성장할 수 있는 능력을 말한다. 회복탄력성은 스트레스라는 자극이 있어야 활성화되므로 스트레스를 나약함이나 부끄러움으로 여겨 피하기보다 일상에서 함께할 친구처럼 받아들여야 한다. 하지만 스트레스가 너무 과도하면 번아웃 상태가 된다.

뇌는 평소에는 전전두엽 피질이 주요 역할을 맡지만, 스트레스를 받을 때는 편도체가 중심이 된다. 편도체는 생존, 자기 보호, 두려움 등의 반응을 관장하며, 시상하부와 뇌하수체를 통해 코르티솔을 생성한다. 코르티솔은 부신을 자극해 아드레날린을 분비시키며, 이는 스트레스 반응의 핵심 경로가 된다. 우리의 뇌와 몸은 급성 스트레스를 효과적으로 처리하도록 설계되어 있지만, 만성 스트레스는 편도체와 스트레스 반응 체계에 과부하를 일으킨다. 이는 지속적으로 코르티솔의 수치를 높여 뇌 손상과 위축으로 이어질 수 있다. 따라서 우리는 뇌를 단련시켜 회복탄력성을 높여야 한다. 뇌는 변화하는 삶의 환경에 따라 성장하고 적응하는 근육과도 같다. 신경세포를 꾸준히 자극하면 근육을 단련하듯 뇌도 단련할 수 있다. 튼튼한 뇌는 강한 스트레스를 견뎌내고, 이는 곧 회복탄력성을 증진시킨다.

하버드대학교의 스트레스와 회복탄력성 전문가인 아디티 네루카 박사가 만성 스트레스와 번아웃에 대한 연구 결과를 바탕으로 제시한 5가지 회복탄력성 리셋 방식은 현재 미국 전역에서 널리 인정받고 있다. '가장 중요한 것을 명확히 파악하라', '시끄러운 세상에서 평정을 찾아라', '뇌와 몸을 동기화하라', '뇌를 쉬게 하라', '최고의 자아를 전면에 내세워라'라는 5가지 리셋 버튼을 개발하고 구체적이고 실행 가능한 방법을 제시했다. 이 책은 베스트셀러 작가들이 큐레이터로 활동하면서 중요한 책을 선별해 독자들과 통찰력을 공유하는 '넥스트 빅 아이디어클럽'에서 필독서로도 선정되었다. 회복탄력성에 대한 실천적 조언은 스트레스가 심각한 오늘날의 한국 사회를 살아가는 많은 분에게 큰 도움이 될 것이다.

권준수 | 한양의대 정신건강의학과 석좌교수, 서울대 명예교수

우리의 뇌와 몸을 안에서부터 새롭게 연결하는 탁월한 접근법을 소개한다. 전략은 간단하고 실용적이며 그 효과는 놀랍기 그지없다. 스트레스와 번아웃으로 고생하는 모든 사람을 위한 필독서다.

아리아나 허핑턴 | Thrive Global 설립자 겸 CEO

한번 손에 들면 놓을 수 없는 책이다. 뉴노멀 시대를 살아가는 우리에게 스트레스와 번아웃에 대한 궁금증을 해소해준다. 스트레스를 관리하고 시간을 효율적으로 관리하는 전략들이 가득하다. 특히 일과 가정생활로 바쁜 부모에게 안성맞춤이다!

이브 로드스키 | *FAIR PLAY* 저자

지나친 스트레스가 좋지 않다는 건 누구나 알고 있는 사실이다. 스트레스는 몸과 마음을 고갈시킬 뿐만 아니라 번아웃을 유발할 수 있다. 핵심은 스트레스를 잘 관리해 더 건강하고 행복한 삶을 사는 것이다. 이 책은 바로 그런 삶을 살도록 안내할 것이다.

케이티 쿠릭 | 저널리스트, 작가, Katie Couric Media 설립자 겸 CEO

나의 평생 목표는 사람들이 최고의 모습을 선보이도록 돕는 것이다. 이 책의 목표는 여러분이 최고의 기분을 느끼도록 돕는 것이다. 스트레스가 줄고 번아웃이 줄어든다. 누구나 쉽게 해볼 수 있다. 부디 내면의 아름다움을 찾으시길.

바비 브라운 | Jones Road Beauty 설립자 겸 CEO

나의 회복탄력성 리셋 버튼인
맥과 조이에게 이 책을 바칩니다

5월의 어느 날 밤, 오랜 친구인 리즈에게서 전화가 왔다. 수화기 너머로 몹시 당황한 목소리가 들렸다.

"나한테 무슨 일이 벌어지고 있는지 모르겠어. 운동을 하고 싶은 의욕이 완전히 바닥났다니까."

운동을 하기 싫은 마음이 대다수 사람에게는 흔한 일이겠지만 내 친구 리즈에게는 진짜 큰일이었다. 25년도 더 전에 처음 만났던 날부터 지금껏 리즈는 매일 새벽 5시 30분에 이불을 박차고 일어나 운동을 하러 가는 사람이다. 울트라 마라톤 대회에 출전하고, 철인 3종 경기를 완주하고, 틈만 나면 산에도 올랐다. 대학원에 다니고 12년간의 결혼생활 동안 출산도 두 번이나 했지만, 단 한 번도 운동을 멈춘 적은 없었다. 리즈는 마치 마블 코믹스^{Marvel Comics}의 슈퍼히어로로 같았다. 그의 초능력은 바로 이 못 말리는 체력이었다. 그래서 리즈가 그날 밤에 전화로 6개월 동안 운동을 전혀 하지 않았다고 했을 때 나는 귀가 쫑긋 섰다.

"그렇다고 온종일 소파에 누워서 빈둥거리지도 않아. 그렇다면 번아웃은 확실히 아니야. 너도 알잖아. 내가 회복탄력성 하나는 끝내준다는 걸."

나는 리즈의 말에 조용히 귀를 기울였다. 하지만 스트레스와 번아웃의 전문 지식을 갖춘 하버드 출신 의사로서 나는 그것이 다 '회복탄력성 신화resilience myth'라는 사실을 간파했다. 주먹을 불끈 쥐고 힘든 시기를 기어코 이겨내겠다는 마음 말이다(1장을 참고하라). 실제로 리즈의 다음 말에서 나는 회복탄력성 신화의 익숙한 목소리를 들을 수 있었다.

"나는 끊임없이 일하고 있어. 신경이 항상 곤두서 있단 말이야. 하지만 손가락 하나 까딱할 힘도 남아 있지 않은 것 같아. 아침마다 알람을 꺼버리고 이불을 도로 뒤집어쓰거든."

리즈의 말을 듣고 보니 정말 심상치 않았다.

"이게 대체 무슨 일이라니?"

내 진단은 꽤 명확했다. "넌 만성 스트레스와 비정형성 번아웃atypical burnout을 겪고 있는 거야."

물론 리즈는 내 말을 곧이곧대로 믿지 않았다. 20분 넘게 스트레스에 관한 과학적 데이터를 알려주고, 환자들에게 흔히 하는 질문을 던지며 스트레스 수준을 1(낮음)에서 20(높음)까지 점수로 매겨보라고 했다. 자세한 내용은 1장을 참고하자.

지금껏 천하무적이라고 자부해왔지만 리즈는 확실히 스트레스 수치가 높은 범위에 있었다. 리즈의 세 가지 증상, 즉 업무에서 벗어나지 못하는 상태, 기진맥진한 느낌, 평소 운동 습관에서의 급격한 이탈은 확실히 만성 스트레스와 번아웃을 가리켰다. 대화가 끝날 무렵 리즈는 결국 내 진단을 받아들일 수밖에 없었다.

"그럼 이걸 어떻게 고쳐? 내 딴에는 이것저것 다 해봤지만 아무 효과도 없더라고."

나는 한 번에 2가지씩만 바꾸는, 간단하면서도 실행 가능한 라이프 스타일 변화 요법을 제안했다. 이러한 변화는 과도한 일정에라도 쉽게 편입시킬 수 있을 만큼 실용적이었다. 그날부터 바로 시작할 수 있었다.

3개월 뒤, 리즈는 다시 새벽 5시 30분에 벌떡 일어나 8킬로미터 달리기에 돌입했고, 그 이후로 한 번도 뒤돌아보지 않았다.

이 책에서 당신은 과학적 연구에 기반을 둔 각종 기법이 내 친구 리즈에게 어떻게, 또 왜 도움이 되었는지, 그리고 그 기법이 당신에게도 어떻게 도움이 되는지 알게 될 것이다. 요즘 같은 시대에 스트레스와 번아웃은 변수가 아니라 상수다. 전국적으로 몇 차례 진행된 설문 조사에 따르면, 사람들은 직장 생활을 통틀어 지난 몇 년 동안에 스트레스를 가장 많이 받았다고 말했다.[1] 아울러 성인의 75퍼센트 이상이 번아웃을 경험했다고 밝혔다.[2]

스트레스와 번아웃은 현대인을 괴롭히는 가장 크고 보편적인 문제다. 다행히, 이 책에서 기술하는 몇 가지 실용적인 기법을 활용하면 둘 다 완전히 극복할 수 있다. 적당한 수준의 자기 연민과 함께 이 기법들을 활용하면 당신도 3개월 만에 스트레스와 번아웃에서 벗어날 수 있다.

그렇다고 이 책에서 최신 유행이나 하룻밤 사이에 좋아지는 최단기 해결책을 다루는 건 아니다. 당신의 뇌와 몸은 워낙 똑똑해 그런

임시방편을 바로 눈치챈다. 이 책은 두어 가지 강력한 마인드셋의 전환과 더불어 광범위하고 오래 지속되는 변화를 제시해, 당신의 스트레스를 근본적으로 되돌릴 방법을 알려줄 것이다.

통념과 달리, 스트레스는 당신이 일상의 요구를 제대로 처리하지 못하거나 인간으로서 실패했다는 신호가 아니다. 오히려 인간으로 살아가면서 접하는 정상적인 경험이다. 그러니까 마블 히어로처럼 보이는 내 무적의 친구가 스트레스에 휘둘릴 수 있다면, 당신도 그럴 수 있다는 뜻이다.

우리는 개인의 삶보다 일을 중시하는 허슬 문화hustle culture에 사로잡혀 스트레스가 나약함, 창피함, 어떤 대가를 치러서라도 감춰야 할 문제로 잘못 인식하고 있다. 하지만 스트레스는 적이 아니다. 스트레스에 대한 문화적 인식이야말로 우리의 적이다. 그러니 스트레스에 대한 온갖 부정적 통념을 이참에 다 깨버리자.

나는 의사로서 뇌과학을 비롯해 스트레스 생물학, 번아웃, 정신 건강, 회복탄력성을 연구하는 데 전념해왔다. 지금껏 스트레스가 무엇인지, 스트레스가 어떻게 그리고 얼마나 자주 우리에게 해를 끼치는지 깊이 파고들었다. 그리하여 스트레스가 왜 진단되지 않는지, 현재의 치료법이 어째서 우리 모두에게 장기적 해결책이 아니라 일시적 해결책만 제공하는지 알아냈다.

수십억 달러 규모의 웰니스wellness 산업계가 당신에게 알려주고 싶어 하지 않는 비밀이 있다. 바로 스트레스가 없는 삶은 생물학적으로 불가능하다는 점이다. 그러니 이 제품을 사용하거나 저 제품을 복용하면 스트레스를 마법처럼 영원히 없앨 수 있다는 헛된 약속은 잊어버려라. 죄다 가짜 광고다!

스트레스는 인생의 커다란 역설 중 하나로, 우리가 인간으로서 할 수 있는 가장 흔한 경험이다. 하지만 우리를 하나로 통합하는 대신 고립시키고, 힘겹게 투쟁하는 과정에서 우리를 외롭게 한다. 보스턴에서 스트레스 관리 클리닉을 운영하면서 나는 매일 환자 한 명 한 명에게서 이런 상황이 어떻게 나타나는지 지켜보았다. 하지만 해로운 스트레스와 이를 리셋하는 과학적 기법에 관한 연구 결과를 국제적인 대규모 행사에서 발표할 기회를 얻었을 때, 나는 스트레스 역설의 방대함을 제대로 간파했다.

지금껏 해로운 스트레스와 번아웃이 정신과 신체에 미치는 영향을 놓고서 각계각층의 수많은 사람과 소통할 기회가 있었다. 그런데 스트레스에 관한 연구 결과를 어디에서 누구와 공유하든 상당히 놀라운 공통점이 발견되었다. 국적이나 연령이나 직업과 상관없이 다들 비슷한 고민을 토로했다. 아시아의 공장 노동자, 유럽의 CEO, 실리콘밸리의 기술 프로그래머, 북미의 보육 서비스 제공자 등 누구나 스트레스를 이야기할 때 그들이 느끼는 문제의 본질은 같았다. 가령, 직장에서 떠맡은 역할, 부모와 부양자와 파트너로서 짊어진 의무, 그리고 무엇보다도 일상생활의 변화하는 기대치가 정신과 신체에 미치는 영향 문제로 몹시 고심했다. 내 경험에 따르면, 이러한 패턴은 다양한 문화권에서 놀라울 정도로 유사했다. 때로는 개인의 스트레스 경험을 극복할 방법에 대해 내가 받은 질문의 표현마저 똑같았다.

스트레스에 얽힌 사연이야 다들 다르겠지만, 전 세계 수많은 사람과 대화를 나눈 뒤 나는 스트레스와 관련된 5가지 보편적 진실을 파악했다. 만약 지난 몇 년 동안 스트레스와 씨름했다면, 당신은 다음과 같은 보편적인 걱정을 적어도 한 가지, 어쩌면 5가지 모두 경험했을 것이다.

1. 나는 불확실성에 직면했을 때 불안하고, 힘든 일을 겪을 때 감정을 억제하려고 애쓴다.

2. 나는 몸과 마음이 한시도 쉬지 않는 것 같고, 에너지가 바닥난 상태로 하루하루 보낸다.

3. 나는 스트레스가 심해 뭐 하나 제대로 해내지 못하지만, 기운이 다 떨어져서 생산성을 발휘할 수도 없다.

4. 나는 회사와 가정과 공동체에서 맡은 역할이 너무 많아 나 자신을 잃어버린 것 같다.

5. 나는 개인적으로나 직업적으로 온갖 어려움에 직면하면서 삶의 목적과 의미를 찾지 못한다.

이 5가지 걱정 가운데 한 가지 이상 마음에 와닿는다면, 당신의 삶은 스트레스에 점령된 것처럼 보일 수 있다.

사실 스트레스는 배고픔을 느끼거나 잠을 자야 하는 것만큼 삶의 자연스러운 부분이다. 스트레스는 뇌의 중요한 디폴트 경로다. 애초에 설정된 기본 경로라는 말이다. 스트레스는 살아온 경험과 밀접하게 연결되며, 인간이 되는 데 꼭 필요한 요소라서 당신의 뇌와 몸과 생명 활동의 토대라 할 수 있다. 스트레스는 원수가 아니다. 당신을 바로 당신이라는 사람이 되게 하는 것이다. 스트레스는 매일 아침 당신을 침대에서 일어나게 하고, 온종일 당신을 앞으로 나아가게 하는 원동력이다.

아마도 당신의 삶에서 좋은 일은 모두 약간의 스트레스 덕분에 이루어졌을 것이다. 가령 건전한 스트레스 덕분에 대학을 졸업하고 첫 직장을 얻었다. 현재 가장 친한 친구와 우정을 쌓는 데도 도움이 되었다. 좋아하는 스포츠팀을 응원할 때도 건전한 스트레스가 관여한다. 심지어 당신이 좋아하는 휴가를 떠나서 다음 휴가 계획을 세우는 데도 도움이 된다. 건전한 스트레스는 크고 작은 방식으로 당신의 삶을 이끌어준다.

적당한 수준의 건전한 스트레스가 중요한 이유는, 그것이 삶의 온갖 요구에 대한 적응 반응이기 때문이다. 스트레스는 삶을 앞으로 나아가게 하는 기능적 목적으로 작용하지만, 당신에게 적합한 주파수로 맞춰졌을 때만 그렇다. 얼마나 많은 스트레스가 당신에게 과도한 스트레스인지 꼭 알아내야 한다.

스트레스가 기능 장애를 일으키고 당신의 인생 주파수와 맞지 않으면 건전하지 못한 상태가 된다. 스트레스가 폭주 열차처럼 제멋대로 구는 순간, 통제하고 억제하기가 어려워진다. 이런 식의 걷잡을 수 없는 스트레스는 당신의 삶에 전혀 유익하지 않다. 오히려 역효과를 일으켜 결국 당신의 건강과 행복에 해를 끼칠 수 있다.

내 목표는 당신이 스트레스를 리셋하고, 건전한 경계를 활용해 스트레스를 관리하는 법을 배우며, 결과적으로 해로운 스트레스가 당신의 삶을 잠식하지 않게 해줄 기술과 기법에 숙달하도록 돕는 것이다. 모든 스트레스를 영원히 지울 수는 없지만, 당신을 계속 지치고 소진하게 만드는 해로운 스트레스는 제거할 수 있다.

나는 사람들이 스트레스를 이해하고 줄이도록 돕는 과정에서 폭넓은 경험을 했고, 그 경험을 바탕으로 이 책의 5가지 회복탄력성 리셋 버튼을 개발했다. 이 5가지 리셋 버튼은, 폭주 열차처럼 질주하면서 당신에게 역효과를 일으키는 스트레스의 브레이크를 밟아 속도를 늦추는 법을 알려줄 것이다. 아울러 스트레스가 당신을 해치는 것이 아니라 이롭게 하도록 뇌와 몸을 리셋하는 법도 알려줄 것이다. 그렇다면 리셋을 한다는 말은 무슨 뜻일까? 리셋, 즉 재설정은 앞으로 일어날 온갖 오류를 제거하고 시스템을 최적의 상태로 되돌려 놓는다는 말이다. 알다시피, 스톱워치나 부러진 뼈나 컴퓨터는 리셋할 수 있다. 이 책은 스트레스를 리셋하고 회복탄력성을 높이는 방법에 관한 통찰과 기법과 원칙을 담고 있다.

각각의 회복탄력성 리셋 버튼에는 뇌과학을 비롯한 과학적 연구로 뒷받침되고 환자들과의 임상 경험에서 입증된 정보와 쉽게 적용

가능한 도구가 담겨 있다. 환자들과 소통하는 내용에서 각 기법의 이유와 방법이 자세히 나와 있다. 당신은 시간이 지나면서 점진적 변화를 통해 스트레스를 줄이고 회복탄력성을 높이기 위해 뇌와 몸을 재구성하는 방법을 알게 될 것이다. 5가지 회복탄력성 리셋 버튼은 다음과 같다.

1. 가장 중요한 것을 명확히 파악하라. 이 리셋 버튼은 올바른 마인드셋을 길러서 당신의 뇌와 몸을 재구성하도록 도울 것이다.

2. 시끄러운 세상에서 평정을 찾아라. 당신은 외부 영향을 최소화해 정신적 역량mental bandwidth을 보호하는 기법을 배울 것이다.

3. 뇌와 몸을 동기화同期化하라. 이 리셋 버튼 덕분에, 당신은 스트레스가 심한 시기에 뇌와 몸이 더 잘 작동하도록 도와줄 간단하고도 효과적인 기법에 집중할 것이다.

4. 뇌를 쉬게 하라. 당신은 일상생활의 제약 속에서 새로운 지혜를 강화할 실용적이고 실천 가능한 기법을 배울 것이다.

5. 최고의 자아를 전면에 내세워라. 뇌와 몸이 스트레스와 맺은 관계를 재정립하도록 강력한 언어를 새로 알려줄 것이다.

5가지 회복탄력성 리셋 버튼은 당신의 생명 활동과 조화롭게 작동할 쉽고도 명확한 방법을 알려줄 것이다. 아울러 뇌와 몸을 재구성하도록 도와줄 총 15가지 구체적이고 과학적인 기법을 통해 날마다 회복탄력성을 놀라운 수준으로 높이고 해로운 스트레스의 부정적 영향을 획기적으로 낮춰줄 것이다. 어떻게 그렇게 확신할 수 있느냐고? 영광스럽게도, 나는 수천 명의 환자가 변화하는 모습을 두 눈으로 직접 목격했다. 내가 이 책에서 소개하는 성공담에 당신도 동참하기를 진심으로 바란다.

아마 당신도 나처럼 프라이버시를 중요하게 여길 것이다. 스트레스나 번아웃을 다스리기 위한 기법을 실천한다고 티 내지 않아도 된다. 내가 이 책에서 소개하는 모든 기법은 주변 사람들 모르게 집에서 혼자서 조용히 실천할 수 있다. 따로 시간을 내거나 헬스클럽에 등록하거나 장비를 구입하는 등 특별한 일을 할 필요가 없다. 이러한 기법은 돈도 들지 않고, 간단하며, 스트레스를 관리하는 동안 직장 생활이나 개인 생활에서 달갑지 않은 관심을 끌지도 않을 것이다. 5가지 회복탄력성 리셋 버튼은 한 가지 목적에 집중한다. 즉, 당신이 스트레스와 번아웃을 관리하고 적절한 회복탄력성을 기르며 건강과 행복에 대한 인식을 높이도록 돕는 것이다.

지난 20년 동안 일과 육아에 따른 번아웃과 싸우거나, 소중한 사람을 잃은 슬픔을 달래거나, 뜻밖의 건강 문제로 인한 당혹감을 다루면서, 나는 사람들이 인생에서 가장 힘든 시기를 헤쳐 나가도록 도왔고 그들이 내면부터 회복하고 다시 일어설 방법을 알려주었다. 지난 수

년 동안 우리는 그야말로 불확실하고 급변하는 시대를 살아왔다. 그 과정에서 우리의 정신 건강과 신체 건강은 엄청난 타격을 입었다. 우리 자신과 가족, 직장과 학교를 비롯한 일상생활의 거의 모든 면에서, 더 나아가 세계경제를 비롯한 전반적인 상황에서 그 여파가 미치지 않은 곳이 없다. 하지만 삶이 아무리 엉망이라고 느껴지더라도, 나는 당신이 불끈 일어나 당면한 도전에 맞서고 더 강인한 사람으로 거듭날 도구를 갖추었다고 확신한다. 지금은 당신의 시간이다. 당신이 각 단계를 따라갈 수 있도록 나는 쉬운 지침을 제공하면서 힘껏 도울 것이다.

당신이 목적지에 도달할 때까지 5가지 회복탄력성 리셋 버튼을 함께 실천하면서 스트레스가 당신의 뇌와 몸에 어떤 영향을 미치는지, 그리고 더 즐겁고 차분한 마음으로 삶을 다시 통제할 힘을 얻기 위해 무엇을 할 수 있는지 명확히 이해하도록 도울 것이다. 각 기법은 당신이 생물학적 문제를 극복하고, 스트레스를 리셋하고, 회복탄력성을 높이도록 돕는 간단하고 실용적이고 행동 지향적인 도구다. 나 역시 개인적으로 스트레스 상황에서 이러한 기법을 내 삶에 두루 적용했다. 나는 이러한 기법이 내게 어떤 도움을 주었는지, 그리고 수년 동안 내가 돌보았던 여러 환자에게 어떻게 도움이 되었는지 알고 있다. 의사이자 연구자이자 환자로서의 나의 여정에는 그 중심에 '회복탄력성'이라는 주제가 있다(내 이야기는 1장에서 자세히 살펴볼 것이다). 나는 이러한 상황을 내 환자들과 함께 수백 번 경험했고, 당신에게도 '회복탄력성'에 관한 이야기가 있다는 사실을 알고 있다.

거의 20년에 걸친 훈련과 임상 연구와 조사를 통해 나는 인간 내면에서 벌어지는 일을 가까이에서 관찰할 특권을 누렸다. 스트레스와 고통으로 시작해 인내와 승리로 끝나는 수많은 이야기를 지켜봤다. 이 책을 집어 들었다면, 당신은 이미 스트레스를 줄이고 회복탄력성을 높일 첫 번째 중요한 단계를 밟은 것이다. 당신은 이미 스트레스를 받아 지쳐 있고 완전히 고갈된 상태로 며칠을 보냈을지도 모른다. 스트레스라는 어두운 터널을 지나서 더 통제력 있고 더 나은 마음가짐을 지닌 삶으로 돌아갈 수 있을지 궁금할 것이다. 내 말을 믿지 않을 수도 있겠지만, 장담하건대 5가지 회복탄력성 리셋 버튼을 실천한다면 당신도 회복탄력성에 관한 이야기를 하게 될 것이다. 내 슈퍼히어로 친구인 리즈와 마찬가지로, 당신에게도 '회복탄력성'이라는 초능력이 있다. 당신이 그 능력을 찾도록 내가 도와줄 것이다.

차례

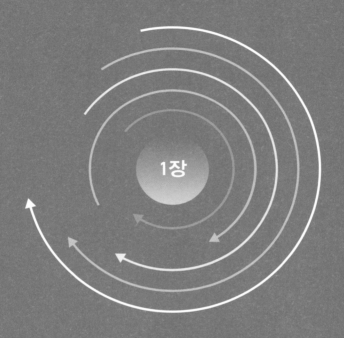

1장

스트레스를 줄이고
회복탄력성을
높이려면?

가만히 서 있는데도 땀이 줄줄 흐르고 머리가 어질어질했다. 가슴속에서 야생마가 날뛰는 듯한 낯선 느낌에 겁이 덜컥 났다. 공기가 다 빠져나간 듯 제대로 숨을 쉴 수가 없었다.

2007년 당시, 나는 이른바 '미국에서 가장 위험한 도시'의 심장집중치료실에 있었다. 물론 환자가 아니라 의사로서 말이다. 그날도 지난 2년 동안 날마다 하던 대로 차분하고 꼼꼼하게 환자 회진을 돌고 있었다.

나는 담당 의사로서 상황을 완전히 통제하고 있었지만 내 안에서는 뭔가가 전혀 통제되지 않는 것 같았다. 심장집중치료실 입구에 선 채 내 안에서 벌어지는 뜬금없는 사태를 멈추려 애쓰면서도 문득 내가 이 병실에 누워 있어야 하는 게 아닌가 싶었다.

옆에서 거들던 간호사가 심상치 않은 낌새를 감지하고는 내게 앉으라고 말한 뒤 서둘러 오렌지주스를 가져다주었다. 그러자 그 느낌이 순식간에 사라졌다.

"밤새워 일하고 제대로 못 드셔서 혈당이 떨어졌나 봐요."

간호사가 웃으면서 하는 말에 나도 덩달아 웃었다. 간밤에 당직을 서는 동안 환자가 밀려 들어왔다. 식사는커녕 물도 제대로 마시지 못했고 화장실 다녀올 시간도 없었다. 수련의에게는 흔한 일이었다. 그렇기는 하지만 그날은 뭔가 찜찜한 구석이 있었다. 등골이 서늘해지면서 수술복 차림으로 몸을 살짝 떨었다. 방금 나에게 무슨 일이 벌어졌던 걸까?

나는 지난 몇 년 동안 수련의로서 주 80시간씩 일하고 사흘에 한 번씩 야간 당직을 섰다. 이는 우리가 앞으로 맞닥뜨릴 현실에 대비하기 위한 치열한 훈련 프로그램이었고, 나 같은 풋내기 의사를 위한 이상적인 학습 환경이었다. 하지만 수련의가 예측할 수 없는 가혹한 현실은 격렬하고 때로는 충격적이기까지 했다. 어느 날 밤에는 한 임신부가 복부에 총상을 입고서 이송 침대로 응급실에 실려 왔다. 그 섬뜩한 모습을 보고도 우리는 숨을 돌리거나 마음을 가다듬을 여유가 없었다. 그저 묵묵히 하던 일을 계속했다. 우리의 손길이 필요한 중환자가 그 임신부 말고도 많았다.

병원에서 잠시라도 짬이 나면, 카페테리아에서 차가운 칠면조 샌드위치와 특대 사이즈 커피를 챙겨 왔다. 그마저도 선 채로 환자 진료 기록부를 작성하면서 먹었다. 병원 창문으로 비쳐드는 햇살 외에는 햇볕을 쬐지도 못했다. 병실을 이리저리 뛰어다니는 것을 운동으

회복탄력성의 뇌과학

로 쳐주지 않는다면 운동도 전혀 하지 못하고 있었다. 잠도 제대로 못 잤다. 호출 벨이 잠시 조용해지면, 당직실의 낡아빠진 벙커 침대에서 두어 시간 눈을 붙이곤 했다. 바쁜 날에는 그마저도 사치였다.

당시에는 그것이 수련의의 일상이었다. 좋든 싫든 뭔가를 차분히 처리할 여유가 전혀 없었다. 수련 생활의 감정적 측면을 묘사할 적당한 용어도 없었다. '자기 관리'니 '스트레스'니 '번아웃'이니 하는 말은 내 사전에 없었다. 아니, 20년 전 의료계에서는 누구의 사전에도 없었다.

그래도 전혀 이의를 제기하지 않았다. 지금껏 배운 대로 그 모든 일을 처리할 수 있는 사람으로 인정받고 싶었기 때문이다.

가슴속에서 야생마가 날뛰는 느낌을 감지하기 몇 해 전, 의과대학의 한 스승님이 내게 이렇게 말했다.

"탄소에 고열과 고압을 가하면 다이아몬드가 되듯이, 혹독한 수련의 과정을 거치면 자네도 빛나는 다이아몬드가 될 거야."

나는 그 말을 믿었고, 그 믿음에 깊숙이 뿌리를 내렸다. 내 업무의 짜릿한 격렬함을 좋아했다. 나도 모르게 '회복탄력성 신화'에 기대어 수련 활동의 모든 단계를 꿋꿋이 버텼다. 다이아몬드로 다듬어지는 과정이니까.

하지만 내 몸은 다른 이야기를 들려주었다.

가슴속에서 날뛰던 야생마는 그날 심장집중치료실에서 느꼈던 게 처음이자 마지막이었다. 깨어 있는 시간에는. 그 대신, 심장이 두근두근하는 증상은 나를 따라 집으로 와서 오밤중에 내가 잠들려고 할 때 뜬금없이 나타났다. 나는 갑작스러운 느낌에 화들짝 놀라곤 했다. 30분 넘게 시달리다가 피곤에 지쳐 스르르 잠들었다. 속으로는 겁이 났지만 아무에게도 말하지 않았다. 이러다 말겠지 싶었다. 의대생 증후군이라는 말도 있지 않은가. 환자의 증상을 자기 질병처럼 느끼는 현상 말이다. 사람들의 심장을 돌보는 심장집중치료실에서 근무하다 보니, 어쩌면 내 심장을 좀 더 의식했던 게 아닐까?

지금은 알고 있지만 그때는 몰랐던 점이 있다. 잠자리에서만 나타나던 심장 두근거림은 지연성 스트레스 반응delayed stress response의 대표적 징후였다. 스트레스를 받으면 우리 뇌는 즉각적으로 자기 보호에 도움이 되지 않는 불편한 측면을 분리하는 식으로 그 순간에 맞서는 놀라운 능력이 있다. 하지만 극심한 스트레스가 가라앉고 잠자리에 들 때처럼 차분해진 순간, 우리의 진짜 감정이 겉으로 드러난다. 지난 20년 동안 내가 치료했던 환자들과 수천 명의 다른 사람들에게서 익히 보고 인식했던 점이다. 그런데 나에게 처음 그 증상이 나타났을 때는 뭔지 몰랐다. 그 뒤로도 몇 주 동안 잠자리에 들 때마다 심장 두근거리는 증상이 나타났다. 심장집중치료실 근무가 끝나면 모두 해결되리라 생각했다. 하지만 아니었다. 그 뒤로도 밤이면 밤마다 내 심장은 야생마처럼 날뛰며 나를 괴롭혔다.

참다 참다 결국 한계에 다다라 의사를 찾아갔다. 나는 얼른 해결책을 찾아서 야생마가 날뛰지 않던 내 본래 일상으로 돌아가고 싶었다. 인체의 생리는 잘 알지만 정작 내 안에서 무슨 일이 벌어지는지 몰라 너무 답답했다. 나는 지체하지 않고 각종 검사를 받기로 했다. 전해질과 감염, 갑상선 호르몬 수치, 빈혈 표지자anemia markers를 확인하고자 혈액 검사를 하고, 혈압과 심박 수도 여러 번 쟀다. 심전도검사도 하고 심장 초음파검사도 했다. 마침내 검사 결과가 나왔다.

의사가 활짝 웃으며 말했다. "전부 괜찮아 보입니다. 다 정상 범위에 속해 있네요."

흡족해하는 의사와 달리 나는 당황스러웠다.

"혹시 스트레스 때문일까요?"

의사가 나를 문밖으로 안내하면서 안심시키듯 말했다.

"어떻게든 긴장을 풀어보세요. 수련 과정이 힘들다는 건 잘 알아요. 나도 다 겪어봤으니까."

하지만 나는 전혀 안심되지 않았다.

내가 느끼는 이 생생한 증상이 스트레스 때문일 수 있다니, 도저히 믿기지 않았다. 스트레스처럼 별것 아닌 문제로 이렇게 격렬한 신체 증상이 나타날 수 있다고? 도무지 말이 안 되었다. 스트레스라면 수련 과정에서 수도 없이 겪었는데, 왜 지금 이 시점에 영향을 미친단 말인가? 나처럼 회복력 좋은 사람에게 스트레스 따윈 아무 문제가 아니었다! 나는 스트레스의 해로운 영향에 면역이 생겼을 것이라고 생각했다. 직업의식이라면 나를 따라올 자가 없다고 다들 인정했고, 그 점을 훈장처럼 자랑스럽게 달고 다녔다. 스트레스 따위가 나를 궁지에 몰아넣을 리 없었다. 내 고통에 대한 실질적 해결책을 찾지 못한 채 그렇게 미심쩍은 상태로 진료실을 나왔다.

하지만 다른 뾰족한 수가 없었기에 의사의 조언대로 긴장을 풀만한 방법을 모색했다. 어쩌다 한 번 쉴 때는 영화를 보거나 가족과 시간을 보내거나 친구들을 만났다. 때로는 쇼핑을 하거나 온천에 가기도 했다. 하지만 아무것도 바뀌지 않았다. 매일 밤 잠자리에 들 때마다 여지없이 야생마가 돌아왔다.

긴장을 푸는 것으로는 효과가 없었다. 나는 기분 전환이 필요한 것이 아니었다. 답이 필요했다. 유난히 힘든 30시간 근무를 마치고 집으로 가던 어느 날, 요가 교실이 눈에 들어왔다. 나는 충동적으로 들어가서 처음으로 요가 수업에 참여했다. 여전히 병원 수술복 차림이었다. 나는 이상한 자세로 몸을 늘렸다 구부렸다 했다. 새로운 호흡법도 몇 가지 배웠다.

그날 밤 몇 주 만에 처음으로 꿀잠을 잤다. 말들이 여전히 나타났지만 전보다 덜 격렬했고 더 빨리 떠났다. 요가 수업이 이런 효과를 낼 수 있을까? 그냥 우연일까? 그걸 제대로 알아내야 했다. 내 가설을 시험해보기로 마음먹고 매주 두 번 요가 수업을 듣기 시작했다. 강사가 집에서 할 수 있는 호흡법도 몇 가지 알려주었다. 워낙 간단한 방법이라 내 전체 일정을 바꾸지 않고도 일상생활에 바로 적용할 수 있었다. 나는 출퇴근도 차를 이용하지 않고 걸어 다녔다. 낮에 커피를 덜 마셨고 가능하면 일찍 잠자리에 들었다. 당직 설 때가 아니면 잠자리에 들 때 휴대폰을 무음으로 설정해두었다.

이러한 조치가 나에게 도움이 된다는 과학적 증거는 없었지만 기분이 조금씩 나아졌다. 밤마다 내 가슴을 가로지르던 야생말들의 거친 발소리가 서커스 조랑말들의 총총걸음으로 서서히 변해갔다.

그 후 3개월 동안 나는 일주일에 80시간을 일하면서도 매일 산책하고 일찍 잠자리에 들고 커피를 줄이고 요가와 호흡법을 실천했다. 심장 두근거리는 증상이 조금씩 줄어들더니 어느 날 밤에는 완전히 사라져 다시는 돌아오지 않았다. 그 뒤로 20년 가까이 흘렀다. 내 가슴 속에서 뛰놀던 야생마 떼는 영원히 사라졌다. 그렇다고 그 녀석들이 그립지는 않다.

스트레스라는 어두운 터널을 빠져나오기 위해 나는 새로운 기법을 시도했다. 정신과 신체의 연결을 활용해 스트레스에 대한 내 몸의 반응을 싹 바꿔줄 생활 방식을 선택했다. 이러한 '심신 연결mind-body connection'은 우리의 생각과 감정이 긍정적으로든 부정적으로든 신체에 직접적인 영향을 미칠 수 있다는 개념이다(자세한 내용은 5장을 참고하라). 이런 일을 겪고 나자 내 마인드셋을 지키기 위해 내가 할 수 있는 일은 모두 하고 싶었다.

결국 내 머리의 과학자 모드가 작동하기 시작했다. 스트레스 때문에 나에게 무슨 일이 일어났고, 어떻게 원래 상태로 돌아가는 길을 찾았던 것일까? 나는 내 경험 뒤에 숨겨진 과학적 근거를 밝히고 싶었다. 그리하여 스트레스 생물학에 관한 자료를 닥치는 대로 읽으면서 깊이 파고들고 광범위하게 연구했다. 나는 이상한 나라의 앨리스처럼 의학 교육의 기존 틀을 벗어나 새롭고 활기찬 세상으로 들어갔다. 거의 모든 사람에게 일어나는 가장 흔한 현상인 스트레스가 어째서 진료실에서는 논의되지도 않고 실질적 해결책이 제공되지도 않는 것일까?

나는 앞으로 무엇을 해야 할지 알았다. 내가 스트레스로 고통받을 때 절실히 필요했지만 도무지 찾을 수 없었던 의사가 되기로 했다. 나처럼 스트레스로 고통받는 사람들이 바쁜 일상에서 활용할 구체적이고 과학적인 도구를 제공하고 싶었다.

그래서 실제로 그렇게 했다.

일단 하버드 의과대학의 임상 연구 펠로우십에 지원해 합격했고, 그곳에서 스트레스 생물학과 심신 연결을 연구했다. 조사 결과, 60~80퍼센트에 달하는 환자가 스트레스와 관련된 요소를 보였지만, 스트레스 관리에 관해 조언해주는 의사는 3퍼센트에 불과하다는 놀라운 사실을 발견했다.[1] 내 주치의와의 개인적 경험도 이 연구 결과와 일치했다. 보나 마나 당신의 경험도 그랬을 것이다.

스트레스가 신체 증상과 의학적 문제를 일으키는 흔한 원인이라면, 서양 의학에서는 지금껏 왜 그렇게 무시해왔는지 궁금할 것이다. 의사는 당신이 밤새도록 뒤척이는 이유가 스트레스 때문이라고 말하지 않을까? 일요일에 시댁 식구들과 시간을 보낼 때마다 속이 불편하다고 말해도 의사는 왜 스트레스를 거론하지 않을까? 화요일 아침마다 직장에서 팀 회의를 할 때 생기는 목 통증도 혹시 스트레스 때문일까?

오늘날 스트레스는 뉴스와 소셜 미디어 어디에서나 볼 수 있는 유행어지만, 극심한 스트레스의 부정적 영향과 의학적 증상을 연결하는 문제에서는 격차가 있다. 스트레스는 여전히 전통적인 서양 의학계의 그늘에 머물러 있으며, 거의 모든 의사의 진료실에 항상 존재하지만 중심 무대를 차지하지는 못했다.

내 전문 분야가 뭐냐고 질문받을 때마다 나는 이렇게 말한다.

"나는 환자들에게 진료실의 코끼리, 즉 스트레스에 관해 이야기합니다. 아울러 만성질환의 감정적 요소를 다루고, 첨단 기술^{high tech}과 인간적 접촉^{high touch} 간에 가교 역할을 합니다." ('high tech, high touch'라는 개념은 존 나이스비트^{John Naisbitt}가 『메가트렌드』에서 처음 소개했는데, 높은 기술력과 활발한 인간적 소통의 중요성을 강조한다. 현대사회에서 기술적 발전과 함께 인간적 소통과 연결이 더욱 중요해진다는 아이디어를 나타낸다 ― 옮긴이)

임상의학의 많은 부분은 최첨단 치료법과 관련 있다. 덕분에 우리의 의료 체계는 세계 최고 수준이 되었다. 생명을 위협하는 급성질환에 관한 한 나는 그 체계를 강력하게 지지한다. 그것이 수백만 명의 생명을 구하기 때문이다. 하지만 여러 첨단 치료법을 강조하는 것과 더불어, 지금껏 너무 무시해왔던 의료의 인간적 소통 측면도 똑같이 소중하게 여길 필요가 있다. 의사들은 환자를 대할 때 먼저 사람에게, 그다음 질환에 접근해, 환자가 자신의 인생 경험을 인정받고 이해받고 공감받고 있다고 느끼게 해야 한다. 현재 의료 체계에서는 이렇게 하기가 어렵다.

의사 개개인의 결함 때문이 아니다. 의사들은 업무를 방해하는 더 큰 시스템적 요인들에도 불구하고 환자들을 위해 날마다 기적을 일으킬 방법을 찾는다. 결코 개인이 문제가 아닌 것이다. 고장 난 시스템이 문제다. 이 말에 대다수 의사가 진심으로 동의할 것이다.

다행히, 더 큰 의료 체계에서도 마침내 진료실의 코끼리를 인정하기 시작했다. 최근 몇 년 동안 세계적인 사건이 잇달아 사람들의 시선을 끌었기 때문에 그렇게 할 수밖에 없었을 것이다. 스트레스와 번아웃이 환자와 의사 모두에게 기록적으로 번지기 시작했다. 의료 체계 자체가 스트레스 팬데믹에 걸린 셈이었다. 이런 현실에 눈을 떴다는 점은 그나마 다행이다. 예전에는 스트레스 관리를 사치로 여겼지만 이제는 신체적·정신적 건강에 꼭 필요한 요소로 인식하게 되었다.

만약 의사가 당신에게 스트레스에 관해 묻지 않았다면, 스트레스가 지금 당신에게 주요 관심사라는 사실을 모르기 때문이 아니다. 대다수 의사가 당신의 스트레스를 직접적으로 해결할 시간이나 도구나 자원이 없기 때문이다. 짧은 진료 시간 동안에는 더더욱 그렇다. 그들은 환자인 당신에게 당뇨병, 심장병, 암 등 우선 확인해야 할 의학적 문제가 산적해 있다. 의사들이 일을 제대로 하려면 하루에 27시간을 일해야 한다는 연구 결과도 있다.[2] 그들은 불가능한 기준에 매여 있고, 환자가 진료실에 들어올 때마다 살펴볼 것이 너무 많다. 진료실에서 스트레스에 관한 대화가 하루 더 미뤄지는 것이 전혀 놀랍지 않다. 스트레스가 환자의 건강에 미치는 영향을 무시하는 문제는, 의사 개개인의 결함 때문이 아니다. 의사들은 압도적 시스템 안에서 가능한 한 최선을 다하고 있다. 문제는 결국 건강 관리health care보다 질병 관리sick care를 우선하는 고장 난 의료 체계의 시스템적 결함이다.

정통 의학은 마침내 스트레스가 환자의 건강에 상당한 영향을 미칠 수 있다고 인정하는 방향으로 나아가고 있다. 2022년 소집된 전문가 위원회에서는 65세 이하의 미국 성인이 모두 불안 검사를 받아야 한다는 데 합의했다. 해로운 스트레스가 너무 만연해 있는데, 불안이 스트레스와 관련된 가장 흔한 질환이라는 사실 때문이었다.[3] 이 역사적 결정으로 조만간 기존 의료 체계에 변화가 일어나겠지만, 우리는 여전히 스트레스의 만연에 대한 인식을 넓히기 위해 더 노력해야 한다.

환자를 진료하는 시간이 부족하다는 사실 외에, 의사들에게 또 다른 큰 장애물은 스트레스가 모두에게 똑같이 적용되지 않는다는 점이다. 스트레스가 사람마다 다르게 나타나니까 의학적 관점에서 확인하고 치료하기가 어렵다. 어떤 환자는 불면증, 두통, 감정 기복을 경험하는 데 비해, 다른 환자는 스트레스를 심장 두근거림, 복통, 통증의 형태로 경험한다. 스트레스 증상이 워낙 모호하고 방대하므로 의료계에서는 스트레스를 배제 진단diagnosis of exclusion이라고 부른다. 즉, 신체 증상을 '스트레스 관련'으로 분류할 수 있으려면 먼저 심장, 폐, 혈액, 뇌 등 다른 문제와 관련된 원인을 모두 배제해야 한다.

의사가 정밀 검사를 마친 후 다 괜찮아 보인다면서 당신의 증상이 스트레스와 관련 있을 수 있다고 말한다면, 당신은 진료실을 방문한 다른 60~80퍼센트 환자와 똑같은 상황에 처해 있다. 즉, 스트레스 때문에 그러한 증상을 경험하는 것이다. 스트레스는 일반 감기에서 심장마비 같은 더 심각한 질환에 이르기까지 거의 모든 질병의 악화

요인으로 밝혀졌다. 불안, 우울증, 불면증, 만성 통증, 위장 질환, 관절염, 편두통, 천식, 알레르기, 심지어 당뇨병을 포함한 거의 모든 질병이 스트레스로 악화될 수 있다. 과학적으로는 부정확하기에 스트레스가 이러한 질환을 유발한다고 말할 수는 없지만, 어쨌든 이러한 질환을 악화시킬 수는 있다.

이 짧은 목록에 당신의 스트레스 증상 중 일부가 포함되었을 수도 있고, 이 목록에 없는 다른 방식으로 스트레스가 나타날 수도 있다. 수년 간 연구한 결과, 나는 스트레스가 매우 다재다능하다고 단언할 수 있다. 그만큼 어디에나 가져다 붙일 수 있다는 말이다. 스트레스는 매우 특이한 방식으로도, 매우 흔한 방식으로도 나타난다. 때로는 동시에 2가지 형태로 나타난다. 스트레스가 어떤 식으로 나타나든, 당신 혼자만 그러는 게 아니라는 점을 알아두길 바란다. 어쩌면 당신은 오랫동안 스트레스 증상들을 무시하려 애쓰다가 이제는 도저히 그럴 수 없어서 뭐라도 해야겠다고 마음먹었는지 모른다.

10대 아들을 셋이나 둔 전업주부 올리비아가 딱 그런 상황이었다. 그녀는 아들들이 운전을 배우고 친구들과 늦은 시간까지 어울리면서 갈수록 엄마 말을 듣지 않자 두통이 점점 심해졌다.

올리비아의 말을 들어보자.

"예전에는 어쩌다 한 번씩 머리가 지끈거렸어요. 요새는 10대 아이들을 키우느라 스트레스가 많아요. 그래서인지 한 달에 서너 번은 두통이 찾아오네요."

올리비아의 주치의는 꼼꼼히 검사한 뒤 두통이 스트레스와 관련 있다고 진단했다. 하지만 올리비아는 이런 진단이 썩 유용하다고 생각하지 않았다.

"의사가 틀렸다는 말은 아니지만, 그렇다고 두통을 견디기가 더 쉬워지진 않았어요. 아이들이 크면서 점점 자기들 뜻대로 하려는 통에 끊임없이 애를 먹고 있어요. 아이들에게 나쁜 일이 생기지 않도록 예방 조치를 최대한 알려주지만, 여전히 걱정을 떨칠 수가 없어요. 게다가 아이들은 과보호한다고 투덜대면서 내가 정한 규칙을 자꾸 협상하려고 들어요. 큰애는 17살이고 막내는 13살이에요. 마음을 다잡고 이겨내야겠지만, 이 두통을 앞으로 5년이나 더 어떻게 견뎌야 할지 모르겠어요."

나는 올리비아가 한계점에 도달했음을 알 수 있었다.

올리비아와 마찬가지로, 우리는 대부분 어렸을 때부터 정신만 바짝 차리면 어떤 어려움도 이겨낼 수 있다고 배운다. 그걸 두고 '회복탄력성'이라고 잘못 부른다. 단언컨대, 그것은 진정한 회복탄력성이 아니다. 회복탄력성이라는 꼬리표가 붙지만, 장기적으로 보면 우리를 육체적으로나 정신적으로 고갈시킬 뿐이다. 그래서 나는 그것을 거창한 '회복탄력성 신화'라고 부른다.

회복탄력성 신화

엄격하게 과학적인 관점에서 보면, 회복탄력성은 삶의 도전에 직면해 본능적으로 적응하고 회복하고 성장하는 생물학적 능력이다. 그런데 이 회복탄력성은 진공 상태에서는 작동하지 않는다. 회복탄력성이 나타나려면 스트레스가 필요하다.

회복탄력성은 "충격에 대처하고 이전과 거의 같은 방식으로 계속 작동하는 능력"으로 정의할 수 있다.[4] 건강한 생물학적 현상이라는 말이다. 하지만 간혹 유독한 회복탄력성toxic resilence과 혼동되기도 한다. 이는 이 정의에 대한 왜곡된 관점으로, 흔히 한계 넘어서기, 무작정 생산성 높이기, 뭐든 마음먹기 나름이라면서 덤비기 등 불건전한 행동이 수반된다. 멈출 줄 모르고 북을 두드리는 '에너자이저 버니Energizer Bunny'의 사고방식이라, 결국에는 당신을 곤경에 빠뜨릴 수 있다. 현대사회는 이 유독한 회복탄력성을 토대로 세워졌다. 어렸을 때는 학교에서 정신 바짝 차리고 집중하면 보상을 받았다. 성인이 되면 언제 어디서나 그래야 한다. 집에서 아이를 돌보든 부모를 모시든 직장에서 돈을 벌든 지역사회 활동을 하든 말이다.

나는 내 클리닉에서 날마다 이러한 잘못된 기대를 목격한다. 환자들은 환하게 웃으면서 진료실에 들어온다. 다들 행복하고 여유롭고 차분해 보인다. 하지만 문이 닫히고 나와 단둘이 있게 되면 난데없이 눈물을 터뜨린다. 나이나 직업이나 가정환경과 상관없이 일단 스트레스를 솔직하게 토로할 수 있다고 느끼면 바로 눈물샘이 터진다. 이런 일이 너무 흔하게 벌어지는데, 개개인의 스트레스 투쟁이 얼마나 보편적이면서도 고립되어 있는지 잘 알 수 있다. 유독한 회복탄력성의 또 다른 측면은, 조언이나 도움이 필요할 때 수치심을 느껴서 선택의 여지가 없을 때까지 요청하지 않는다는 점이다. 그 사실을 깨닫는 시기도 사람마다 다르다.

마일스는 자꾸 잠을 설치다가 아내의 성화에 못 이겨 나를 찾아왔다. 지난 몇 달 동안 진이 다 빠진 상태로 지냈고 잠을 하루에 네 시간도 못 자서 눈 밑에 그늘이 졌다. 그는 소프트웨어 엔지니어링 부서에서 직원 12명을 관리하고 집에서 어린 자녀를 둘이나 돌보느라, 고혈압 같은 건강 문제가 생기기 시작했다.

마일스는 진료실 의자에 삐딱하게 앉아서 상담이 얼른 끝나기를 바라는 눈치였다. 그래서인지 별일 아니라는 투로 이렇게 말했다.

"아내가 걱정한다는 건 압니다. 하지만 금세 괜찮아질 거예요. 요새 회사에서 압박이 좀 심하거든요. 테크놀로지 분야가 어떤지 아시잖아요. 저는 끊임없이 바뀌는 추세를 따라가야 합니다. 우리 부서가 뒤처지지 않도록 당분간 계속 독려해야 합니다."

"잠을 많이 못 자고 출근하려니까 더 힘드시겠어요."

마일스는 내 말을 무시했다.

"이래 봬도 제가 학창 시절에는 잘나가는 운동선수였어요. 매일 새벽 4시에 일어나 훈련을 했지요. 성과를 내기 위해 밀고 나가는 데 이골이 난 사람입니다. 회사 일이 다시 원활하게 돌아가고 아이들이 좀 더 크면 잠을 푹 잘 수 있을 겁니다."

"그럼 그때까지 기분이 나아지는 데 도움이 될 만한 방법을 몇 가지 알려드릴게요."

마일스는 내 제안을 대놓고 거절했다.

"그런 게 다른 환자들에게는 도움이 되겠죠. 하지만 저는 괜찮습니다. 저희 아버지는 단 하루도 결근한 적이 없었는데, 그만큼 저도 체력 하나는 끝내줍니다. 아내가 선생님을 만나보라고 하도 성화를 부리기에 와봤습니다. 아무튼 만나서 반가웠습니다. 그럼, 전 이만."

나는 마일스가 대기실 밖으로 나가는 모습을 지켜보면서 앞으로는 푹 잘 수 있기를 기원했다.

하지만 마일스는 유독한 회복탄력성의 또 다른 측면을 갖추고 있었다. 그러니까 나중에 좀 한가해지면, 아이들이 다 크면, 직장에서 목표를 달성하면, 압박이 줄어들면, 휴가를 떠나면, 은행 잔고가 두둑해지면, 은퇴할 때가 되면, 자기 관리에 전념할 거라고 스스로 세뇌한다. 유감스럽게도, 우리는 자기 관리가 가장 많이 필요할 때 가장 덜 신경 쓴다.

유독한 회복탄력성은 오래전부터 존재해왔다. 대공황이 한창일 때 정치인 앨 스미스Al Smith가 했던 말이 유명하다.

"미국 사람들은 절대로 우산을 들고 다니지 않는다. 그저 영원한 햇살 속에서 걸어 다닐 것이라고 생각한다."

'영원한 햇살'은 살아가는 데 큰 부담이 되고, 유독한 회복탄력성을 부추기는 문화에 딱 어울리는 슬로건이다. 이 책은 영원한 햇살 속에서 걷는 법을 알려주지는 않는다. 현실적이지도 않고 실행 가능하지도 않고 심지어 지속 가능하지도 않다.

마일스와 달리, 당신은 삶의 스트레스와 번아웃 수준이 더 이상 지속 가능하지 않다는 사실을 깨달았을 수 있다. 당신은 현재 상태가 날마다 눈에 띄게 좋아지길 바란다. 뒤에 이어지는 여러 장에서, 나는 확실하고 구체적인 변화를 일으키는 데 필요한 도구를 두루 제공할 것이다. 이대로 실천한다면 당신은 해로운 스트레스를 극복하고 잠재된 진짜 회복탄력성을 발견할 수 있을 것이다.

탄광 속 카나리아

일단 스트레스와의 관계를 재정립하기 위해 간단한 문답으로 당신의 삶을 가장 방해하는 문제를 파악해보자. 이런 문제를 '탄광 속 카나리아'라고 부른다.

19세기 광부들은 카나리아를 데리고 탄광으로 들어가 공기 중에 있는 치명적인 일산화탄소 농도를 감시했다. 공기 질이 위험해지는지 광부들은 알아챌 수 없었지만 카나리아는 알 수 있었다. 카나리아가 지저귀는 소리에 귀를 기울이다 어느 순간 조용해지면 광부들은 공기 중에 유독 가스가 많다는 사실을 알 수 있었다. 그 소리에 주의를 기울이지 않았다면 광부들은 한계를 넘기면서 건강과 행복, 심지어 생명까지도 위험에 빠뜨렸을 것이다. 카나리아는 광부들이 손쓸 수 없는 피해를 보기 전에, 다시는 돌아오지 못할 다리를 건너기 전에 항상 경고를 보냈다.[5]

어리석게도, 우리 인간은 자신의 한계를 잘 모른다. 설사 알더라도 걸핏하면 그 한계를 넘어선다. 스트레스 때문에 엉뚱한 방향으로 나아갈 때 위험을 알려주는 카나리아는 누구에게나 있다. 그 카나리아는 우리의 생활 방식이 최선의 이익에 부합하지 않을 때를 알려주고, 엉뚱한 방향으로 너무 멀리 가기 전에 조치를 취하라고 경고한다. 내 관심을 끌었던 카나리아의 경고는 심장 두근거림이었다. 그 증상은 나를 일어나 앉혀서 주의를 기울이게 했고, 내 삶과 태도에 변화를 일으키게 했다. 내 환자들의 카나리아는 불면증, 불안, 우울증, 두통, 알레르기, 속 쓰림, 메스꺼움, 어지러움, 통증, 기존 질병의 재발 등으로 스트레스를 경고해주었다. 이러한 증상은 주의를 기울이라고, 속도를 늦추고 자신에게 연민을 베풀라고, 이제는 진짜로 변할 때가 되었다고 알려준다.

나를 찾아왔던 여러 환자처럼 당신도 한계에 도달했을 수 있다. 당신에게 나타난 카나리아의 경고를 더 이상 무시할 수 없는 시점에 이르렀을 수 있다. 그간의 증상이 무척 성가셨을 것이다. 하지만 그 덕에 일어나 앉아서 주의를 기울이고 변화를 모색해야겠다고 깨달을 수 있었고, 또 이 책의 여러 기법에 눈을 돌릴 수 있었다. 카나리아의 경고는 당신에게 삶을 되돌리는 데 너무 늦지 않았음을 알려준다. 당신은 스트레스와 번아웃이라는 어두운 동굴에서 빠져나와 절실히 필요했던 신선한 공기를 들이마시는 길을 찾게 될 것이다.

먼저 당신의 스트레스 수준, 즉 개인별 스트레스 지수Personalized Stress Score를 파악하기 위해 5가지 질문으로 된 간단한 퀴즈를 풀어보자. 이 퀴즈는 당신이 내 진료실에 방문하면 답하게 될 질문과 매우 유사하다. 하지만 우리가 직접 만나지 못하기 때문에 당신은 스트레스와 번아웃을 줄여나갈 출발점을 스스로 평가할 방법이 필요하다.

5가지 질문에 최대한 정확하게 답하도록 하라. 각 질문이 지난 한 달 동안 당신의 삶에 얼마나 광범위하게 적용되었는지 곰곰이 생각해보라. 그런 다음 괄호 안에 있는 숫자를 모두 더해 당신의 개인별 스트레스 지수를 파악하라.

당신의 스트레스 지수

1. 지난 한 달 동안 당신은 얼마나 자주 카나리아의 경고 신호에 주목했는가?

   전혀 없다 (0)　　거의 없다 (1)　　가끔 (2)　　꽤 자주 (3)　　매우 자주 (4)

2. 지난 한 달 동안 당신은 스트레스로 얼마나 자주 과부하가 걸리거나 불안했는가?

   전혀 없다 (0)　　거의 없다 (1)　　가끔 (2)　　꽤 자주 (3)　　매우 자주 (4)

3. 지난 한 달 동안 당신은 스트레스로 얼마나 자주 에너지가 고갈되거나 부족하다고 느꼈는가?

   전혀 없다 (0)　　거의 없다 (1)　　가끔 (2)　　꽤 자주 (3)　　매우 자주 (4)

4. 지난 한 달 동안 당신은 스트레스로 얼마나 자주 수면 장애를 경험했는가?

| 전혀 없다 (0) | 거의 없다 (1) | 가끔 (2) | 꽤 자주 (3) | 매우 자주 (4) |

5. 지난 한 달 동안 당신은 스트레스로 얼마나 자주 일상생활과 활동
   이 방해받는다고 느꼈는가?

| 전혀 없다 (0) | 거의 없다 (1) | 가끔 (2) | 꽤 자주 (3) | 매우 자주 (4) |

개인별 스트레스 지수를 통해 스트레스가 당신의 일상생활에 얼마나 영향을 미치는지 어렴풋이 엿볼 수 있다. 이 스트레스 검사는 스트레스를 진단하거나 치료하기 위한 용도가 아니라 스트레스가 당신에게 어떻게 나타나는지에 대한 통찰을 제공하는 교육적 도구로 활용된다.[6] 당신의 스트레스는 일상생활의 요구에 비례해 건전하고 관리 가능하며 잘 통제되는가? 아니면 일상생활에 비해 지나치게 불균형하고 통제할 수 없을 정도로 폭주하는가? 개인별 스트레스 지수는 적응성 스트레스와 부적응성 스트레스가 당신에게 어떻게 나타나는지 구별하는 데 유용하다. 가장 낮은 점수는 0이고 가장 높은 점수는 20이다. 점수가 높을수록 부적응성 스트레스 가능성이 크고, 낮을수록 부적응성 스트레스 가능성이 작다고 할 수 있다. 당신의 개인별 스트레스 지수를 손에 쥐니까 기분이 어떤가? 놀랍거나 당황스럽거나 혼란스러운가? 아니면 이 3가지를 다 합친 기분인가?

내 환자들은 스트레스를 확인하기 위해 이 질문에 답하고 나서 높은 점수에 실망하는 경우가 많다. 그래서 대뜸 이렇게 말한다.

"하지만 저는 회복탄력성이 좋습니다! 스트레스 따위에 흔들릴 사

람이 아니라고요. 저 같은 사람에게는 어림없는 일입니다."

익숙하게 들리는가? 나에게도 그렇다. 스트레스로 고생할 때 나도 의사에게 딱 이렇게 말했다. 사실 해로운 수준의 스트레스는 누구에게나 생길 수 있다. 이를 극복하기 위한 첫 번째 단계는, 새로운 세상을 헤쳐 나가면서 적당한 수준의 자기 연민을 품는 것이다.

좋은 소식이 있다. 당장 스트레스 지수가 얼마든 간에 당신은 작지만 강력한 조정으로 그 지수를 바꿀 힘이 있다. 우리는 함께 스트레스를 줄여나갈 길을 걸어갈 것이다. 건전한 스트레스라는 목적지에 도달하기 위해, 단계마다 당신의 생물학적 특성을 거스르지 않고 오히려 맞춰가면서 간단한 변화를 시도할 것이다.

지난 수년간 내 환자들에게 스트레스 퀴즈와 비슷한 질문을 던졌다. 이러한 질문은 환자들이 스트레스를 받는 동안 해로운 스트레스 수준을 측정하는 데 유용한 이정표가 되었다. 혈압을 정기적으로 관찰하는 것처럼, 4주에 한 번씩 스트레스 퀴즈를 다시 풀면서 스트레스 지수가 어떻게 개선되는지 확인하기를 바란다. 내 환자들이 5가지 회복탄력성 리셋 버튼을 사용하면서 두루 경험했듯이, 당신도 애써 이룬 변화 덕분에 지수가 감소하는 모습을 보면 크게 고무될 것이다. 당신의 뇌와 몸이 이러한 기법에 얼마나 빨리 반응하는지 알면 놀랄 것이다. 결국 당신의 뇌는 해로운 스트레스를 줄이고 더 믿을 만하고 오래 지속되는 회복탄력성을 갖도록 재구성될 것이다.

당신은 인생의 여러 스트레스 요인을 바꿀 수 없다고 생각할 수도 있다. 적어도 지금은 그렇다. 충분히 이해한다. 자꾸만 날아드는 청구서를 없애거나, 상사에게 성격을 바꾸라고 요구하거나, 고령의 노부모를 팔팔한 젊은이로 되돌릴 수는 없다. 아울러 아이가 순식간에 대소변을 가리게 되거나, 집 안이 절로 깨끗해지거나, 하루에 다섯 시간씩 더 쓸 수도 없다. 5가지 회복탄력성 리셋 버튼의 목적은 당신이 실시간으로 현실의 스트레스를 헤쳐 나가도록 돕는 것이다. 날을 잡아서 며칠 휴가를 떠나거나 온천을 즐기는 방법도 좋지만, 일상의 스트레스를 극복하는 데 실질적인 진전은 어수선한 일상에서 이러한 기법을 적용할 때 일어난다.

찻주전자 같은 스트레스

나는 차를 즐겨 마신다. 아침마다 진한 아이리시 브랙퍼스트 티에 생강을 조금 갈아 넣고 황설탕과 차가운 아몬드 우유를 살짝 곁들여 마신다. 차를 마시면서 (6장에서 소개하는) '끈적한 거미 발' 기법을 연습한다. 이 아침 의식은 나를 지금 이 순간에 차분히 머물게 하고, 하루를 계획하는 데 도움을 주며, 앞으로 일어날 일에 내 뇌와 몸을 준비시킨다. 이것이 나의 아침 회복탄력성 리셋이다.

물이 끓어오르기를 기다리던 어느 날, 나는 그간에 겪었던 해로운 스트레스와 소박한 찻주전자의 유사성을 생각했다. 수련 과정 중에는 밤마다 맹렬히 날뛰던 야생마가 극심한 스트레스에 대한 유일한 경험이었지만, 그 뒤로 수년간 해로운 스트레스를 유발하는 경험을 많이 겪었다. 자격시험을 준비하고 새로운 도시로 이사하고 첫 집을 구입하는 등 압박이 심한 상황에서 스트레스가 점점 쌓여 건강에 해로운 수준까지 이르렀다. 자꾸 신경이 곤두서고 긴장을 풀지 못하고 가끔은 잠까지 설쳐서 다음 날 내내 피곤했다. 이러한 외부 사건은 내가 제대로 통제할 수 없었다. 하지만 야생마와 씨름하던 스트레스 에피소드를 겪었기 때문에 내 몸에서 나타나는 해로운 스트레스 징후에 세심한 주의를 기울였다. 덕분에 지금은 이러한 사건에 대한 내부 경험을 통제하고 스트레스를 상쇄하며, 특정한 과학적 원리와 기법을 활용해 스트레스가 쌓이지 못하게 막을 수 있다.

야생마와 씨름하던 첫 사건이 일어난 뒤 20년 가까이 흐른 지금, 티가 우러나길 기다리다가 문득 우리 몸에 해로운 스트레스가 쌓일 때면 찻주전자와 같다는 생각이 들었다. 그러고 보니 지난 몇 년간 다양한 스트레스 경험을 하면서 치유 증기를 방출하는 기법을 효과적으로 익힐 수 있었다. 그 덕에 스트레스가 해로운 수준으로 끓어오르지 않았다.

당신의 삶에서 해로운 스트레스를 경험하고 있다면 뜨거운 불 위에서 찻주전자가 어떻게 작동하는지 생각해보라. 물이 끓어오르면 찻주전자 안에 증기가 쌓인다. 불을 줄이면 열기는 금세 낮출 수 있지만, 우리 현실에서 스트레스는 대부분 직장 생활, 자녀 양육, 노부모 부양, 건강 문제, 학교생활 등 외부 요인에서 비롯되기에 즉석에서 바꿀 수 없다. 외부 환경을 우리 뜻대로 매번 바꿀 수도 없고, 설사 바꿀 수 있다 해도 매번 계획대로 진행되지 않는다. 그래서 걸핏하면 주체성을 잃고 무력감에 빠지게 된다. 결국 스트레스를 통제하려는 시도를 포기하고 그냥 견뎌야 한다거나 함께 사는 법을 배워야 한다고 믿는다. 하지만 더 나은 방법이 있다!

바꿀 수도 없는 외부 요인에 집중하는 대신에 우리의 내부 환경, 즉 찻주전자 안의 물을 바꾸는 데 에너지를 쏟는다면 열기에도 불구하고 변화를 줄 수 있다. 찻주전자 주둥이의 레버를 열어 증기를 내보내듯이, 스트레스의 축적을 해소함으로써 더 나은 기분을 느낄 수 있다. 5가지 회복탄력성 리셋 버튼이 당신에게 그런 치유 증기를 방출할 방법을 알려줄 것이다.

스트레스의 역설

레지던트 시절, 스트레스에 짓눌리다 때마침 의료진을 대상으로 스트레스를 받는 순간에 주의를 기울이고 현재에 집중하는 법을 알려주는 수업을 들었다. (5장에서 당신도 이 수업의 기법을 배울 것이다.) 스승인 마이클 베임Michael Baime 박사는 '의료진을 위한 마음챙김' 수업 초반에 수강생들에게 이렇게 말했다.

"여러분이 인생을 살면서 느끼는 강도强度를 알고 있나요? 사람은 누구나 '각자의' 삶에서 그만한 강도를 느낍니다. 환자를 치료하는 의사로서 세상을 살아가는 내내 그 사실을 기억하길 바랍니다."

그 순간 나는 머리를 한 대 세게 얻어맞은 기분이었다. 살면서 그 말이 자주 떠올랐다. 사람을 몹시 외롭게 하는 스트레스가 어떻게 수백만 명에게 동시에 일어날 수 있단 말인가?

스트레스는 인간이 겪는 가장 흔하고 공통된 경험이다. 우리는 모두 같은 강도로 인생을 살아가지만, 그 과정에서 완전히 혼자인 듯한 고립감을 느낀다. 다들 스트레스를 겪고 있지만 각자 완전히 혼자인 것처럼 느낀다. 이는 인류의 가장 큰 역설 가운데 하나다.

몇 년 뒤, 진료하느라 바쁜 와중에 병원 대기실을 둘러보다 이런 생각이 들었다.

'환자들이 서로 이야기를 나눌 수 있다면 훨씬 덜 외로울 텐데. 다들 방식만 다를 뿐 같은 문제로 고통받고 있다는 사실을 알게 될 테니까.'

2015년의 데이터에 따르면, 30명이 모여 있는 방에서 적어도 21명은 '당신과 마찬가지로' 스트레스를 받고 기진맥진한 상태일 가능성이 크다.[7] 스트레스에 대한 개개인의 투쟁을 깎아내리려는 게 아니다. 각자의 여정은 고유하고 타당하다. 하지만 얼마나 많은 사람이 해로운 스트레스의 영향을 받는지 정확히 이해한다면, 그 경험을 더 자연스럽게 받아들일 수 있을 것이다. 그러면 애초에 우리가 느끼는 수치심과 고립감도 줄어들 것이다.

임상의학에서는 어려운 경험에 이름을 붙이고 같은 경험을 다른 사람들과 공유하는 행위를 집단치료로 활용한다. 집단의 일원이 되어 비슷한 이야기를 나누다 보면 절로 치유되기도 한다. 이를 과학 용어로 '집단 효과group effect'라고 부른다. 안타깝게도, 나는 날마다 환자들을 치료하면서 스트레스에 대한 반집단 효과anti-group effect를 목격했다. 수백만 명이 스트레스를 받지만 아무도 스트레스에 시달리는 사람으로 식별되고 싶어 하지 않는다. 이는 우리 문화에 회복탄력성 신화가 얼마나 뿌리 깊게 박혀 있는지 보여준다. 우리가 의료 환경에서 스트레스와 번아웃에 대한 집단 치료를 정례적으로 권장한다면 상황이 어떻게 달라질지 궁금하다. 일상의 스트레스와 번아웃에 집단 치료를 무료로 제공하면 사람들을 효과적으로 결속시켜, 스트레스와 홀로 씨름하는 사람들을 하나로 묶는 데 도움이 될 것이다. 이 책이 바로 스트레스를 물리치기 위한 집단 치료라고 생각하자.

스트레스와 번아웃에 대한 세계적 현황

최근 전 세계적으로 스트레스 증가세가 더욱 심화되고 있다. 2001년 세계보건기구World Health Organization, WHO는 네 명 중 한 명이 평생토록 불안, 우울증, 불면증 같은 스트레스 관련 질환에 걸릴 위험이 있다고 추정했다.[8] 2019년경 WHO는 번아웃을 '직업적 현상occupational phenomenon'으로 규정하고 공식적인 임상 증후군으로 지정했다.[9] 이 조치는 당시 큰 뉴스였다. 이러한 지정으로 많은 노동자가 예전부터 줄곧 겪어온 증상을 입증하기가 훨씬 수월해졌다. 누군가는 스트레스를 최초의 팬데믹이라고 말할 것이다. 최근 몇 가지 사건에서 한 가지 희망을 찾자면, 스트레스와 번아웃이 마침내 마땅히 받아야 할 인정을 받고 있다는 점이다.

지난 몇 년간 벌어졌던 사태가 개인적·집단적 스트레스와 번아웃에 미친 영향은 말로 다 설명할 수도 없다. 2022년 2월 실시한 어느 조사에서, 미국인의 3분의 2 정도가 코로나19 팬데믹으로 삶이 송두리째 바뀌었다고 말했다.[10] 2022년 실시한 다른 조사에서는 미국인의 최우선 건강 문제로 정신 건강이 팬데믹을 대체했다고 나왔다.[11] 70퍼센트에 달하는 사람들이 전체 직업 활동 중에서 지난 몇 년간 스트레스를 가장 많이 받았다고 느꼈고, 거의 같은 비율의 사람들이 번아웃 증상을 한 가지 이상 겪고 있다고 답했다.[12] 그 때문에 불안, 우울증, 불면증 같은 스트레스 관련 질환을 비롯해 심각한 정신적 고통이 여덟 배나 늘어났다.[13] 이런 상황에서 정신 건강 서비스에 대한 수요가 증가하고 있지만 제대로 충족되지 못하고 있다.[14]

최근 몇 년 동안 번아웃 유발 요인에 대한 이해도가 넓어졌다. 예전에는 순전히 직업적 현상으로 여겨졌지만, 이제는 양육과 부양을 포함한 삶의 모든 영역으로 스며들고 있다. 최근에 한 조사에서 70퍼센트에 달하는 부모가 번아웃을 경험한다고 보고했다.[15] 나 역시 부모로서 이 점에 전적으로 공감한다. 나아가 육아 번아웃의 실제 규모가 훨씬 더 크지 않을까 싶다.

번아웃 상태인 사람을 상상하라고 하면, 일반적으로 의욕 상실과 무관심, 좌절감에 빠진 사람을 떠올리기 쉽다. 하지만 현대의 번아웃은 그 모습이 바뀌었다. 한 연구에서 팬데믹 동안 재택 근무하는 사람들 가운데 61퍼센트는 번아웃이 나타나도 업무에서 벗어나기 어렵다고 말했다.[16] 이 책 도입부에서 만났던 회복탄력성 좋은 내 친구 리즈의 사례처럼, 새로운 얼굴의 번아웃은 자신과 다른 사람들에게 포착되기 어렵다.

이런 암울한 통계로 당신을 우울하게 할 생각은 없다. 단지 스트레스와 번아웃이 얼마나 만연해 있는지 보여주려는 것이다. 당신도 이런 기분을 느낀다면, 혼자가 아니라는 사실을 기억하길 바란다.

왜 하필 나에게? 왜 하필 지금?

리나는 흔한 자가면역질환인 루프스lupus(면역 체계 이상으로 만성 염증이 생기고 면역력이 떨어지는 난치성 전신 질환 — 옮긴이)를 오랫동안 앓았다. 그래도 지난 10년 동안 뛰어난 의료진에게 치료받으면서 법원 속기사로 일도 하고 8살 난 쌍둥이를 홀로 키워냈다. 리나는 딸의 만성 스트레스를 걱정하는 어머니의 권고로 나와 진료 약속을 잡았다. 첫 번째 방문에서 나는 리나에게 스트레스가 몸에 어떤 영향을 미쳤는지 설명해달라고 청했다.

그러자 리나는 깜짝 놀라며 이렇게 말했다.

"스트레스가 어떻게 작용하는지, 또는 그것이 내 증상에 영향을 미칠 수 있는지 생각해본 적이 없어요. 그냥 스트레스와 루프스가 서로 상관없이 나타난다고 생각했어요."

나는 의자를 리나 쪽으로 더 돌리며 말했다.

"뭐 하나 물어볼게요. 쌍둥이가 서로에게 영향을 미치나요?"

"그야 물론이죠. 그 아이들은 한 몸이나 마찬가지예요. 하나가 침울하면 다른 하나도 금세 침울해져요. 하나가 웃기 시작하면 다른 하나도 웃음이 터져서 멈출 줄 모른답니까요. 서로 약점도 훤히 꿰고 있어요."

"당신의 루프스와 스트레스도 마찬가지예요. 루프스는 스트레스에 영향을 미치고, 스트레스는 루프스에 영향을 미친답니다."

"하긴 루프스 증상이 심해지면 스트레스를 더 많이 받긴 해요."

"거꾸로 스트레스를 많이 받으면 루프스가 악화되기도 하죠. 법원 사건 중에 문제가 생기면, 그 주에 루프스 증상이 어떻게 되나요?"

"아, 날마다 한두 가지 문제가 생겨요. 그런데 길고 복잡한 사건일 경우, 오전 9시부터 오후 5시까지 내내 일하고 나면 주말 동안 손가락 관절이 부어오르고 붉게 변해요. 그야말로 녹초가 되는 거죠!"

"단기적 어려움은 그럭저럭 견디는 것 같은데, 그것이 쌓여서 만성 스트레스가 되면 몸이 반응하나 봅니다." 내가 말했다.

"맞아요. 그런 일을 여러 번 겪었어요." 리나는 스트레스와 루프스 증상이 서로 어떻게 반응하는지 깨닫자 눈을 동그랗게 뜨면서 인정했다. "집에서도 마찬가지였어요. 쌍둥이가 동시에 패혈성 인두염에 걸려 어린이집에 갈 수 없었을 때도 딱 그랬죠."

"그래서 도움을 청하지도 못하고 끙끙 앓았나요?"

"맞아요. 너무 피곤하고 힘들고 불안해 다 때려치우고 싶었어요." 리나는 고개를 끄덕이며 말을 이었다. "도저히 감당할 수 없을 것 같더라고요. 직장인으로서도, 엄마로서도 부족하다는 생각이 들더라고요."

"그런 기분은 당신 혼자만 느끼는 게 아니에요. 참으로 많은 사람이 그렇게 느끼고 있고, 자신이 나약하다고 생각하며 침묵 속에서 고통받고 있죠."

내 위로에도 리나는 천천히 고개를 저으며 무릎만 쳐다봤다. 스트레스와 싸우느라 얼마나 지쳤는지 짐작할 수 있었다.

리나를 비롯해 97퍼센트의 사람들이 의사 방문 시 스트레스 관리에 대한 상담을 받은 적이 없다.[17] 아마 당신도 마찬가지일 것이다. 내가 스트레스 관리에 초점을 맞춘 임상 진료를 개발하고자 했던 이유다. 리나는 기존 의료 체계에서 성인기 대부분을 스트레스 환자로 보냈지만, 그녀를 치료한 의사들 가운데 누구도 스트레스가 뇌와 몸에서 어떻게 작용하는지 설명해주지 않았다.

"더 하고 싶은 말씀이 있을까요?" 내가 물었다.

"네, 하지만 이런 말을 꺼내려니 왠지 이기적인 사람처럼 느껴지네요. 세상에는 정말 끔찍한 일을 겪는 사람이 많은데, 제 삶은 그 정도로 나쁘진 않거든요."

리나는 벽 쪽으로 고개를 돌렸다. 다음 말을 꺼내기가 힘든 게 분명했다.

"네룰카 박사님, 저는 좋은 사람이 되려고 애를 씁니다. 각종 청구서를 납부하고, 아이들을 돌보고, 엄마가 도움이 필요할 때 곁에 있어 주려고 노력하죠. 그런데 왠지 화가 치미는 것 같아요. 저는 이미

자가면역질환을 앓고 있어요. 그것이 스트레스를 악화시키고 또 스트레스가 그 증상을 악화시킨다니 절망적인 기분이 듭니다. 왜 하필 나에게? 왜 하필 지금? 내가 대체 뭘 잘못했기에?"

"리나, 당신은 잘못한 게 하나도 없어요. 우리가 최선을 다해 살아갈 때조차 우리 뇌는 태곳적부터 내려온 스트레스 반응을 보이거든요."내가 설명했다.

"제가 스트레스 반응을 타고났다는 건가요?"

"맞아요. 그것이 '왜 하필 나에게, 왜 하필 지금?'이라는 질문에 대한 답이에요."

그 시점에서 나는 리나에게 뇌가 스트레스에 어떻게 반응하는지 재빨리 설명해주었다. 속성 강의를 듣고 나서 리나는 스트레스를 완전히 새로운 눈으로 바라보게 되었다. 인간의 뇌가 스트레스에 어떻게 반응하는지에 대한 이 간단한 설명은 리나를 비롯한 여러 환자에게 도움이 되었다. 이 설명이 당신의 뇌 속에서 벌어지는 일을 더 깊이 이해하는 데도 도움이 되길 바란다.

하지만 그 논의를 시작하기에 앞서, 스트레스와 번아웃이 누구에게나 일어날 수 있다는 사실을 알았으니 당신 자신에게 연민을 품었으면 한다. 개인별 스트레스 지수에 놀라거나 실망했더라도, 우리가 대부분 회복탄력성 신화를 받아들이도록 사회적으로 길들여졌다는 사실을 기억하라. 나도 예외가 아니다. 우리는 신화에 의문을 제기하지 않고 모든 난관을 극복하고 감당할 수 있어야 한다고 믿는다. 그렇지만 당신의 카나리아가 경고하는 소리를 분명히 들었으니, 더 이상 당신 자신을 돌보는 이 치유 방식을 미룰 수 없다.

스트레스와 번아웃은 이제 예외가 아니라 표준이다. 다행히, 둘 다 완전히 되돌릴 수 있다. 스트레스와 번아웃을 되돌리는 작업을 시작하기에 앞서, 뇌가 만성 스트레스에 어떻게 반응하는지 이해하면 도움이 된다. 당신은 일상생활에서 스트레스가 어떻게 외부로 표출되는지에 대해 더 많은 통찰력을 갖게 되었다. 그러니 이제는 스트레스가 뇌와 몸에 내적으로 어떤 영향을 미치는지 명확히 이해하기 위해 스트레스 생물학을 내부에서 살펴보도록 하자. 스트레스와 번아웃이 왜, 어떻게 당신의 뇌를 장악했는지 알게 되면, 5가지 회복탄력성 리셋 버튼을 활용해 스트레스는 줄이고 회복탄력성은 높이기가 더 쉬워질 것이다.

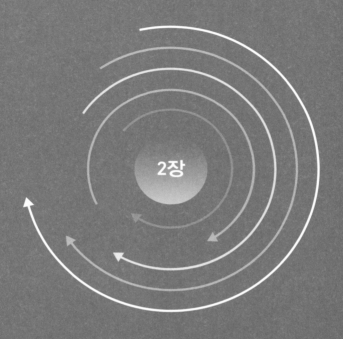

2장

뇌는 스트레스를
어떻게
생각할까?

5가지 회복탄력성 리셋 버튼을 제대로 이해하기 위해는 스트레스로 힘든 순간 기본적으로 뇌와 몸에 무슨 일이 일어나는지 이해하면 도움이 된다. 의사들이 스트레스의 원리에 관해 전혀 설명하지 않았겠지만, 해로운 스트레스가 당신의 뇌와 몸을 어떻게 공격하는지 조금 더 알면 스트레스를 리셋하고 해소하는 것이 왜 중요한지 이해하는 데 도움이 될 것이다.

평소에 특별히 스트레스를 받지 않을 때, 당신의 뇌는 전전두엽 피질 prefrontal cortex 이 주도한다. 손바닥을 이마에 댔을 때 손바닥 바로 뒤에 있는 뇌 영역이다. 전전두엽 피질은 일상생활의 결정을 관리하는 데 도움을 준다. 가령 아이의 생일 파티를 계획하거나 데스크톱 파일을 정리하거나, 커튼을 어떻게 걸지 생각하거나, 가을 콘퍼런스에서 발표할 두 자료의 순서를 정할 때 관여한다. 전전두엽 피질은 옵션을 살펴보고 세단 대신 밴을 빌리기로 선택할 수 있다. 행사에 세미 정장을 입고 갈지 아니면 청바지를 입고 갈지 결정하거나, 식료품점에서 어떤 파스타 소스를 살지 결정할 때도 도움을 준다. 계획 수립, 조직화, 의사결정 같은 뇌의 과제는 일반적 관리 기능general executive function이라고 알려져 있다. 실생활에서 전전두엽 피질이 하는 온갖 일은 '어른스러운 행동'으로 여겨질 수 있다. 스트레스를 많이 받지 않고 평온함을 느낄 때 당신은 굉장히 어른스럽게 행동하지만, 스트레스의 영향을 받으면 일이 틀어질 수 있다.

스트레스를 받을 때 당신의 뇌는 편도체amygdala가 주도한다. 뇌 깊숙한 곳에 자리 잡은 콩알 크기의 구조물로, '파충류 뇌' 또는 '도마뱀 뇌'로도 알려져 있다. 인간은 진화했으나 뇌의 이 영역은 진화하지 않았기 때문이다. 편도체는 동굴 거주자 모드로 태초부터 우리와 함께해왔다. 여기에는 그럴 만한 이유가 있다. 편도체는 생존과 자기 보호에 초점을 맞추고 두려움 반응을 담당한다. 위협을 감지하면 투쟁-도피 반응fight or flight이라고 불리는 스트레스 반응을 활성화한다. 편도체는 시상하부와 뇌하수체 같은 다른 뇌 영역을 동원해 코르티솔 호르몬을 생성한다. 코르티솔은 부신을 활성화해 아드레날린을 분비하게 하는데, 이 호르몬은 위협에 맞서 싸우거나 위협으로부터 도망치는 데 도움을 준다. 시상하부와 뇌하수체와 부신은 우리가 HPA 축HPA axis이라고 부르는 것을 형성하는데, 이는 체내 스트레스의 주요 경로다.

HPA 경로에서 편도체가 운전대를 잡으면 두려움과 스트레스가 당신의 정신을 지배한다. 심장이 더 빨리 뛰고 호흡이 더 가빠지면서 극도로 예민해진다. 이러한 투쟁-도피 반응은 동굴 거주자들이 포식자의 치명적 공격을 피할 때 매우 유용하게 작용했다. 하지만 요즘 당신이 마주하는 포식자는, 가령 관계 갈등, 직업 기대치, 청구서, 가족의 압력, 마감일 등 절대로 공격을 멈추지 않을 것들이다. 그러니 당신의 편도체는 계속 활성화된 상태를 유지한다. 편도체는 논리적 뇌가 아니라 감성적 뇌다. 따라서 당신은 업무 마감일이 생명을 위협하지 않는다고 논리적으로 이해할 수 있지만, 편도체는 그 차이를 알아차리지 못한다.

마감일이 닥쳐 극심한 공포에 휩싸여 있을 때, 절망과 우울감에 빠져서 "이 일을 끝내지 못하면 상사가 나를 죽일 거야"라고 혼잣말을 한다면, 이는 편도체가 지껄이는 것이다.

현대인의 뇌는 끊임없는 마감과 경제적 압박 같은 높은 수준의 만성 스트레스 때문에 정상 기준치로 돌아갈 기회를 얻지 못한다. 스트레스는 날이면 날마다 편도체를 활성화한다.

당신의 뇌와 몸이 급성 스트레스를 잘 처리하도록 설계되었지만, 만성 스트레스는 편도체와 스트레스 반응에 과부하 문제를 일으킨다. 뇌와 몸은 생존과 자기 보호를 위해 설계되었기 때문에, 동굴 거주자 모드를 짧은 기간 동안 견딜 수 있다. 하지만 한 번에 여러 달 또는 몇 년 동안 계속되면 번아웃이 시작될 수 있다. 이러한 인지적 결함은 스트레스와 번아웃이 전례 없는 수준에 머물러 있는 이유를 이해하는 열쇠다.

어느 회사에서 내게 직원 450명을 상대로 스트레스를 주제로 강연해달라고 요청하고, 데이비드라는 젊은 직원을 보내 공항에서 나를 맞이했다. 회사로 가는 길에 데이비드는 팬데믹으로 15개월 동안 재택근무를 하다가 고용주가 사무실로 복귀하라고 지시한 뒤로 그의 삶이 어떻게 흘러갔는지 들려주었다.

"원룸 아파트에 갇혀 지내면서 구석에 놓인 작은 탁자에서 일했습니다. 처음에는 괜찮았어요. 길해야 2, 3주 정도 걸릴 거라고 말했으니까요. 그 정도는 별일 아니잖아요, 그렇죠? 그런데 팬데믹이 걷잡을 수 없이 확산하니까 사무실이 언제 열릴지, 아니 다시 열릴 수는 있을지 모른다고 하더군요. 그때는 완전히 갇히고 고립된 기분이었습니다."

"다들 그런 심정이었죠." 내가 고개를 끄덕이며 말했다. "그저 일시적인 문제로 보고 금세 지나갈 줄 알았잖아요. 잠시 격리해 있으면 다 괜찮아질 줄 알았는데, 현실을 파악하고는 '이제는 어떡하지?'라고 생각하게 되었죠."

아마 당신도 이러한 감정에 공감할 수 있을 것이다. 대부분의 사람이 코로나 위기를 단기적 불편함이라고 생각했을 때, 우리 뇌는 한정된 스트레스를 처리할 준비가 되어 있었다. 그래서 다들 몸을 웅크리고 극심한 위협이 지나가기를 기다렸다. 하지만 위협은 끝이 보이지 않고 지속되었다. 단거리 경주가 결승선도 없는 마라톤으로 바뀌었다. 우리 뇌는 전혀 다른 도전에 직면하면서 급성 위협 모드가 아니라 만성 위협 모드로 들어갔다.

그 상태로 조금만 더 참으라는 말을 장장 3년이나 들었다. 언론은 우리에게 팬데믹이 끝나면 광란의 20년대Roaring Twenties(활기와 자신감이 넘치던 미국의 1920년대를 지칭함 — 옮긴이)가 도래할 거라고 장담했다. 무모하게 즐길 수 있는 시간이 온다고 약속했다. 기사를 읽으면서 나는 이렇게 생각했다. '모조리 거짓 광고야. 스트레스에 관한 한 인간의 뇌는 그렇게 작동하지 않거든.'

"참 이상하죠." 데이비드가 다시 입을 열었다. "저는 그때보다 지금이 더 힘들거든요. 그때는 코로나19에 걸릴지, 직장에서 잘릴지, 가족을 만나러 갈 날이 올지, 심지어 집세를 낼 수 있을지도 몰랐지만, 이 정도로 힘들진 않았습니다."

"어떤 면에서 지금이 더 힘든가요?"

"정말 우울해요. 전에는 우울한 적이 없었거든요. 이제는 업무 메일에 답하거나 빨래방에 다녀오는 것 같은 간단한 일조차 부담스러워요. 제가 혹시 무너지고 있는 건가요? 의사니까 아실 거 아닙니까?"

"당신이 무너지고 있다면, 전 세계 수백만 명도 그렇다고 할 수 있죠." 내가 대답했다.

팬데믹 마라톤은 정신 건강에 영향을 미쳤다. 인간의 뇌는 오랫동안 다량의 스트레스를 지속적으로 견디도록 설계되지 않았기 때문이다. 나는 그 점을 데이비드에게 설명했다.

"자책하지 마세요. 당신이 아니라 당신의 스트레스 생물학이 문제니까. 당신은 만성 스트레스에 대한 정상적이고 건전하고 예상되는 생물학적 반응을 보일 뿐이에요."

"제가 그렇게 보잘것없는 사람은 아니라니까 마음이 좀 놓입니다. 그래도 묻고 싶네요. 왜 하필 지금이죠? 모든 게 정상으로 돌아왔으니 이제는 괜찮겠지 싶은데 전혀 그렇지 않아요. 저는 이 혼란에서 벗어날 수 없을 것 같거든요."

데이비드가 느끼는 방식이 당신이 겪고 있는 방식과 비슷하다면, 그 이유는 바로 당신이 '지연성 스트레스 반응'을 경험하고 있기 때문이다. 인간이 생존과 자기 보호 본능을 타고났기 때문에 극심한 위기가 닥쳤을 때 뇌는 그 도전에 맞서도록 반응한다. 우리는 항상 당면한 니즈를 해결할 방법을 찾는다. 재앙의 한가운데서 감정적으로 완전히 무너지는 사람은 거의 찾아볼 수 없을 것이다. 물론 있을 수는 있지만, 아주 드물다.

당신의 뇌는 긴급한 위기를 인식하고 정신을 바짝 차려서 그 순간에 필요한 일을 처리한다. 그런데 일단 극심한 위협이 지나가고 심리적으로 안전하다고 느끼면, 경계심이 풀리면서 진정한 감정이 겉으로 드러난다. 댐이 무너지듯 한꺼번에 밀어닥친다.

당신은 극심한 위기를 겪는 동안 아주 멀쩡했을지도 모른다. 어쩌면 어떤 상황에서도 정신을 바짝 차릴 수 있다는 칭찬을 들었을지도 모른다. 하지만 지금은 수시로 짜증이 나거나 지치거나 긴장하거나 우울하거나 집중하지 못하거나 불안하거나 이 모든 증상을 한꺼번에 겪고 있을지 모른다. 당신은 평소의 자신과 딴 사람이라고 느낀다. 이는 개인의 선택이나 단점이 아니라 당신의 생물학적 특성이다.

인간의 뇌가 애초에 그렇게 설계되었다. 나는 수많은 환자에게서 이와 같은 지연성 스트레스 반응을 수백 번도 더 봤다. 내가 유난히 스트레스를 받은 날 밤에 말이 떼 지어 몰려든 이유도 바로 이것 때문이다.

"이해가 안 돼요." 내 환자인 라켈이 손으로 머리를 받치면서 따지듯 물었다. "왜 이제 와서 이렇게 화가 나는 거죠?" 그해 초 라켈은 새로운 암 진단에 따른 스트레스를 관리하고자 나를 찾아왔었다. 당시에는 믿을 수 없을 정도로 침착하고 냉정했다. 눈물도 흘리지 않았다. 라켈은 수술, 방사선 치료, 화학 요법에 대한 계획을 세워둔 상태였다. 라켈의 종양 치료진은 최근에 치료가 '성공적으로' 끝났다고 하면서 그녀에게 건강 증명서를 건네주었다. 라켈은 치료를 무사히 마쳤고, 3개월 후에 정기 검진을 받으러 오라는 지시를 받았다. 그런데 7일 만에 내 진료실로 찾아왔다. 라켈은 혼란하고 불안하고 흐르는 눈물을 주체할 수 없었다. 아울러 자신의 감정에 무척 당황했다.

"저는 암에서 벗어났다는 좋은 소식을 들었어요." 라켈이 흐느껴 울면서 말했다. "기뻐서 파티라도 열어야 하는데, 오히려 혼란에 빠졌어요. 잠을 이룰 수도 없어요. 이렇게 불안했던 적이 없다니까요. 너무 답답하고 우울해요. 내 인생에서 가장 행복해야 할 시기인데 대체 왜 이러는 걸까요? 도무지 이해가 안 돼요."

"라켈, 실은 충분히 일어날 만한 일이고, 전적으로 이해가 돼요." 내가 티슈 상자를 건네며 말했다. "암 치료를 받는 동안 당신은 방어기제가 높아졌어요. 당신의 정신은 극심한 위협에 처하자, 방사선 치료와 화학 요법을 몇 주 동안 견뎌내기 위해 내적 자원과 에너지를 모두 끌어모았죠."

그런데 치료가 모두 끝나고 종양학 의사가 좋은 소식을 알려주자 심리적으로 안정되면서 진정한 스트레스 반응이 나타나게 되었다고 내가 설명하자, 라켈은 안도의 한숨을 내쉬었다. 치료 중에 감정을 억누르는 일은 의식적이거나 의도적인 선택이 아니었다. 그저 인간의 뇌가 극심한 위협에 그렇게 반응하도록 설계되었기 때문이다.

"당신이 실제로 얼마나 강한지 봐요. 암에 맞서는 스트레스를 다 이겨냈잖아요."

암처럼 극심한 스트레스 상황 후에 찾아오는 지연성 스트레스 반응은 정상적이고 예상되는 치유 과정의 일부다. 하지만 이러한 지연 반응을 활성화하려고 건강에 대한 두려움을 느낄 필요는 없다. 극심한 스트레스나 트라우마는 삶의 어떤 측면에서도 이러한 상황을 초래할 수 있다.

나는 스위스 제네바에 있는 WHO 협력 센터에서 난민 건강 문제를 다룰 때 지연성 스트레스 반응을 연구했다. 휴대 가능한 물건을 제외한 모든 것을 남겨두고 고향을 등져야 한다니, 보통 사람은 상상할 수도 없는 일이다. 최근의 갈등 상황과 마찬가지로, 난민은 앞날을 전혀 알 수 없는 상태에서 길을 떠날 때나 난민 캠프에서 텐트를 치고 살 때 놀라울 정도로 회복탄력성이 높아 보인다. 그러다가 새로운 나라에 정착하거나 고향으로 돌아가 안전한 상태에 이르면 다양한 정신 건강 문제가 겉으로 드러난다.[1]

암 진단이나 난민 생활 같은 극단적 경험이 없더라도, 지연성 스트레스 반응은 누구에게나 나타날 수 있다. 특히 지난 몇 년 동안 모두가 힘겨운 경험을 함께 겪으면서 2020년 초부터 정신 건강 문제가 집단적으로 발생했다. 우리는 정신적으로 팬데믹 단거리 경주를 할 준비가 되어 있었다. 그런데 결승선이 계속 멀어지면서 팬데믹 마라톤을 치러야 했다. 처음 예상했던 2주간의 격리로 끝나지 않으리라는 사실을 알았을 때, 우리는 인지적 전환, 즉 사고의 중요한 변화에 대비하지 못했다. 의학 용어로 말하면, 우리는 급성질환에서 만성질환으로 넘어갔다. 안타깝게도, 그 결과 우리 뇌는 오랫동안 유달리 높은 수준의 스트레스를 견뎌야 했다.

지연성 스트레스 반응에 대해 알았으니, 최근 집단적으로 대단히 높은 스트레스 상황이 현재와 가까운 미래에 번아웃과 정신 건강 문제의 원인이 될 수 있다는 사실도 알았을 것이다.

이 암울하고 충격적인 상황에 한 줄기 빛이 비친다면, 우리가 다 함께 그 일을 겪어냈다는 점이다. 이렇게 많은 사람이 지연성 스트레스 반응을 겪고 있으니, 다 함께 이 순간을 치유와 가능성이 가득한 환경으로 조성할 수 있다. 이제 우리는 공통된 경험을 정상화하고 검증할 엄청난 기회를 얻었다. 나아가, 스트레스를 건전한 수준으로 리셋하고 번아웃을 극복할 기회를 얻었다. 당신은 이제 5가지 리셋 버튼을 통해 스트레스와 회복탄력성과 정신 건강에서 대단히 긍정적인 진전을 이룰 완벽한 기회를 얻게 되었다.

스트레스는 온몸에서 일어나는 현상이다. 우리는 부정적 감정에

휩쓸려 언제 무너질지 모를 절망과 우울감에 빠져들게 된다. 스트레스에 대한 감각 경험이 무엇이든 스트레스의 원인은 같은 곳, 즉 뇌에서 시작된다. 예일대학교 과학자들에 따르면, 스트레스는 구체적으로 뇌의 변연계에 있는 해마에서 시작된다.[2] 변연계는 감정 중추이고 해마는 학습과 기억을 담당한다. 학습과 기억이 만들어지는 것과 같은 장소에서 스트레스가 생성된다면, 스트레스도 학습된 반응으로 볼 수 있다. 그리고 다른 학습된 반응과 마찬가지로, 스트레스도 더 나은 방식으로 다시 학습되고 다시 훈련될 수 있다. 이것이 당신의 뇌가 스트레스를 덜 받도록 재구성되는 첫 번째 전제다.

스트레스를 적게 받도록 뇌를 재구성하는 두 번째 과학적 원리는 뇌과학에서 가장 위대한 발견 중 하나인 신경가소성neuroplasticity에 토대를 둔다.

뇌는 끊임없이 바뀌는 삶의 조건에 따라 성장하고 변화하는 근육으로 밝혀졌다. 이는 뇌의 다양한 부분, 뇌 영역 간의 연결, 심지어 개별 뇌세포 사이에도 적용된다. 팔 운동으로 이두박근을 강화할 수 있다면 뇌 근육도 단련할 수 있다. 역기를 열심히 들어 올리는 것처럼 신경세포를 열심히 자극하면 된다. 당신의 뉴런, 즉 신경세포는 서로 연결되어 뇌 영역 간에, 그리고 신경계 전체에 새로 업데이트된 정보를 운반하고 전송한다. 뉴런은 두 지점 사이의 가장 빠른 경로를 찾는 데 능하지만, 새로운 연결을 견고하게 만들려면 여러 번 왔다 갔다 해야 한다. 뇌는 항상 새로운 경로를 만든다. 다행히, 당신은 대체로 반복을 통해 유익한 경로를 강화하겠다고 선택할 수 있다. 새로운 습관에 더 많이 참여할수록 뇌 경로는 더 강해진다. 신경가소성은 뇌가 경험하는 것에 따라 변할 수 있는 현상이며, 이 책의 토대를 이루는 개념이다.

신경가소성을 발견하기 전까지 과학계는 애초에 타고난 뇌가 그대로 평생을 간다고 생각했다. 그렇다, 완전히 운에 좌우된다고 봤다. 하지만 기능적자기공명영상fMRI과 뇌전도EEG 같은 새로운 뇌 영상 기법을 통해 뇌 구조와 세포와 연결이 당신의 행동에 따라 증가하거나 감소한다는 사실을 알게 되었다.[3] 신경가소성은 당신에게 뇌를 재구성할 능력을 부여한다.

스트레스는 줄이고 회복탄력성은 높이도록 뇌를 점진적으로 단련해나갈 때 내가 '회복탄력성의 2가지 원칙Resilience Rule of 2'이라고 부르는 것을 명심하길 바란다. 당신의 뇌는 이두박근과 마찬가지로 근육이다. 제대로 단련하지도 않고 50킬로그램짜리 역기를 들어 올리겠다고 덤비진 않을 것이다. 당신의 뇌도 점진적 단련으로 재구성해야 한다. 뉴런을 강화할 때도 연습이 필요하다.

빠르게 진행하고 싶은 유혹이 들더라도 '회복탄력성의 2가지 원칙', 즉 한 번에 2가지씩 점진적으로 변화를 주면, 그 변화가 일상생활에 더 쉽게 통합되어 힘들게 느껴지지 않는다. 아울러 이러한 변화는 어쩌다 한 번씩 하는 게 아니라 오랫동안 꾸준히 시도해야 당신의 삶에 온전히 녹아들 수 있다.

회복탄력성의 2가지 원칙

아담이 3월 초에 나를 찾아왔을 때 스트레스 문제를 해결하고자 안달 난 상태였다. 남들 눈에 그는 통제력이 뛰어난 사람처럼 보였다. 사업이 해마다 성장을 거듭했고, 아내와 함께 10대 딸 둘을 키우며 단란한 가정을 꾸리고 있었다. 게다가 성취도가 높은 사람이라고 자처하던 터라 마음먹은 일은 뭐든 '탁월하게 해내려' 애썼다. 최근에는 스트레스를 말끔히 해결하겠다는 목표도 세웠다.

"제가 말입니다. 작년에는 그야말로 번아웃에 빠졌습니다. 변화를 주지 않으면 큰일 날 것 같더라고요. 그래서 새해 결심으로 스트레스를 싹 날려버리겠다고 마음먹었죠."

아담은 말하다 말고 바인더를 펼쳐 보였다. 그 안에는 그가 여태 시도했던 스트레스 해소법이 무려 100페이지 분량이나 철해져 있었다.

"스트레스를 줄이려고 정말 미친 듯이 노력했습니다."

아담은 철저하게 변하겠다고 굳게 다짐하고서 1월 1일부터 생활 방식을 싹 바꾸었다. 일단 수면, 식사, 운동, 에너지 수준에 대한 체크 리스트를 만든 다음 추적할 수 있는 것은 뭐든 다 기록했다. 혼자서 두 달 정도 이렇게 하자 열정이 서서히 식어갔다. 결국에는 결심 자체가 또 다른 스트레스로 전락했다.

아담은 실망스러운 얼굴로 바인더를 닫으며 말을 이었다.

"더는 이대로 계속할 수 없어서 찾아온 겁니다. 저는 한꺼번에 밀어붙였어요. 어떤 게 효과가 있고 어떤 게 없는지 알 수 없었죠. 너무 답답하더라고요. 짜증도 나고."

"생활 방식을 대대적으로 바꾸려들면 우리 몸은 생물학적으로 그렇게 반응하게 된답니다. 다들 한 번에 많은 것을 바꿀 수 있고 또 바꿔야 한다고 오해하고 있어요. 하지만 너무 빨리 너무 많은 변화를 시도하면 반발 작용이 일어날 수밖에 없습니다."

"그러니까 새해 결심이 대부분 작심삼일로 끝나나 봅니다."

아담의 말에 나는 바로 동의했다.

"맞아요. 우리는 모 아니면 도 식으로 밀어붙이다가 제대로 이루지 못하면, 자신에게 더 나쁜 감정을 품게 됩니다."

"1월 2일 아침 7시 30분에는 체육관이 꽉 차 있었어요. 그런데 어제는 기구를 이용하는 사람이 여덟 명밖에 없더군요. 하긴 저도 처음에는 매일같이 운동을 하러 갔어요. 지금은 일주일에 두 번 정도 가는데, 그런 제 자신에게 자꾸 화가 납니다."

나는 열정 감소와 그에 따른 중압감이 당연하고도 정상적인 반응이라고 그를 안심시켰다. 아담에게는 아무런 문제도 없었다. 실은 모든 게 괜찮았다. 생활 방식을 대대적으로 바꾸는 동안 그의 몸은 생물학적으로 원활하게 작동하고 있었다.

"문제는 '회복탄력성의 2가지 원칙'이라는 거예요. 변화가 지속되기를 바란다면 한꺼번에 너무 많은 변화를 주면 안 되는 이유가 바로 그거죠. 아무리 굳은 결심으로 덤비더라도!"

뇌가 변화에 반응하는 방식과 관련해, 긍정적인 변화조차도 뇌에는 스트레스로 인식된다. 아담이 그랬던 것처럼 당신도 자신을 개선하려는 의도가 있을지 모르지만, 그런 변화가 오래 지속되기를 원한다면 한 번에 2가지 변화만 시도해야 한다. 그 이상이면 당신의 시스템에 과부하가 걸릴 수 있다. 아담이 계획을 따라가지 못한 것은 그의 잘못이 아니었다. 훈련이나 동기 부족 문제도 아니었다. 그의 생물학적 특성 때문이었다.

뇌가 삶의 긍정적인 변화까지 스트레스로 인식한다는 사실은 1960년대 두 연구자에 의해 밝혀졌다. 정신과 의사였던 토마스 홈즈 Thomas Holmes와 리처드 라헤 Richard Rahe는 삶의 변화가 스트레스와 건강에 어떤 영향을 미치는지 알고 싶었다. 그들은 환자 5,000명을 대상으로 일상에서 흔히 일어나는 43가지 사건을 골라, 각 사건이 스트레스로 이어졌는지 조사했다.[4] 생애 사건으로는 졸업식, 이직, 주택 구입, 탁월한 목표 달성, 결혼, 출산, 이혼, 은퇴, 사랑하는 사람의 죽음 등 다양했다. 힘겨운 사건이든 즐거운 사건이든 각각 특정 점수가 부여되었다. 이러한 사건을 많이 겪을수록 스트레스 지수가 높아지고 병에 걸릴 가능성도 커졌다.

이 획기적 연구는 삶의 스트레스와 뇌에 대한 우리의 이해를 깊게 해주었다. 즉, "긍정적인 삶의 변화도 적응하고 안정적으로 받아들이기까지 노력이 필요하며", 그에 따라 부정적인 스트레스 결과를 초래할 수 있다는 점을 보여주었다.[5] 내가 환자를 대하는 방식은 이러한 이해를 바탕으로 한다. 더 좋은 방향의 변화조차도 뇌와 몸에는 스트레스로 인식될 수 있다.

나는 수련의 시절에 일찌감치 이러한 내용을 배웠다. 환자들이 더 나은 수면 습관을 들이고 식단을 개선하고 담배를 끊는 등 삶을 긍정적으로 변하게 하려면 한 번에 2가지 변화만 권할 수 있다고 했다. 그러지 않으면 변화가 오래 유지되지 않을 가능성이 컸다. 이러한 접근 방식의 토대는 지금으로부터 약 60년 전 홈즈와 라헤의 초기 연구에서 비롯되었다. 의사들은 환자가 지속적이고 긍정적인 삶의 변화를 이루도록 돕고자 이 연구 결과를 적용했다. 아울러 그간의 스트레스 연구를 통해, 나는 환자들이 이 개념을 명확하게 이해해야 실생활에 적용할 수 있다는 사실을 깨달았다. 그래서 이것을 '회복탄력성의 2가지 원칙'이라고 부르기로 했다.

아담은 오만 가지 방법을 동원해 스트레스를 해결하고 싶었지만, 나는 '회복탄력성의 2가지 원칙'을 시도하라고 조언했다. 일단 주의가 필요한 2가지 핵심 영역인 수면과 운동에 초점을 맞추었다. 내가 그 2가지를 위한 회복탄력성 리셋 버튼을 제시하자(4장과 5장에서 자세히 살펴볼 것이다), 그는 다른 변화로 정신적 역량이 부족한 상태가 아니어서 둘 다 제대로 수행할 수 있었다.

그렇게 해서 아담과 나는 2가지 간단한 기법으로 변화를 위한 첫발을 내디뎠다. 몇 달 뒤 아담이 후속 조치를 위해 다시 찾아왔을 때 우리는 2가지 변화를 추가했다.

한 번에 2가지씩 점진적인 변화를 시도했기 때문에 그의 뇌는 스트레스에 적응할 시간을 확보했다. 그 점이 가장 중요했다.

라이프 스타일 스냅샷

진료실에서 아담을 만났을 때, 나는 맞춤형 스트레스 관리 처방에 필요한 정보를 수집하고자 일련의 질문을 던졌다. 아담과 한동안 대화를 나누면서 내 '라이프 스타일 목록lifestyle inventory'에 담긴 질문을 모두 던진 후, 그의 답변에 맞춰 치료 계획을 수립했다. 내 임상 의사 결정에는 환자의 의학적 상태, 증상, 선호도 등에 관한 자료와 함께 환자와 나누는 대화도 반영된다. 그래야 환자 개인의 니즈에 맞는 스트레스 관리 처방을 내릴 수 있기 때문이다.

당신과 직접 일대일로 대화할 수는 없지만, 이 책을 우리가 나누는 대화라고 생각할 수는 있다. 진료 시간에 환자들이 나와 상담하는 상황을 당신도 모의로 체험하게 해주고 싶다.

이를 위해 잠시 시간을 내어 '라이프 스타일 스냅샷Lifestyle Snapshot'을 작성해보라. 이는 당신의 일상생활을 개괄적으로 살펴보는 것이다. 당신이 내 진료실에 찾아왔을 때 내가 물어볼 만한 질문을 스스로 던져보라. 질문 목록은 수면, 미디어 사용, 공동체 의식, 운동, 식단 등 5가지 분야로 나뉘어 있다. 서면 답변을 보면, 썩 잘하고 있는 측면과 약간 개선해야 할 영역 등 당신이 현재 처한 상태를 명확하게 파악할 수 있다. 당신의 라이프 스타일 스냅샷을 파악한 후에는 5가지 회복탄력성 리셋 버튼과 그에 상응하는 전략을 구상해 삶에 적용할 수 있다.

당신의 라이프 스타일 스냅샷

수면	
취침	• 몇 시에 잠자리에 눕는가? • 몇 시에 잠이 드는가? • 잠자리에 들기 두 시간 전에 어떤 활동을 하는가? • 잠드는 데 어려움이 있는가? • 잠든 상태를 유지하는 데 어려움이 있는가?
기상	• 몇 시에 눈을 뜨는가? • 몇 시에 잠자리에서 벗어나는가? • 자고 일어나면 몸이 개운한가?
수면의 질	• 자다 깨다를 반복하는가? • 만약 그렇다면 일주일에 몇 밤 정도 그렇게 잠을 설치는가?

미디어 사용
• 하루에 총 몇 시간을 스크린 앞에서 보내는가? (여기에는 휴대폰, 컴퓨터, 텔레비전 등 스크린 달린 전자기기가 모두 포함된다.) • 얼마나 자주 스마트폰으로 이메일, 소셜 미디어, 메시지를 확인하는가? (가령 30분마다, 한 시간마다, 몇 시간마다) • 아침에 잠자리에서 벗어나기도 전에 휴대폰으로 이메일, 소셜 미디어, 메시지를 확인하는가? • 자다가 중간에 깨서 휴대폰으로 이메일, 소셜 미디어, 메시지를 확인하는가?

공동체 의식	
가정환경	• 혼자 사는가, 아니면 다른 사람들과 함께 사는가? • 다른 사람들과 함께 산다면 그들과의 관계를 어떻게 특징짓겠는가?
소셜 네트워크	• 의지할 수 있는 가족이나 친구가 있다고 느끼는가? • 공동체 의식을 느끼는가? • 새벽 4시에 응급 상황이 발생한다면 도움을 청할 만한 사람이 두 명 이상 있는가?

운동

- 일주일에 평균 몇 차례 운동하는가?
- 어떤 종류의 운동을 하는가?
- 각각의 운동 시간은 얼마나 되는가?

식습관

- 가공식품을 되도록 적게 섭취하는가?
- 정기적으로 또는 매일 가공식품과 (쿠키, 감자칩, 케이크 같은) 단것이 먹고 싶은가?
- 감정적 식사emotional eating를 하는가? 다시 말해, 지루하거나 스트레스를 받거나 피곤할 때 음식으로 해소하는가?
- 식단에 채소, 과일, 기름기 없는 단백질, 통곡물이 포함되는가?
- 특별한 식단을 따르고 있는가?

당신은 이제 '라이프 스타일 스냅샷'으로 일상생활과 습관을 더 명확하게 파악함으로써 스트레스를 이해할 중요한 첫발을 내디뎠다. 이러한 습관으로 해로운 스트레스가 더 악화되거나 줄어들기 때문에 당신이 평소 하는 일을 스냅샷으로 기록하면 유용하다. 작가이자 팟캐스트 진행자인 그레첸 루빈Gretchen Rubin은 건전한 스트레스와 해로운 스트레스의 차이를 이렇게 말한다.

"당신이 매일 하는 일은 가끔 하는 일보다 더 중요하다."[6]

해로운 스트레스는 여러 요인이 겹치면서 발생한다. 하지만 카나리아의 경고를 듣고 그 영향을 느낄 때면 당신의 습관은 이미 엉킨 실타래처럼 혼란스러울 수 있다. 스트레스를 받은 뇌가 편도체에 의해 생존 모드로 들어가면, 평소 습관이 당신에게 도움이 되는지 해가 되는지 구분하기 어렵다. 당신은 고조된 감정 속에서 하루하루 헤쳐 나가려 애쓰게 된다.

라이프 스타일 스냅샷을 작성해 주의 깊게 살펴보면, 뇌가 생존 모드에서 벗어나 전전두엽 피질이 주도하는 성장 모드로 전환되기 시작한다. 라이프 스타일 스냅샷은 당신의 현재 상태를 개괄적으로 보여주고, 5가지 회복탄력성 리셋 버튼에 담긴 15가지 기법은 당신이 원하는 상태로 인도해준다. 스트레스는 줄이고 회복탄력성은 높이기 위해 이러한 기법을 활용할 수 있다.

아담이 시도했던 식으로 모든 기법을 한꺼번에 적용하고 싶은 마음이 들더라도, '회복탄력성의 2가지 원칙'을 적용해 당신의 생물학적 특성을 개선하고자 노력하라. 한 번에 2가지 기법으로 시작하고, 그 2가지에 자신감이 붙으면 다시 2가지를 추가하라. 그렇지 않으면 스트레스를 줄이려는 시도가 오히려 스트레스를 유발할 것이다. 어떠한 변화든 뇌와 몸에는 힘들기 때문에 천천히 진행하고 적당한 수준의 인내심을 유지하려고 노력해야 한다. 예전부터 독서 치료 bibliotherapy('책'이라는 뜻의 그리스어 bibilo와 '돕다, 병을 고치다'라는 뜻의 therapeia가 결합한 단어로, 책으로 정신 건강을 증진하는 일 — 옮긴이)라고 불렸듯이, 이 책을 읽는 경험을 통해 마음이 치유되어야 한다. 당신에게 스트레스를 더하지 않아야 한다!

새로운 습관을 형성하는 데 8주 이상 걸리므로 인내심이 필요하다. (습관의 뇌과학에 관해서는 5장에서 자세히 살펴볼 것이다.) 진행 상황을 시각적으로 기록하면 도움이 될 수 있다. 따라서 시작할 때 진행 상황에 대한 체크리스트를 작성하라. 체크리스트를 작성할 때 첨단 기술을 활용할 수도 있고, 아날로그 기술을 활용할 수도 있다. 내 환자 가운데 일부는 종이와 펜을 사용하고 일부는 달력이나 애플리케이션을 활용한다. 리셋 과정을 어떤 방법으로 기록하든, 습관 형성의 뇌 경로를 강화하도록 날마다 기록하라. 초반 열정이 식어간다면 계속 밀어붙이도록 옆구리를 쿡 찔러줄 만한 도구가 필요할 수 있다. 체크 표시(√)처럼 날마다 표시할 시각적 신호가 있으면 올바른 방향으로 꾸준히 나아갈 자극제가 될 것이다.

5가지 회복탄력성 리셋 버튼은 뇌과학을 비롯한 최신 과학 연구에 뿌리를 둔 실용적이고 실행 가능한 전략이다. 당신의 생물학적 특성을 거스르지 않고 오히려 활용함으로써 스트레스, 번아웃, 정신 건강에 지속적으로 건전한 변화를 일으키는 능력을 최적화할 수 있다. 당신은 곧 뿌듯한 성취감을 맛볼 것이다.

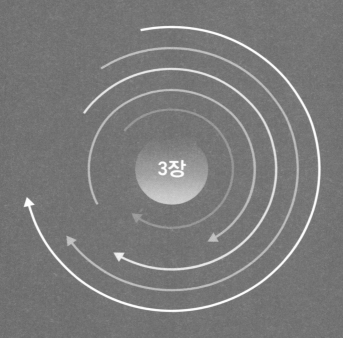

3장

첫 번째
회복탄력성 리셋 버튼

가장 중요한 것을 명확히 파악하라

휴대폰의 구글 맵Google Maps이나 웨이즈Waze 앱이 해로운 스트레스를 바꿀 방법을 실시간으로 알려준다면 얼마나 좋을까? 그러면 한 번에 한두 가지 제안으로 더 나은 상태에 이를 수 있다고 생각하며 마음 편히 쉴 수 있을 것이다.

내비게이션 앱은 우리가 어디에서 출발해 어디로 가고 싶은지 알기 때문에 작동한다. 앱에 목적지를 말하면 그곳에 도달할 가장 쉬운 방법을 단계별 지침으로 제공한다. 내가 스트레스와 번아웃을 해소할 음성 인식 솔루션을 제공하지는 못하지만, 첫 번째 회복탄력성 리셋 버튼은 당신의 최우선 순위, 즉 목적지를 명확히 정하고 그곳에 쉽게 도달할 올바른 마음가짐을 심어줄 것이다.

당신은 '도대체 어디서부터 시작해야 할지 모르겠어'라고 생각할 수 있다. 이런 경우가 드물지 않다. 스트레스와 번아웃으로 당신의 내비게이션 도구가 뒤엉켜 어찌할 바를 모르는 것이다. 따라서 첫 번째 단계에서는 뇌 회로를 생존 모드에서 심리적 안정과 자기 신뢰라는 더 건전한 정신 상태로 전환해야 한다. 일단 스트레스를 줄이려는 목표를 구체화하는 데 도움이 될 세 가지 기법을 살펴볼 것이다. 구체적으로, 당신의 MOST 목표 파악하기, 역방향 계획 세우기, 숨겨진 보물찾기가 그것이다. 이 첫 번째 회복탄력성 리셋 버튼으로 당신에게 가장 중요한 것이 무엇인지 파헤쳐보자.

성장 마인드셋으로 들어가기

스트레스가 생물학적 특성인 만큼 회복탄력성도 생물학적 특성이라는 점을 알아야 한다. 예외는 없다. 지금 당장은 회복탄력성이 완전히 바닥났다고 느껴지더라도, 그것은 여전히 당신의 타고난 특성이다. 당장은 내면 깊숙한 곳에 잠겨 있을 수 있지만, 이 책의 여러 기법을 통해 앞으로 몇 달 동안 당신의 회복탄력성을 끄집어낼 것이다. 내 클리닉에서 수많은 환자가 그렇게 하는 모습을 목격했다. 당신도 그렇게 할 수 있다. 그러니 나를 믿고 따라오라!

스트레스와 회복탄력성 간의 관계에서 가장 강력한 측면은, 뇌가 스트레스를 덜 경험하는 방법을 배울 수 있다면 회복탄력성을 더 키우는 방법도 배울 수 있다는 점이다. 회복탄력성은 타고난 자질이지만 시간과 인내와 연습으로 더 강화할 수 있다. 수영을 막 배울 때처럼 처음에는 다소 불안하고 서툴 수 있지만, 놀랍게도 회복탄력성을 발휘하려면 건전한 스트레스가 필요하다.

건전한 스트레스는 수영 강사처럼 당신을 수영장 끝까지 헤엄쳐 가도록 밀어주고, 회복탄력성은 팔다리를 허우적거려서 머리를 물 위에 계속 떠 있게 해준다. 한동안 꾹 참고 견디면, 건전한 스트레스가 도전장을 내밀더라도 당신은 두 팔을 강하게 휘저으며 앞으로 나아갈 것이다.

우리 뇌는 몸에 더 도움이 되는 방향으로 변하고 적응하고 성장하는 생물학적 능력을 타고났다. 당신도 예외가 아니다. 변화를 통해 더 현명하고 강인하고 적응력 높은 사람이 될 수 있다는 생각을 포용하라. 그것이 성장 마인드셋Growth Mindset의 핵심이다. 기업이나 비즈니스 환경에서 성장 마인드셋에 대해 들어봤을 것이다. 이러한 마음가짐은 당신의 정신 건강에도 적용할 수 있다. 성장 마인드셋은 해로운 스트레스를 건전한 스트레스로 바꾸는 뇌의 해결책이며, 당신의 타고난 회복탄력성을 활용한다.

공포지대, 학습지대, 성장지대를 헤쳐 나가기

자네트가 나를 처음 찾아왔을 때 자신의 뇌는 바뀌지 않을 거라고 확신했다. 그래서 좌절감에 지팡이를 툭 던지듯 내려놓으며 말했다.

"제 뇌는 완전히 망가진 것 같아요."

58세의 아파트 관리인인 자네트는 최근 뇌졸중이 와서 잘 걷지 못했다. 잠시 입원했다가 퇴원한 후 매주 물리치료를 받으러 다녔지만, 그간의 시련으로 스트레스를 많이 받았다.

"온갖 방법으로 스트레스를 줄이려 애썼지만 전혀 효과가 없었어요." 자네트가 내게 말했다.

매주 물리치료를 받으러 가는 이유를 묻자 그녀는 이렇게 대답했다.

"다시 걸을 수 있도록 훈련해주거든요. 두 달 전에는 복도에서 걸음마 떼기도 어려웠어요. 그런데 지금은 동네를 한 바퀴 돌 수도 있어요. 나중에는 지팡이가 필요하지 않을지도 모르죠."

"두 달 만에 놀라운 진전을 이뤄냈네요! 다시 걷게 된 걸 보면 당신의 뇌는 망가지지 않았어요."

자네트의 얼굴에 미소가 번졌다. "제 파트너가 그 말을 들으면 좋아하겠네요. 올봄에 친구들과 크루즈 여행을 가고 싶거든요."

"아주 멋진 목표예요, 자네트. 당신의 뇌는 놀라운 일을 해낼 능력이 있어요. 저와 함께 뇌를 위한 물리치료를 시작하도록 해요!"

그 말에 둘 다 웃었지만, 빈말이 아니었다. 우리가 막 시작하려는 일은 스트레스에 시달리는 자네트의 뇌를 위한 물리치료와 같았다. 그녀의 다리 근육이 다시 균형을 잡고 걷는 법을 배운 것처럼, 그녀의 뇌 근육도 곧 건전한 스트레스를 견디는 법을 배울 것이다. 자네트는 눈을 반짝이면서 뇌의 변화 능력을 믿기 시작했다. 우리는 그 자리에서 바로 시작했다.

자네트는 이미 성장지대에 머물고 있었다. 단지 그 사실을 몰랐을 뿐이다.

당신은 안전지대Comfort Zone라는 말을 들어본 적이 있을 것이다. 그런데 극심한 스트레스나 예상치 못한 상황에 직면하면 안전지대에서 벗어나 다른 세 가지 지대를 헤쳐 나가야 한다. 공포지대Fear Zone, 학습지대Learning Zone, 성장지대Growth Zone가 그것이다.[1]

자네트는 예상치 못한 뇌졸중 때문에 공포지대에 들어갔다. 그래서 처음에는 공황 상태에 빠졌다. 혼자 걸을 수도 없다 보니 정신적으로 무척 혼란스러웠다. 어떻게 다시 예전으로 돌아갈 수 있을지 너무도 막막했다. 평생 장애를 안고 살아갈 생각에 편도체가 그녀를 계속 생존 모드에 머물게 했다. 공포지대에서는 더 나은 미래를 향해 방향을 바꾸는 자네트의 능력이 제한되었다.

그 뒤로 두 달 동안 자네트는 의사와 물리치료사의 도움을 받아 혼자 서서 한 걸음씩 걷게 되었다. 그러자 점점 자신감이 붙으면서 지팡이를 짚고 복도를 걸어 다녔고, 퇴원한 뒤에는 동네를 한 바퀴 돌았다. 두려움이 줄어들고 통제력이 점점 더 강해졌다. 자네트는 이제 학습지대로 들어갔다.

자네트는 회복하고자 열심히 노력했고 학습지대에 들어서자 편도체가 진정되면서 그녀의 뇌는 더 이상 투쟁-도피 상태로 살아갈 필요가 없다는 사실을 서서히 받아들였다. 뇌의 신경가소성은 진작부터 작동하고 있었다. 자네트는 예상치 못한 상황으로 초래된 한계를 관리하는 방법을 익혀나갔다. 학습지대에서는 생존 모드를 벗어나 상황을 개선하는 방향으로 집중할 수 있었다.

나를 처음 방문했을 때 그녀는 이미 성장지대 초입에 있었다. 신체적 어려움에도 불구하고 상당한 진전을 이루었고, 스트레스 상황에서도 같은 진전을 이루고 싶어 했다. 이제 그녀는 5가지 회복탄력성 리셋 버튼을 삶에 적용할 준비가 되었다. 성장지대에서, 자네트는 힘겨운 상황에도 정신을 차리고 의미를 부여하기 시작했다. 최근에 여러 시련을 극복하기 위해 어떻게 노력했는지 되돌아보았다. 그리고 스트레스를 리셋하는 방법을 배우는 새로운 도전에 마음을 열었다. 최근에 힘든 시련을 극복하면서 자기 효능감이 높아졌기 때문이다. 그녀는 스트레스를 회복탄력성으로 리셋할 수 있는 기술과 능력에 점점 더 자신감이 붙었다.

세 가지 지대는 누구나 좌절을 겪을 때 거치게 되는 점진적이고 완만한 여정이다. 처음에는 예상치 못한 변화를 겪으면서 극심한 스트레스를 받는다(공포지대). 우리 뇌는 생존 모드를 지나서 점차 이러한 변화에 적응하는 방법을 배운다(학습지대). 마침내 우리는 그 경험에서 새로운 관점을 얻는다(성장지대). 누구나 자신이 겪은 일에서 어떤 식으로든 새로운 것을 배운다. 자네트의 뇌졸중처럼 극심한 신체적 스트레스일 필요는 없다. 실직, 이사, 이별, 사랑하는 사람의 죽음, 자연재해, 급격한 재정 변화, 배신 등 예상치 못한 변화가 될 수 있다. 극심한 스트레스를 유발하는 요인은 사람마다 다를 수 있다.

자네트와 마찬가지로 당신도 부지불식간에 성장지대 마인드셋을 활용하고 있다. 팬데믹 이후 사람들은 너 나 할 것 없이 극심한 스트레스를 유발하는 갑작스러운 변화에 내몰렸다. 2020년 3월, 아마 당신도 다른 사람들과 마찬가지로 두려운 마음으로 팬데믹 격리에 들어갔을 것이다. 뭔지는 모르지만 당면한 위험으로 느껴졌기에 당신의 뇌는 자동으로 자기 보호 메커니즘을 지나치게 가동했다. 생명을 위협하는 이 바이러스를 물리칠 신속한 해결책이 없으니 안전에 대한 원초적 두려움이 치솟았다. 상황이 더 나빠질까? 그것은 아무도 몰랐다. 다들 공포지대에서 이렇게 두려운 마음으로 2020년 팬데믹의 대부분을 보냈다. 일부는 휴지와 손 세정제를 집 안에 잔뜩 쌓아두기도 했다.

그런 식으로 또 2021년을 보내고 2022년으로 접어들자 당신의 뇌는 변화에 천천히 적응했다. 두려움에 경계를 설정하는 법을 배웠고, 깨어 있는 시간 내내 두려움에 떨지는 않게 되었다. 그래도 여전히 온갖 미지의 것들이 두려웠을 것이다. 공중 보건 분야에서 교육받은 나 역시 두려웠다. 하지만 당신은 점차 두려움을 억제하는 기술을 터득했다. 건강을 지킬 방법을 인식하게 되었고, 아마도 그러한 방법을 실제로 활용했을 것이다. 직접 경험하면서 자신도 모르는 사이에 서서히 공포지대에서 벗어나 새로운 학습지대에 진입했다. 공포지대에서 학습지대로 가는 길은 혼란스럽고 도전적이었을지 모르지만 당신은 기어이 헤쳐 나갔다.

2023년을 지나 2024년에 이르자 우리는 팬데믹 이후의 성장지대에 진입했다. 물론 당신의 뇌와 몸은 그간에 겪은 일이나 그 일로 변화된 삶의 방식을 다 정리하지 못했을 수도 있다. 위협이 사라지고 제약이 풀린 후에도 그 후유증으로 많은 사람이 높은 수준의 스트레스와 번아웃에 시달렸다. 우리는 최근에 벌어진 사건을 포함해 쉴 새 없이 스트레스를 받으면서 최악의 위기, 즉 퍼펙트 스톰^{perfect storm}(위력이 세지 않은 태풍이 다른 자연 현상을 만나 엄청난 파괴력을 지닌 태풍으로 변하는 현상)을 겪어냈다.

뇌와 몸은 스트레스를 능숙하게 다룰 수 있다 해도 여전히 회복하고 재조정할 시간이 필요하다. 그럴 시간이 없으면 한 가지 스트레스 원인이 다른 스트레스 원인을 더 악화시키면서 또 다른 스트레스를 유발한다. 이런 악순환 때문에 당신은 너무 지쳐서 다음 단계로 나아가기가 두려울 것이다. 그래서 내가 당신의 손을 잡고서 함께 성장지대로 향할 것이다. 그곳에서 당신은 지나온 길을 넓은 시야로 바라보고, 경험한 바를 되새기며, 더 밝은 미래를 향해 나아갈 수 있을 것이다. 그러한 미래는 생각보다 가까이에 있다.

행동과학

스트레스와 번아웃에 시달리면 '부정적인 혼잣말^{negative self-talk}'이라는 함정에 빠지기 쉽다. 흔히 자기 자신을 비난하고 부끄러워하면서, "나에게 대체 무슨 문제가 있는 걸까?"라고 중얼거릴 것이다. 당신은 스트레스의 역설, 즉 우리가 다 같이 스트레스를 경험하지만 완전히 고립된 경험을 하고 있다는 사실을 배웠다. 하지만 앞에서 살펴봤듯이, 스트레스라는 인간적 경험에 관한 한 당신에게는 아무 문제가 없다. 내가 좋아하는 명상 지도자 존 카밧진Jon Kabat-Zinn은 이런 말을 자주 한다.

"살아 숨 쉬는 한 당신에게는 잘못된 것보다 옳은 것이 더 많다."[2]

나는 날마다 사람들이 부정적인 혼잣말 대신 더 다정하고 유익한 말을 하도록 돕는다. 실은 나도 살면서 길을 잃었다고 느낄 때마다 그렇게 한다.

일찍이 스트레스로 고생하던 어느 날, 부정적인 혼잣말 수렁에 빠져 있다가 우연히 한 중고 서점에 들어갔다. 그곳에서 심리학자 밀드레드 뉴먼Mildred Newman과 버나드 버코위츠Bernard Berkowitz 부부가 1971년에 함께 쓴 책의 낡은 사본을 발견했다. 제목이 『자기 자신과 절친이 되는 법How to Be Your Best Friend』(1999년 국내 소담출판사에서 『가장 사랑하는 친구』라는 제목으로 출간됨 ― 옮긴이)이었다. 제목을 보자 슬며시 웃음이 나왔고, 순전히 이 제목 때문에 책을 집어 들었다. 그러다가 이 작은 책을 무척 좋아하게 되었다. 내가 태어나기도 전에 출간된 이 책을 수시로 펼쳐 들었고, 그때마다 내 조부모님의 현명한 통찰이 전해지는 것 같았다. 어렸을 때 나는 뭄바이에서 조부모님 손에서 자랐다. 내 삶이 혼란과 혼돈 속으로 빠져들 때면, 나는 옛 어른들의 지혜에서 큰 위로를 받았다. 하지만 이 작은 책을 아이들의 애착 담요처럼 들고 다닌다는 이유로 가족들과 친구들에게 짓궂은 농담을 많이 들어야 했다. 요즘도 남동생은 나 자신과 절친이 되라는 말을 상기해주면서 나를 놀리곤 한다. 요는 이 책이 제 역할을 했다는 것이다. 이제는 더 이상 들고 다닐 필요가 없다.

스트레스에 대해 곰곰이 생각하면서 "나에게 대체 무슨 문제가 있는 걸까?"라고 중얼거릴 때, 당신은 그 질문에 부정적이고 패배적인 대답만 얻을 것이다. 남들이 당신에게 하는 비판이나 당신이 남들에게 하는 비판보다 훨씬 더 심한 비판을 쏟아낼 가능성이 크다.

부정적인 혼잣말의 습관에서 벗어나려면, 부정적인 혼잣말을 잠재우고 성장지대로 들어가도록 도와줄 질문을 던져보라. "나에게 대체 무슨 문제가 있는 걸까?"라고 묻는 대신 "나에게 가장 중요한 것은 무엇일까?"라고 물어보라. 이는 라이프 스타일 의학 연구소Institute of Lifestyle Medicine의 설립자이자 VA 보스턴 헬스케어 시스템VA Boston Healthcare System의 전인 건강 의료 소장Whole Health Medical Director인 에드워드 필립스Edward Phillips 박사가 환자들에게 자문해보라고 권하는 질문이다. 박사는 우리에게 가장 중요한 것과 일치하는 변화만 일으킬 수 있다고 강조한다.

웨스가 나를 처음 찾아왔을 때만 해도 부정적인 혼잣말에 사로잡혀 있어서 변화를 일으킬 수 없었다. 그는 투잡을 뛰면서 부모의 도움으로 세 자녀를 홀로 키웠다. 일에 치여 사느라 삶의 어느 영역에서도 진전을 이루지 못하고 그저 꾸역꾸역 버틴다고 느꼈다. 스트레스에 시달리다 못해 조만간 건강까지 잃게 될 거라고 우려했다.

의사들은 그의 고콜레스테롤과 고혈압 병력 때문에 체중 증가를 걱정했다. 나와 상담하는 과정에서 웨스는 아이들을 돌보려면 자신의 건강부터 잘 돌봐야 한다는 결론에 이르렀다.

"지금 나에게 가장 중요한 것은 체중 감량입니다. 건강을 유지하고 싶지만 잘못된 방향으로 가다 보니 자꾸 살이 찝니다." 웨스가 한숨을 쉬더니 말을 이었다. "저는 하루에 두 번씩 패스트푸드를 먹습니다. 그만 먹겠다고 다짐했지만 소용없어요. 자제력이 없다고 자책하다 보면 어느새 또 회사 자판기에서 과자와 사탕을 뽑아 먹고 있더군요."

"그렇군요. 당신은 지금 어떤 패턴에 갇혀 있다는 거네요."

"맞습니다. 그런데 이 패턴에서 도저히 벗어날 수 없을 것 같습니다."

웨스는 낮에는 사무실에서 일했고 저녁에는 경비원으로 일했다. 그의 부모가 아이들을 학교에서 데려와 숙제와 저녁 식사를 챙겨주고 잠자리에 들게 했다. 웨스는 매일 밤 햄버거 체인점의 주차장에서 아이들과 전화로 대화를 나누었다. 두 직장 사이에 있는 가장 가까운 식당이라 자주 들러서 저녁을 간단히 때웠다.

웨스는 최선을 다하고 있었다.

"물론 매일 밤 저녁 식사로 햄버거와 감자튀김이 가장 건강한 음식은 아니죠. 하지만 값싸고 간편한 데다 먹으면서 아이들과 통화하기에는 그만입니다."

그날 나와 상담하기 전에도 그의 의사들은 체중을 줄이라고 여러 차례 권했다. 하지만 그들은 시간을 내서 그의 삶이 어떻게 돌아가는지 제대로 파악하지 않았다. 웨스는 지식이나 정보가 부족한 탓에 고통받지 않았다. 오히려 체중 감량을 건강의 최우선 과제로 삼아야 하는 이유에 관한 지식과 정보를 모두 갖추고 있었다. 실제로, 그는 의사 면담과 온라인 검색으로 그런 정보를 넘치게 알고 있었다. 그러나 웨스가 온라인에서 살 빼는 방법과 관련해 읽은 온갖 전략은 현실과 동떨어져 있었고, 일상에 직접적으로 적용하기 어려웠다. 그는 헬스장에서 몇 시간씩 보낼 수 없었다. 매일 샐러드를 먹거나 외식 대신 집에서 요리한 저녁 식사를 할 수도 없었다.

업무와 가족 부양이라는 막중한 부담으로 스트레스를 받았기에 그의 편도체는 과열되어 있었다. 그는 하루하루 생존 모드로 버텨야 했다. 살 빼는 방법에 관한 지식과 정보를 스트레스로 가득한 일상에 어떻게 적용할지 차분히 생각할 수 없었다.

나를 찾아오는 환자들 가운데 웨스 같은 사람이 많았다. 자신들이 무엇을 해야 하는지 정확히 알았지만, 일상생활에 존재하는 여러 타당한 장애물 때문에 실천하기가 어려웠다.

내 환자들에게는 대체로 무언가를 아는 것과 실제로 그것을 실천하는 것 사이에 간극이 존재했다. 내 일은 그 간극을 좁힐 방법을 알아내는 것이다. 내가 환자들과 하는 많은 일은 동기 강화 상담 motivational interviewing의 기본 원칙에 기반을 두고 있다. 이는 환자들이 변화의 장애물을 극복하고 간극을 좁히도록 돕기 위해 의료 현장에서 사용하는 기법이다. 환자가 처한 상태에서 그들을 만나, 그들에게 가장 중요한 것이 무엇인지 찾도록 돕는 방법이다. 동기 강화 상담에서 세 가지 핵심 요소는 공감, 호기심, 그리고 아는 것과 실천하는 것 사이의 간극을 좁히는 방법을 이해할 때 함부로 판단하지 않는 것이다. 동기 강화 상담이 효과를 보려면 훈련된 전문가가 필요하기에 환자 스스로는 할 수 없다. 하지만 당신의 공감, 호기심, 판단 자제에 힘입어 스스로 그 간극을 좁히는 데 도움은 받을 수 있다.

웨스는 항상 행동을 취할 준비가 되어 있었지만 목표를 달성하기 위한 현실적 계획을 세우는 데 나의 도움이 필요했다. 나는 웨스를 상담하면서 무슨 일이 일어나야 하는지 아는 것과 그 일이 실제로 일어나도록 실천하는 것 사이의 간극을 좁히도록 도와주었다.

웨스를 위한 '회복탄력성의 2가지 원칙'으로, 우리는 그의 식습관과 체중 조절에 초점을 맞추었다. 이 2가지가 그에게 가장 큰 스트레스를 안기는 당면 문제였기 때문이다. 아울러 그가 가장 원하는 것, 즉 살을 빼겠다는 목표에 부합했기 때문이다.

첫 번째 조치는 웨스가 몸에 좋은 도시락을 싸서 직장에 가져가도록 격려하는 것이었다. 아주 간단한 해결책처럼 보였지만 웨스는 아침마다 아이들을 학교에 데려다주느라 바빠서 집을 나설 때까지 자신의 니즈를 챙길 여유가 없었다. 아침마다 스트레스를 많이 받기 때문에 그의 편도체는 12시간 후에 일어날 저녁 식사를 계획하고 준비할 여력이 없었다. 그저 아이들과 함께 제시간에 집 밖으로 나가야 한다는 당면 과제에만 초점을 맞추었다. 미래 계획은 전전두엽 피질에 의존하는데, 스트레스를 받을 때는 이 부위가 최적으로 작동하지 않는다. 정신없이 바쁘고 스트레스가 많은 아침에 열쇠나 지갑, 휴대폰 같은 물건을 깜빡 잊는 이유가 바로 이 때문이다.

우리는 웨스가 스트레스를 덜 받는 밤 시간에 다음 날 저녁에 먹을 도시락을 싸기로 계획을 세웠다. 그러면 아침에는 도시락을 챙겨서 아이들과 함께 얼른 나가면 될 터였다.

두 번째 조치로, 우리는 웨스가 주차된 차에 앉아 아이들과 통화하는 대신 체중 감량 목표를 달성하기 위한 더 나은 방법으로 통화 중에 몸을 움직이게 하자는 데 합의했다. 마침 그의 사무실 근처 공원에 커다란 연못이 있었다. 그래서 공원의 연못가를 돌면서 아이들과 영상 통화를 하기로 했다. 웨스는 배 타고 낚시하는 것을 좋아했다. 날마다 낚시나 하면서 느긋하게 지낼 수 없으니, 20분 정도 연못 주위를 산책하는 것도 나쁘지 않았다. 그는 자신을 위해 도심의 물가 풍경을 즐기면서 아이들과 그날의 일상을 이야기하곤 했다. 주말마다 아이들을 데리고 낚시를 하러 갔기 때문에 연못가에서 나누는 영상 통화는 주말 활동의 연장이었다. 그런 다음 그는 두 번째 직장으로 차를 몰고 가서 첫 번째 휴식 시간에 저녁 도시락을 먹었다.

이러한 중재 조치가 별것 아닌 것 같지만, 웨스는 스트레스가 많아서 자기 보호 모드로 살고 있었기에 다음 날을 위해 미리 생각하거나 계획을 세울 수 없었다. 그는 전전두엽 피질이 아니라 편도체의 안내를 받고 있었다. 하지만 이 2가지 일상적 조치, 즉 그에게 맞는 '회복 탄력성의 2가지 원칙' 덕분에 체중을 줄여나갈 수 있었다.

이는 웨스에게 큰 성과였다. 그의 몸과 뇌에 변화를 일으켰고 그의 삶 전반에 파급 효과를 미쳤다. 그가 기운을 차리고 동기를 강화하자 스트레스도 개선되었다. 그의 편도체는 서서히 자기 보호 모드에서 벗어나게 되었고 그의 전전두엽 피질은 더 강력한 발판을 마련하게 되었다. 웨스는 월간 업무 일정을 미리 검토해 특정한 날에는 30분 동안 산책할 수 있도록 계획했다. 조치를 밟아나갈수록 웨스는 체중 감량 목표에 더 가까이 다가갔다.

그렇다면 웨스의 마음가짐에서 무엇이 이러한 변화를 가능하게 했을까? 그는 단기적으로 자기에게 중요한 것이 무엇인지 파악하고 내가 MOST 목표라고 부르는 것을 작성했다.

⠇ 최종 단계를 알면 MOST 목표가 보인다 ⠇

당신에게 가장 중요한 것을 알아내는 일은 변화를 이루기 위한 핵심 단계다. 환자가 내 진료실에 찾아오면 나는 거의 언제나 그것을 파악하는 일부터 시작한다. 환자가 스트레스는 줄이고 회복탄력성은 높이는 여정을 시작할 때, 나는 항상 이 질문을 던진다.

"당신의 최종 목표는 무엇입니까? 당신에게 '성공'은 어떤 모습입니까?"

그러면 그 자리에서 바로 답이 나오는 환자도 있고, 몇 가지 더 캐물어야 답이 나오는 환자도 있다. 지난 몇 년 동안 나는 이런 질문에 대한 수천 가지 답변을 들었다.

"이번 여름에 유럽 여행을 할 수 있도록 통증을 덜 느꼈으며 해요."

"번아웃 증상이 나아지면 좋겠어요. 그래야 기운을 차리고 추수감사절 만찬을 준비할 수 있을 테니까."

"나를 불안하게 하지 않는 직업을 원합니다. 하지만 너무 피곤해서 그런 직업을 찾을 수가 없습니다."

"스물다섯 번째 고등학교 동창회에 멋진 모습으로 참석하고 싶어요. 그러면 기분이 끝내줄 것 같아요"

"암 치료를 잘 받고 나서 아동 도서를 쓰고 싶습니다."

"교회 자선 행사를 잘 준비하기 위해 한가한 시간이 많았으면 합니다."

자신이 원하는 게 뭔지 곰곰이 생각하다 보면 사람들은 결국 자기에게 가장 중요한 것을 알아낼 수 있었다. 자기에게 가장 중요한 것을 알아내면 변화의 강력한 촉매제를 손에 쥐었다고 할 수 있다. 때로는 그것이 퍼뜩 떠오르지 않기도 한다. 당신에게 가장 중요한 것을 알아내는 데 어려움이 있다면, 당신의 'MOST 목표'를 찾는 단계를 밟아보라.

기법 #1 | 당신의 MOST 목표를 파악하라

누구나 자신의 가장 좋은 모습에 대한 심상이나 생각을 마음속에 품고 있다. 당신이 이 책을 읽는 이유는 해로운 스트레스가 당신을 그런 이미지에서 멀어지게 했다는 사실을 깨달았기 때문이다. 당신이 상상하는 가장 좋은 모습을 지금 당장은 회복할 수 없을 것 같지만, 그것은 스트레스가 내뱉는 말일 뿐이다. 회복탄력성을 갖추고 있는 당신은 변할 준비가 되어 있고 또 기꺼이 변하려고 하는 '이유'를 알고 있다. 바로 그 '이유' 덕분에 당신은 조만간 자신에게 가장 중요한 것을 알아낼 수 있다. 당신의 MOST 목표를 파악하면 앞으로 나아갈 명확성과 목적의식이 생길 것이다.

동기부여, 객관성, 소규모, 적시성이라는 지침을 바탕으로 당신의 MOST 목표를 설정하는 데 도움이 될 4가지 제안을 살펴보자.

M: **동기부여**Motivating ─ 당신의 목표를 짧은 목록으로 적어보라. 그런 다음 그 목록에서 당신에게 동기를 부여하고 또 쉽게 달성할 수 있을 것 같은 목표를 한 가지 선택하라. 당신의 목록에서 어떤 목표가 당신에게 활력을 불어넣고 동기를 부여하는가? 당장은 에너지가 고갈되고 기진맥진한 상태더라도 당신에게 활력을 불어넣고 작게나마 희망을 주는 목표를 찾아라. 그것을 당신의 MOST 목표로 삼아라.

O: **객관성**Objective ─ 아무리 작거나 점진적일지라도 꾸준히 지켜볼 수 있는 객관적인 변화는 당신이 MOST 목표를 향해 나아가는 과정에서 추진력을 제공할 것이다.

S: **소규모**Small ─ 당신의 성공을 사실상 보장할 만큼 작은 목표를 선택하라. 그러면 일상에 큰 지장을 받지 않으면서도 그 목표를 향해 나아갈 수 있고, 결국 진정한 성취감을 맛볼 것이다.

T: **적시성**Timely ─ 시급하게 다뤄야 할 목표를 선택하라. 이상적으로, 3개월 만에 당신의 MOST 목표를 달성할 수 있을 것이다.

당신이 선택한 목표가 이 MOST 지침에 부합한다면 축하한다! 스트레스는 줄이고 회복탄력성은 높이는 길로 가는 이정표가 생겼다. 이제는 당신의 MOST 목표와 함께 3개월 후로 예정된 목표 달성 날짜를 적어라. 그 날짜는 당신의 여정이 공식적으로 끝나는 날이다.

처음부터 웨스는 자신의 MOST 목표를 명확하게 알고 있었다. 하지만 중압감 때문에 변화를 가로막는 장애물을 극복하지 못했다. 처음에는 안 그래도 바쁜 일정에 저녁 도시락 싸는 일이 하나 더 추가되는 것처럼 보였다. 그래서 이렇게 토로했다.

"제가 가려는 목적지와 현재 있는 곳은 너무 멀리 떨어져 있는 것 같습니다. 그러니까 제 말은 손쉬운 드라이브 스루 저녁 식사에 익숙하다는 뜻입니다."

당신은 웨스의 딜레마를 이해할 수 있을 것이다. 일상을 그대로 유지하고 현 상태를 고수하며 침묵 속에서 고통받는 것이 더 쉽다. 그런데 한동안은 그렇게 지낼 수 있지만, 어느 날 문득 나쁜 일이 생길 거라는 카나리아의 경고가 귓전을 울린다. 그러면 결국 행동에 나설 수밖에 없다.

변화를 시도할 때는 으레 중압감을 느끼고 의기소침해진다. 나는 웨스에게 그 점을 알려주며 안심시켰다. 변화는 손쉽게 이뤄지지 않는다. 늘 불확실성과 불편함이 따르는데, 인간의 뇌는 이 2가지를 피하도록 설계되었다. 불편함에 대한 예견은 변화를 가로막는 큰 장애물 중 하나다.[3] 변화가 궁극적으로 삶에 도움이 된다는 사실을 알더라도 여전히 매우 힘든 일이다. 나는 웨스에게 이렇게 말했다.

"하지만 스트레스를 해소하고자 새롭고 긍정적인 일을 할 때 느끼는 불편함은 성장의 신호입니다."

한 연구에 따르면, 글쓰기나 자기 계발 같은 개인적인 성장 활동을 하면서 일시적으로 불편함을 견디는 사람들은 목표를 달성할 가능성이 더 컸다. 연구자들은 이렇게 결론을 내렸다.

"성장에는 흔히 불편함이 따르지만, 회피하는 대신 성장의 신호로서 성장에 내재된 불편함을 추구해야 한다"[4]

따라서 삶에 건전한 변화를 시도하면서 일시적 불편함을 견딜 수 있다면 성장지대로 들어가고 있다는 징표다.

웨스는 '회복탄력성의 2가지 원칙'에 따라 한 번에 몇 가지 변화만 시도하면서 성장지대로 들어갈 준비를 착착 진행했다. 그는 자기에게 가장 중요한 목표를 분명히 파악했고, 또 그 목표를 달성하고자 새롭고 긍정적인 습관을 들이려면 조금 불편하게 느껴질 거라는 사실을 받아들였다.

물론 처음부터 다 알고 시작하지는 않았다.

"그런데 뭘 어떻게 시작해야 할지 모르겠습니다. 대체 어디서부터 시작해야 하는 거죠?"

이렇게 토로하는 웨스에게 나는 백지 한 장을 건네며 말했다.

"그것을 알아내려면 당신이 염두에 둔 최종 단계에서 시작해야 합니다. 우리는 일단 당신의 역방향 계획부터 수립할 겁니다."

역방향으로 계획하고 순방향으로 나아가기

나는 웨스에게 백지 상단에 '끝'이라는 단어를 적고 그 옆에 자신의 MOST 목표와 3개월 후의 날짜를 적으라고 했다. 아울러 그 날짜를 변경할 여지를 두라고 제안했다.

백지 하단에는 '시작'이라는 단어를 적고 그 옆에 오늘 날짜를 적으라고 했다. 그런 다음, 우리는 그의 MOST 목표인 '끝' 지점에서 시작해 현재 그가 있는 '시작' 지점으로 거슬러 내려갔다. 나는 웨스에게 그의 MOST 목표 바로 아래에 이 목표를 달성하기 직전 어떤 일이 일어나야 하는지 적게 했다. 웨스는 이렇게 적었다.

'내 몸에 잘 맞는 작은 사이즈의 바지를 새로 사서 체중 감량을 계속하도록 동기를 부여할 것이다.'

나는 웨스에게 새 바지를 사려면 무엇을 해야 하는지 그 밑에 적게 했다. 그는 이렇게 적었다.

'나는 매주 해오던 대로 1킬로그램을 더 감량하기 위해 음식 섭취를 계속 주의해야 한다.'

나는 웨스에게 이렇게 말했다. "아주 좋아요, 웨스. 자, 계속 거꾸로 가보세요. 1킬로그램을 더 감량하려면 어떤 조치를 취해야 할까요?"

"저는 효과가 있는 방법을 계속 유지할 겁니다. 전날 밤에 준비한 저녁 도시락을 먹고, 심지어 간식도 싸 왔으니 직장에서 자판기를 전혀 사용하지 않을 거예요." 웨스는 이렇게 말하고는 그대로 적었다.

그 말에 나는 다시 이렇게 물었다. "좋습니다. 계속 내려가세요. 도시락을 준비하려면 무엇을 해야 하죠?"

웨스는 잠시 생각한 후 이렇게 적었다.

'나는 야간 근무를 마치고 집에 돌아오면, 다음 날 먹을 도시락과 간식을 싸고 아이들이 먹을 음식도 준비하면서 정말 흥미로운 미스터리 팟캐스트를 들을 것이다.'

웨스는 흐뭇한 얼굴로 의자에 기대며 말했다. "흠, 이 계획은 진짜 마음에 듭니다. 굉장히 좋아하는 팟캐스트인데 들을 시간이 없었거든요."

"잘됐네요, 웨스. 우리는 이제 종이의 맨 아래, 당신이 현재 있는 위치에 가까워졌습니다. 도시락을 준비하는 첫 단계는 무엇일까요?"

"오케이. 토요일 아침에 애들을 데리고 식료품점에 갈 거예요. 우리는 일주일 동안 점심과 간식으로 먹을 좋은 식재료를 구입할 겁니다. 다음 주 토요일에 다시 사러 올 때까지 먹을 만큼 넉넉히 사야겠죠."

"이제 당신은 어디서부터 시작해야 하는지 알았습니다. 그렇죠, 웨스?"

웨스는 자신의 계획을 한 번 더 읽었다.

그는 '역방향 계획'을 단계적으로 수립하면서 자신의 MOST 목표가 예상보다 훨씬 더 가까이 있다는 사실을 깨달았다. 그가 꾹꾹 눌러 쓴 한 장짜리 문서는 성공을 향한 맞춤형 로드맵으로 그에게 힘을 실어주었다. 아울러 그가 각 단계를 가시적이고 구체적인 방식으로 시각화하는 데 도움을 주었다.

기법 #2 | '역방향 계획'을 수립하라

당신도 이 과정을 스스로 진행해보라.

1. 백지 상단에 '끝'이라는 단어를 쓰고 그 옆에 당신의 MOST 목표와 대략 3개월 후의 날짜를 적어라.

2. 맨 하단에 '시작'과 오늘 날짜를 적어라.

3. 이제는 구글 맵의 방향을 도착지에서 출발지까지 거꾸로 살펴보듯이 상단에서 하단으로 죽 내려갈 것이다. 당신이 '끝'에 도달하기 직전 취하게 될 마지막 조치를 '끝'이라는 단어 바로 밑에 적어라.

4. 한 줄 더 내려가라. 목표에 도달할 마지막 단계 직전 취하게 될 조치를 적어라.

5. 역방향으로 각 단계별 조치를 파악해 계속 거꾸로 적어 내려가라. 당신이 밟아야 할 단계는 구체적으로 정해져 있지 않다. 단지 '끝'(당신의 MOST 목표 달성)에서 '시작'(오늘)까지 역방향 계획을 명확하게 볼 수 있으면 된다.

'시작' 단계까지 내려가면, 당신이 취해야 할 조치를 단계별로 완벽하게 적었다.

역방향 계획은 당신의 여정을 실시간으로 시각화한 것이다. 뛰어난 운동선수들이 흔히 말하듯이, 눈으로 그려볼 수 있으면 실제로 이뤄낼 수 있다. 당신의 역방향 계획은 변화의 가장 큰 장애물을 극복하고 첫발을 내딛는 데 도움이 된다.

두 달 뒤 웨스는 나를 다시 찾아와 역방향 계획의 진행 상황을 보여주었다. 그는 이미 6킬로그램을 감량해 절반 이상의 성공을 거두었다. 목적지가 그 어느 때보다 가까워졌다.

웨스는 내게 이렇게 말했다. "고백할 게 있습니다. 사흘 동안은 계획한 대로 실천하지 못했습니다. 그날은 직장 동료의 생일이었어요. 그 친구와 함께 나가서 어니언링과 밀크셰이크, 더블버거를 먹었죠. 정말 맛있더라고요. 다음 날 저 혼자 그 햄버거 가게에 가서 또 먹었어요. 그런데 두 번째 날 밤에는 제 자신에게 너무 화가 나더군요. 하지만 다음 날 그걸 또 먹고 말았습니다."

"괜찮아요, 웨스. 우리는 간혹 동료에게 압박을 느낄 때가 있어요. 당신의 직장 동료는 전에 당신이 버거와 감자튀김을 먹던 습관에 익숙할 거예요."

"맞습니다. 게다가 저는 실패할 경우를 대비해 그 친구에게 저의 '회복탄력성의 2가지 원칙'을 설명하고 싶지 않았습니다. 그러다가 이틀 연속으로 계획에 차질을 빚고 말았죠."

"하지만 결국에는 계획대로 실천한 것처럼 보이네요. 오랜 습관을 재설정하려는 노력은 가변적일 수 있어요, 웨스. 이때 자신을 향한 연민이 무척 도움이 된답니다. 그나저나 당신이 MOST 목표로 돌아가게 된 계기가 무엇인지 궁금한데요?"

"선생님이나 제 자신을 실망시키고 싶지 않았다고 말할 수 있으면 좋겠지만…" 웨스가 잠시 머뭇거리다 수줍게 웃으며 다음 말을 이었다. "실은 아이들과 제가 가는 식료품점의 멋진 여성 관리인이 요즘에 저만 보면 갈수록 멋있어진다고 말해주었기 때문입니다."

내가 웃음을 터뜨리자 웨스도 호탕하게 웃었다.

"음, 변화가 그렇게 어렵지 않은 것 같네요." 내가 말했다.

웨스와 같은 환자들이 자신의 MOST 목표를 향해 노력하고, 또 기어이 그 목표에 도달하면서 전혀 새로운 수준의 행복을 경험하는 모습을 지켜보는 것보다 더 좋은 일은 없다.

행복에 도달하기

만약 내가 "당신은 인생에서 무엇을 원하십니까?" 같은 거창한 질문을 던지면, 당신은 어쩌면 "나는 행복해지고 싶습니다"라고 말할 것이다. 실제로 '행복해지는 법'은 지난 5년 동안 구글에서 가장 많이 검색된 어구 중 하나였고, 2020년 전 세계가 봉쇄되었을 당시 인기 검색어 1위를 기록했다. 그럴 만하지 않은가? 행복은 내 환자들뿐만 아니라 전 세계 대다수 사람에게 매우 탐나는 목표다.

그런데 행복은 막연한 데다 변화하는 목표라서 당신의 '이유'에 더 가까워지는 데 도움을 주지 않는다. 우리는 모두 행복해지고 싶어 한다. 이는 지구상의 모든 인간이 공유하는 보편적 염원이지만, 연구에 따르면 우리는 무엇이 우리를 행복하게 할지 예측하는 데 그리 능숙하지 않다.[5] 이런 이유로 당신의 최종 단계, MOST 목표, 역방향 계획의 모든 중요한 단계를 매우 구체적으로 파악해야 한다. 그것들은 구체적이고 실체가 있지만 행복은 그렇지 않다.

36세인 라이언은 음반 제작사 임원인데 통제할 수 없는 불안 때문에 나를 찾아왔다. 그는 음악 업계에서 잘나가는 공연자들과 함께 일했다. 누구나 부러워할 만한 삶을 영위한다는 점에는 의문의 여지가 없었다. 맨해튼과 아스펜과 파리에 멋진 콘도를 세 채나 소유하고 있었다. 지중해에서 요트를 타며 여름을 보내고 아스펜에서 겨울을 보냈다. 그는 이만큼 성공하기 위해 지금껏 열심히 일했다. 하지만 요즘 들어 자꾸 마음이 불안했다. 내 진료실에 처음 찾아왔을 때 이렇게 호소했다.

"당신은 제가 현재 위치와 원하는 거의 모든 것을 누릴 수 있다는 사실에 마냥 좋을 것이라고 생각하겠지만, 실은 그렇지 않습니다. 겉으로는 멀쩡해 보여도 속은 곪아가고 있거든요. 저는 거의 매일 잠을 설칩니다. 밤새도록 서성이다 보면 입술이 떨리고 팔이 저리기도 합니다. 책이라도 읽을라치면 불안감이 너무 심해져 글자가 눈에 들어오지 않습니다."

라이언은 약물 치료를 위해 정신과에 다녔고, 따로 전문 치료사에게 상담도 받고 있었다.

"그 두 사람은 제가 두려워하지 않고 대화를 나누는 유일한 분들입니다. 한때는 가장 사교적인 사람으로 손꼽혔는데, 이제는 아닙니다. 새로운 사람들을 만나 이야기하는 상황을 피하려고 가능한 한 빨리 무대 뒷문으로 빠져나옵니다."

그는 뚜렷한 목적의식을 가지고 음악 업계에 진출했다. 음악을 사랑했고 음악 공동체와의 깊은 유대감을 느꼈다. 경력 초기에는 파티, 명품 옷, 자동차, 현금, 고급 레스토랑, 호화로운 라이프 스타일의 전리품 등 직업과 관련된 특전을 갈망했다. 하지만 음악 업계에서 10년을 일한 후, 정신없이 바쁜 여행 일정과 끊임없는 시차로 건강이 삐걱거리기 시작했다. 그는 자신의 직업을 경멸하게 되었고 업계를 떠나고 싶었다. 자신의 성공에 무감각해지면서 변화를 일으키고 싶어 했다.

이야기를 다 듣고 난 나는 라이언에게 현재 직업을 갖기 전에 무엇이 그를 행복하게 했는지 물었다.

"글쎄요, 잘 모르겠습니다. 이 직업을 갖기 전의 삶은 딱히 떠오르지 않습니다."

"그렇다면 직업을 찾을 만큼 나이 들기 전으로 돌아가보세요. 당신이 어렸을 때, 또는 10대였을 때 하고 싶은 일은 무엇이었나요?"

라이언이 내 진료실에 들어온 뒤 처음으로 미소를 지었다.

"제가 가장 행복했던 시절은 할아버지와 함께 보내던 때입니다. 할아버지는 70대에도 아주 건강하셨죠. 주말 동안 뉴햄프셔에서 할아버지와 함께 지내며 화이트산맥을 하이킹하곤 했어요."

라이언은 그때의 경험을 떠올리자 얼굴과 어깨가 편안해지고 호흡이 느려졌다.

"그때는 참 좋았습니다. 우린 일부러 가파른 산길을 따라 높은 곳으로 올라갔어요. 정상에 앉아 한참 이야기를 나눴죠. 머리 위에서는 매가 날아다녔습니다. 독수리를 볼 때도 있었고요. 비가 내리는 날도 좋았습니다. 어느 날 밤에는 할아버지 집 뒷마당에 모닥불을 피워놓고 할아버지를 위해 기타를 연주했어요."

"요즘도 기타를 연주하나요?" 내가 물었다.

"10년 전즈음부터는 만져보지도 않았습니다. 참 이상하죠? 기타를 연주하면서 음악 업계에 진출하고 싶다고 생각했었는데 이제는 거들떠보지도 않으니까요."

"흥미를 잃었나요?"

"아니요, 신나게 기타를 치던 시절이 그리워요. 할아버지도 그립고. 4년 전에 돌아가셨거든요. 할아버지에 대한 기억으로 아스펜에 콘도를 샀지만, 그때와 같은 기분이 들지는 않아요."

"할아버지가 돌아가셨다니, 안타깝네요. 그렇지만 당신은 여전히 기타를 가지고 있죠? 원하면 언제든 하이킹할 수 있는 산도 있고요."

라이언은 내 말이 무슨 뜻인지 알기에 고개를 끄덕였다.

내 진료실을 떠나기 전, 나와 함께 스트레스와 번아웃을 어떻게 리셋할 수 있을지 계획을 세웠다. 나는 그에게 가장 좋아했던 활동으로 '회복탄력성의 2가지 원칙'을 진행하라고 제안했다.

라이언은 순전히 연주의 즐거움을 위해 매일 적어도 20분씩 기타를 연주하기로 했다. 누군가를 위해 공연할 필요도 없었고, 좋은 소리를 낼 필요조차 없었다. 그저 자신이 음악을 얼마나 좋아하는지 경험하는 게 목표였다.

그의 출장지가 항상 하이킹 코스와 가깝지는 않았지만, 어떤 식으로든 날마다 자연 속으로 가서 산책하려고 애썼다. 나는 그가 번잡한 도시의 좁다란 산책로라도 걸으며 하늘과 나무를 접하길 바랐다.

그 뒤로 4개월 동안 만나지 못했지만, 우리는 이메일로 계속 연락을 주고받았다. 두 달 만에 라이언이 긍정적인 소식을 보내왔다. 그는 전보다 출장을 덜 다니도록 업무 일정을 다시 짰다. 산과 가까이 있으려고 아스펜의 집에 더 오래 머물렀다. 최근에는 등산 클럽에 가입했다. 클럽을 운영하는 남자를 볼 때마다 할아버지가 떠오른다고 했다. 그리고 매일 기타를 연주했고, 마을에 있는 기타 연주 모임에 가입할 생각을 하고 있었다.

라이언은 외부적으로 인정받는 경험보다 더 본질적으로 보람 있는 경험을 추구하도록 삶의 방향을 재설정하면서 스트레스를 리셋할 수 있었다. 이는 또 수면과 불안에 효과를 미쳤다. 이러한 변화가 어우러지면서 그의 신경계는 점점 더 진정되었다.

몇 달 후 다시 만났을 때, 라이언은 분명히 다른 사람이 되어 있었다.

감정에 휘둘리지 않고 차분해졌으며 목적의식이 있었다. 그의 불안감은 훨씬 더 잘 조절되었다. 그의 정신과 의사는 지난 몇 년보다 이번 몇 달 동안 훨씬 더 잘하고 있다면서 복용량을 줄이는 것도 고려하고 있었다.

4개월 동안 라이언은 뇌와 몸을 리셋했고, 불안감을 잘 통제하게 되었다.

라이언은 지금껏 온갖 물질적 풍요를 누리고 살았지만, 여전히 빠져나갈 방법이 없는 자기 보호 모드에 갇혀 있었다. 문득 이런 궁금 증이 생길 것이다.

"왜 그는 스스로 그것을 알아내서 재빨리 방향을 바꾸지 않았을 까? 어쩌다 그렇게 멀리 벗어나게 되었을까?"

그가 이룬 변화는 날마다 기타를 연주하고 산에 오르는 등 언제 어디서나 할 수 있는 작고 단순한 전략이었다. 하지만 그의 편도체가 과열되어 있었기에 기존 패턴에서 벗어나기 어려웠다.

이를 당신의 삶에 적용해보자. 더 나아지기 위한 변화는 단순히 기분 좋고 더 행복하게 해주니까 하는 것인데, 왜 엄청난 노력을 기울여야 하는 것처럼 느껴질까? 행복에는 두 종류가 있다. 각각은 뇌와 몸에 뚜렷하게 다른 방식으로 영향을 미친다. 행복은 다양한 뇌 영역을 사용하는 복합적 개념이지만, 한 종류가 다른 종류보다 더 오래 지속된다. 라이언은 지속되지 않는 종류의 행복을 추구하고 있었던 것이다.

두 종류의 행복

첫 번째는 쾌락적 행복이라는 뜻의 헤도닉 행복hedonic happiness이다. 이는 쾌락과 소비를 중심으로 하며, 라이언이 애초에 추구한 행복이었다. 맛있는 식사, 열대지방으로 떠나는 휴가, 넷플릭스 몰아 보기는 모두 요즘 사람들이 추구하는 헤도닉 행복의 사례다. 이에 수반되는 비용이 중요한 게 아니라 거기서 느끼는 당신의 감정이 중요하다.

쾌락적 활동에 참여할 때, 가령 휘핑크림을 잔뜩 얹은 커피를 마시거나 최신 전자기기를 마구 사들이거나 새 신발을 사는 행위는 당신의 뇌와 몸에 선물을 주는 것이다. 그럴 때마다 뇌는 쾌락 호르몬인 도파민으로 가득 차고, 당신은 주체할 수 없는 기쁨을 온몸으로 느낀다. 이런 종류의 행복은 뇌에 매우 실질적으로 다가오며, 중요한 목적을 수행한다. 즉, 반복된 일상에서 뇌와 몸이 잠시나마 벗어날 수 있도록 휴식을 제공한다. 자신에게 가끔 헤도닉 행복을 맛볼 기회를 허용한다면 스트레스의 찻주전자 시나리오를 늦추는 일시적 방출 밸브 역할을 할 수 있다. 그러나 스트레스가 그 양과 빈도에 따라 건전할 수도 있고 해로울 수도 있듯이, 헤도닉 행복도 같은 방식이 적용된다.

헤도닉 행복은 적은 양으로도 당신의 심리적 행복에 중요한 역할을 한다. 하지만 더 많이 더 자주 사용하면, 뇌와 몸에 더 이상 매력적으로 느껴지지 않는다. 라이언과 마찬가지로, 당신도 헤도닉 행복을 행복의 주된 원천으로 삼을 수 없다. 그 효과가 일시적이라 오래 지속되지 않기 때문이다. 헤도닉 행복은 본래 점점 더 많이 원하도록 설계되어 있다. 이러한 현상을 '쾌락의 쳇바퀴'라는 뜻의 헤도닉 트레드밀hedonic treadmill이라고 부른다.[6]

과학자들은 우리가 헤도닉 행복을 얼마나 경험할 수 있는지에 관한 명확한 기준점이 있다고 본다. 이것을 트레드밀이라고 부르는 이유는, 쾌락적 활동에서 처음 느끼는 즐거움을 제외하면 당신의 뇌가

회복탄력성의 뇌과학

결국 행복의 기준점으로 돌아오기 때문이다. 당신은 쾌락적 행복의 절정을 추구할 수는 있지만 그 상태를 계속 유지할 수는 없다.

데브라라는 여성은 그것을 이렇게 설명했다. "나는 직장에서 힘든 한 주를 보내면 꼭 루이뷔통이나 구찌 매장에 들러 마음에 드는 가방을 찾아봅니다. 판매원들은 나를 열렬히 환대하고 내내 관심을 기울이죠. 매장 내부는 모든 게 아름다워서 그곳에 있으면 즐거워요. 그들은 새 가방을 특별한 선물처럼 상자에 넣고 우아한 쇼핑백에 담아서 건네줍니다. 그걸 들고 나올 때면 기분이 날아갈 것만 같아요. 하지만 한두 주가 지나고 새 가방에 대한 동료들의 찬사가 멈추면 들뜬 기분도 가라앉습니다. 새 가방은 옷장 속에 처박히고요. 직장 스트레스는 전혀 바뀌지 않은 데다 다음 달 날아들 신용카드 청구서 때문에 스트레스가 추가될 뿐이죠."

헤도닉 트레드밀은 다양한 형태를 취할 수 있다. 예를 들어, 세 번째 케이크는 첫 번째 케이크만큼 즐거움을 주지 않는다. 또는 새로운 사랑을 좇으려 해도 별로 설레지 않는다. 쾌락적 즐거움은 시간이 지나면서 흥미가 떨어진다. 뇌에서 초기 도파민 분비량이 떨어지기 때문이다. 당신은 결국 처음 시작했던 곳으로 돌아가게 된다. 점점 더 많이 갈망하는 식으로 중독될 수도 있고, 아니면 순간적 기쁨의 또 다른 충격을 느끼려고 새로운 것을 찾아 나선다.

이는 뇌의 설계 결함 때문이 아니다. 뇌의 헤도닉 트레드밀은 사실 보호 메커니즘이다. 연구에 따르면, 사람들은 멋진 경험이나 비극적 경험을 한 후에 결국 행복의 기준점으로 돌아간다.[7] 긍정적이든 부정적이든 외부 경험의 질에 상관없이, 헤도닉 행복은 스트레스로 가득한 찻주전자의 증기 밸브를 열어 일시적으로 그 순간에 대처하도록 도와준다.

장시간 회의를 하고, 많은 사람을 상대로 이야기하고, 아이를 돌보고, 이 책을 쓰는 와중에도, 나는 두 시간씩 넷플릭스 몰아 보기를 즐기곤 한다. 시간이 정말로 빠듯할 때는 온라인 쇼핑 요법으로 도파민을 솟구치게 할 것이다. 스파 데이spa day(마사지를 받거나 사우나를 즐기거나 얼굴과 몸매 관리를 받는 등 다양한 스파 서비스를 통해 편안하게 휴식을 취하는 하루를 뜻함─옮긴이)는 내가 가장 좋아하는 쾌락적 대안이다. 내 스트레스 반응이 걷잡을 수 없을 때 이러한 긍정적 순간은 회로를 끊는 역할을 하고 유쾌한 기분을 선사한다. 하지만 장기적으로 스트레스를 줄이도록 뇌를 리셋하는 데는 도움이 되지 않는 일시적 해결책일 뿐이다.

스트레스를 치료하려면 쾌락적 경험에만 의존할 수 없다. 헤도닉 트레드밀이 항상 막후에서 작동하기 때문이다. 장기적으로 스트레스를 치료하려면 우리의 생물학적 특징과 함께 작동하는 법을 배워야 한다. 그래야 다른 종류의 행복이 찾아온다. 이 두 번째 행복은 유다이모닉 행복eudaimonic happiness(잠재력을 실현하고 의미 있는 삶을 살아갈 때 느끼는 깊은 만족감을 뜻함─옮긴이)이라고 불리며, 해로운 스트레스를 영원히 치료하는 수단이다.[8]

나는 케빈에게서 다음과 같은 이야기를 들었다.

"조경 디자이너인 저는 지역 도시 정원을 계획하는 일에 참여해달라는 요청을 받았습니다. 낡은 건물을 철거한 땅에 가난한 주민들이 채소를 키우는 프로젝트였습니다. 지금껏 고급 사무실 건물의 녹지 공간을 설계해왔지만, 이 지역 정원 프로젝트는 정말 만족스러웠습니다. 그곳에서 계획을 실행하고 아이들이 피망 심는 것을 도울 때, 저는 시간 가는 줄도 몰랐고 휴대폰을 들여다보지도 않았습니다. 할 일은 무척 많았지만, 어느 때보다 행복했습니다. 혈압이 떨어졌다는 의사의 진단은 뜻밖의 보너스였죠!"

유다이모닉 행복은 헤도닉 행복처럼 쾌락과 기쁨에 집중하지 않고 의미와 목적에 집중한다. 인간은 의미를 찾고 목적을 지향하는 존재다. 그렇기에 우리의 스트레스 여정에서 이러한 종류의 행복은 보물단지인 것이다. 유다이모닉 트레드밀eudaimonic treadmill이 없으니, 우리는 그 효과가 일시적이거나 단기적일까 봐 걱정하지 않으면서 의미와 목적을 창출하는 경험을 계속 쌓아갈 수 있다.

당신은 살면서 다양한 유다이모닉 경험을 했다. 단지 그런 경험을 그렇게 부르지 않았을 뿐이다. 당신에게 평온한 만족감을 안겨주었던 경험을 생각해보라. 그러한 경험은 장기적으로 성장 지향적인 활동이다. 유다이모닉 경험은 당신에게 소속감, 공동체 의식, 유대감, 이타심을 심어준다. 대의를 위해 시간을 내고, 정원을 가꾸고, 악기를 배우고, 그림을 그리고, 선교지에서 식사를 준비하고, 이웃을 위해 휠체어 경사로를 만드는 일은 유다이모닉 행복 경험을 제공하는 몇 가지 예시일 뿐이다.

의미와 목적이 중심을 이루는 유다이모닉 행복은 개인마다 다르기 때문에, 당신이 의미와 목적을 통해 느끼는 행복은 다른 사람과 다를 수 있다. 유다이모닉 행복의 방식과 상관없이 일단 의미와 목적을 활용하면, 당신의 뇌와 몸은 무슨 일이 일어나는지 인식하고 그에 따라 놀라운 방식으로 반응한다.

한 연구에서 80명을 대상으로 '헤도닉 행복과 유다이모닉 행복'을 평가했다.[9] 연구자들은 유다이모닉 행복을 추구하는 사람들의 유전체, 즉 DNA에 새겨진 코딩을 살펴보고 유전자 발현에서 뚜렷한 차이점을 발견했다. 유다이모닉 행복은 더 강한 항바이러스 반응과 항체 반응, 더 낮은 염증 지표와 관련이 있는 반면, 높은 수준의 헤도닉 행복은 정반대 효과를 나타냈다. 이 논의의 목적을 위해서는 염증 지표 수준이 낮을수록 좋다. 이 연구는 두 종류의 행복에서 유전적 차이점을 처음으로 보여주었다. 그렇다면 핵심 메시지는 무엇일까? 바로 모든 행복이 동일하게 창출되지 않는다는 점이다!

연구자들에 따르면, "좋은 일을 하는 것과 기분 좋게 느끼는 것은 인간 유전체에 매우 다른 영향을 미친다. … 인간 유전체는 행복을 얻는 다양한 방법에 대해 의식적인 마음보다 훨씬 더 민감한 것 같다."[10]

이 연구에서 분명히 드러나듯이, 우리 몸은 두 종류의 행복을 구별하는 데 매우 능숙하다. 문제는 우리 인간이 그만큼 잘 구별하지 못한다는 점이다!

무엇이 우리를 행복하게 할까?

우리는 행복을 얻기 위해 생각과 시간을 많이 투자하지만, 실제로 무엇이 우리를 행복하게 만드는지 잘 파악하지 못한다. 예일대학교 심리학과 교수이자 팟캐스트 《해피니스 랩The Happiness Lab》의 진행자인 로리 산토스Laurie Santos 박사에게 왜 이런 일이 일어나는지 물어봤다.

산토스 박사는 이렇게 대답했다. "사람들에게 진정으로 행복한 삶이 무엇이라고 생각하는지 물어보면, 혹자는 아무 스트레스 없이 해변에 누워서 아이스크림을 먹는 일이라고 대답할 겁니다. 하지만 사람들은 스트레스와 행복에 대해 잘못 생각하고 있습니다. 약간의 스트레스는 오히려 좋습니다."

앞서 논의했듯이, 스트레스는 건전한 신체 기능의 필수 요소다. 알고 보니, 행복에도 중요하다.

산토스 박사의 말을 더 들어보자. "행복은 다면적입니다. 의미를 느끼면 만족감이 커지는데 … [당신에게] 의미 있는 일을 하기 때문이죠. 그런 일을 할 때는 몰입하기 때문에 기분이 좋아집니다."

몰입flow 상태는 심리학자 미하이 칙센트미하이Mihaly Csikszentmihalyi가 처음 고안한 용어로, 어떤 활동에 완전히 몰입하면 편안하고 능숙하고 즐거우며 시간 가는 줄 모르게 된다.

"그런데 사람들은 직장에서 일주일 동안 힘든 시간을 보낸 후 여가를 즐길 때 딱히 몰입을 생각하지 않습니다."

나는 산토스의 이 말을 이해할 수 있다. 일주일 동안 힘든 시간을 보낸 후에는, 예를 들어 테이크아웃 음식을 주문하고 스트리밍 서비스에서 드라마를 몰아 보는 식으로 가능한 한 가장 편한 일을 하고 싶어진다. 오래 지속되는 행복을 제공하지는 않지만 어쨌든 그 순간에 단기적 만족감을 제공한다. 힘든 한 주를 보낸 뒤에는 가끔 이런 것도 필요하다. 쾌락적 경험은 스트레스를 일시적으로 차단하는 중요한 역할을 한다. 이런 식의 기분 전환은 힘든 하루를 보낸 후 스트레스를 해소할 유효한 대처 전략이며, 쾌락적 경험은 필요할 때 기분을 확실히 전환해준다. 다만 오래도록 지속되는 행복을 위해서는 그런 것에만 의존할 수 없다.

산토스는 또 여가에 대한 우리의 직관이 항상 정확하지는 않다고 말한다. 쾌락적 경험으로 가득 찬 쉬운 길은 금세 따분해지고 흥미도 떨어질 수 있다. 라이언의 경우만 봐도 알 수 있다. 궁극적으로, 좀 더 도전적인 여가 활동에 참여한다면 몰입 상태를 조성하는 데 도움이 된다. 그러면 더 실질적이고 오래 지속되는 행복으로 이어진다.

현실적으로, 단기적 만족을 위한 헤도닉 경험과 장기적 의미와 목적을 위한 유다이모닉 경험 사이에서 균형을 잡으면 가장 좋다. 두 종류의 행복 모두 삶에 가치를 더하지만, 한 종류만 뇌와 몸에 지속적인 혜택을 제공한다. 헤도닉 트레드밀에서 빠르게 달리다가 가끔은 인생에서 가장 중요한 것을 다시 평가하기 위해 예상치 못한 위기를 겪어야 할 수도 있다.

카르멘은 최근 난소암 4기 진단을 받은 탓에 종양 전문의에게서 나를 소개받았다. 그녀의 종양 전문의는 말기 예후에 대해 솔직히 알려주면서도 암의 급속한 진행을 늦추고자 실험적 치료를 시도할 의향이 있었다. 카르멘은 62세의 변호사로, 수년 동안 일에 치여 살았다. 일이 힘들었을 뿐만 아니라 한 번에 여러 사건을 맡을 때도 많았다.

4월 어느 온화한 오후, 그녀가 내 진료실에 찾아와 이렇게 설명했다.

"저는 은퇴할 나이가 가까워지면 업무를 줄이겠다고 입버릇처럼 말했어요. 하지만 실제로는 그 반대였죠. 점점 더 많은 고객이 저를 찾았거든요. 결국 저는 그 어느 때보다 더 오랜 시간 일했어요."

카르멘은 내가 이해했는지 확인하려고 잠시 멈춰서 나를 쳐다봤다. 물론 나는 그 말을 이해했다. 우리 둘 다 곤경에 처한 사람들을 돕는 일을 하고 있다. 도움을 청하는 사람들을 외면하기가 어렵다 보니, 나는 카르멘에게 전적으로 공감했다.

암 진단을 받았을 때, 그녀는 '주의를 딴 데로 돌리려고' 치료 과정 내내 여러 사건을 맡아서 처리하려 했다. 그러다 감당하기 어려운 지경에 이르렀고 결국 일을 포기해야 했다.

하지만 그런 상황을 몹시 애석해하는 것 같았다. "저는 중간에 포기하는 사람이 아닙니다. 할 수만 있다면 80세까지 일에 매달릴 거예요."

"일이 그리우세요? 그 일을 즐기셨나요?"

내가 이렇게 묻자 의외의 답변이 돌아왔다.

"딱히 그렇진 않아요. 물론 젊었을 때는 일을 좋아했어요. 하지만 지난 10여 년 동안은 전혀 즐겁지 않았어요."

카르멘은 가난한 집안에서 태어났다. 그녀의 말을 빌리면 "죽기 살기로 노력해 가난에서 탈출했다!" 그녀는 자신의 성과를 자랑스러워했다. 자신과 가족에게 안락한 삶을 제공할 수 있도록 혼자 힘으로 학교에 다녔고 경력을 쌓았다.

"제가 가진 것을 당연하게 여긴 적은 한 번도 없지만, 이번 진단은 저를 정말 무기력하게 했어요. 모든 것을 의심하게 되었죠."

카르멘은 현 상황을 간절히 리셋하고 싶어 했다. "제 일이 없어지면 어떻게 해야 할지 모르겠어요. '나는 변호사예요'라고 말할 수 없다면, 저는 누구일까요? 그저 암 치료를 받는 사람으로만 알려지고 싶지 않아요. 저를 대변할 무언가가 필요합니다."

"그럼 저와 함께 당신을 대변할 무언가를 찾도록 해요. 이참에 당신에게 기쁨을 안겨줄 일을 시도할 기회가 생겼다고 생각하면 어떨까요?"

내 제안에 카르멘은 이렇게 대답했다. "참 좋은 생각이네요. 마음에 들어요."

"그럼 당신을 행복하게 해주는 일은 뭐가 있을까요?"

카르멘은 살짝 당황하더니 입을 열었다. "저에게 기쁨을 안겨줄 만한 일이라… 그런 걸 생각해본 게 언제였는지 까마득하네요. 늘 가족과 고객과 지역사회 등 다른 사람들을 위해서만 일했거든요. 저를 위한 일은 한 번도 해보지 않았어요."

나는 칼 융 Carl Jung의 다음 말을 들려주면서 그녀에게 곰곰이 생각해보라고 제안했다.

"어린 시절 시간이 눈 깜짝할 사이에 지나갔다고 생각되던 일은 무엇인가? 거기에 당신의 인생 목표에 이르는 비밀이 숨어 있다."

카르멘의 얼굴이 환해졌다. "어렸을 때 손으로 뭘 만드는 것을 좋아했어요. 점토 인형을 만드느라 몇 시간씩 보내곤 했죠. 언니와 함께 오후 내내 우리 집 현관에서 점토 인형을 가지고 놀았어요. 그곳은 나만의 작은 세상이었고, 내게 크나큰 기쁨을 안겨주었어요."

카르멘이 잠시 숨을 돌린 후 말을 이었다. "사실, 지금 사는 집도 현관 계단이 어린 시절 행복했던 오후를 떠올리게 해 구매했던 것 같아요. 우리는 현관에 앉아서 숙제를 하기도 했어요. 지금은 멋진 고리버들 의자를 가져다놓았지만, 그냥 스쳐 지나갈 뿐 거기 앉아서 세상돌아가는 모습을 지켜본 적이 없네요."

"그럼, 거기서부터 시작하죠!" 내가 말했다.

나는 카르멘에게 '회복탄력성의 2가지 원칙'을 설명하고, 유다이모닉 행복을 키우기 위해 그녀가 할 수 있는 2가지 일에 집중하라고 권했다. 외부의 인정이나 칭찬을 바라지 않고 그저 자신의 기쁨을 위해 이런 활동을 하길 바랐다.

"당신에게 기쁨을 안겨주는 2가지 일을 평소 일과에 추가하세요. 일단 오늘 집으로 가다가 문구점에 들러 점토를 구입한 다음, 한 달동안 적어도 한 주에 한 작품씩 만들어보세요. 작품을 만들면서 자신을 판단하면 안 됩니다. 남들에게 보여주려는 게 아니라 단지 당신을위해 하는 일이니까요."

나 역시 잠시 뜸을 들인 후 다음 말을 이었다. "그리고 당신이 두 번째로 할 일은, 날씨가 따뜻할 때 현관에 있는 고리버들 의자에 앉아 일주일에 두어 번 30분 정도 시간을 보내는 거예요. 이게 당신이 실천할 '회복탄력성의 2가지 원칙'입니다."

"그게 제 처방인가요? 현관에 앉아서 아무것도 안 하는 게?" 카르멘이 믿을 수 없다는 듯 반문했다.

"책을 읽든 글을 쓰든 당신이 하고 싶은 일을 하면 됩니다. 하지만 저는 그냥 아무것도 안 하면서 세상 돌아가는 모습을 지켜보는 것도 시간을 멋지게 활용하는 방법이라고 생각해요."

"진짜 끝내줄 것 같네요." 카르멘이 말했다.

카르멘을 위한 시작점은 분명해 보였다. 그녀가 어린 시절의 즐거움을 떠올릴 때 얼굴에 드러난 순수한 기쁨 때문이었다.

카르멘은 또 수면, 식욕, 대처법 등 보살핌의 근본적 측면을 관리하기 위해 유능한 의료진과 심리학자 팀을 동원했다. 내 진료실 방문은 그러한 노력의 일환이었다. 카르멘의 치유 여정을 지원하는 게 내 일이었다.

마음이 치유되는 것being healed과 병이 치료되는 것being cured 간에는 차이가 있다. 당신이 만약 치료될 수 없는 질병을 앓고 있더라도 여전히 치유될 수 있다. 치유는 긍정적 결과를 향해 나아가면서 부정적 패턴과 감정을 배출한다. 또한 신체적 진단을 뛰어넘어 정신적으로 정서적으로 치료되는 느낌을 줄 수 있다. 암 진단이 어떻게 진행되든, 나는 그녀의 치유 과정을 돕고자 애썼다.

환자와 따뜻하고 끈끈한 치유 관계를 맺으려는 노력은 단순한 호의가 아니라 건강 결과health outcomes에 긍정적 영향을 미칠 수 있다. 연구에 따르면, 환자를 지지하고 안심시키고 항상 친절하게 대하는 의사는 환자의 불편함과 증상을 완화하는 데 기여할 수 있다. 실제로 "의사가 환자와 유대 관계를 맺기 위해 말하고 행동하는 단순한 것들이 건강 결과에 영향을 미칠 수 있다"라고 심리학 분야의 두 연구자가 기록했다.[11] 의학적 관점에서 보면, 카르멘은 공격적인 말기 암 단계여서 치료될 가능성이 희박했다. 하지만 사기를 떨어뜨리는 힘든 치료 과정에서 우리의 노력은 스트레스를 줄이고 의미와 목적을 찾는 데 도움이 될 수 있었다.[12] 카르멘처럼 건강 문제에 직면하고 있든 아니든, 치유 관계를 맺고 있다고 느끼게 해주는 의료진을 만나면 도움이 된다.

4주 뒤 후속 진료를 위해 카르멘을 만났을 때, 나는 그녀의 진척에 무척 놀랐다. 카르멘은 '회복탄력성의 2가지 원칙'에 전념했다. 점토 조각에 몰두하다가 결국 집에 조그마한 작업실까지 마련해 작품을 만들었다. 그렇게 만든 작품 사진을 내게 몇 장 보여주었는데, 그냥 취미로 하기에는 아까울 만큼 재능이 있었다. 또 카르멘은 날마다 30분씩 현관에 앉아서 시간을 보냈다. 이 2가지 활동으로 크나큰 기쁨을 얻는다고 말했다.

나는 카르멘의 치유 여정 내내 한 달에 한 번씩 만났다. 그녀의 조각품은 점점 더 크고 정교해졌다. 한 친구는 작품이 너무 좋다면서 갤러리에 전시하자고 제안했다. 카르멘이 동의한다면 적극적으로 추진하겠다고 나섰다. 기분이 어떠냐고 내가 묻자 그녀는 이렇게 대답했다.

"저는 오랫동안 이런 만족감과 성취감을 느끼지 못했어요." 끝에 가서는 이런 농담까지 덧붙였다. "그러고 보니 이게 다 암 진단 덕분이네요!"

그 뒤로도 카르멘은 '회복탄력성의 2가지 원칙'을 계속 실천했다. 나는 그간에 카르멘과 같은 환자를 많이 만났다. 그들은 말기 진단 같은 크나큰 사건을 마주하고 나서야 근본적 변화를 이루었다. 그러한 변화는 흔히 그들이 예전에 계획했다가 여러 가지 이유로 미루거나 방치한 것들이었다.

그렇다면 우리는 왜 말기 진단처럼 심각한 일이 닥쳐야만 삶이 어떻게 흘러가는지 되새기는 것일까? 무엇이 가장 중요한지 알아낼 더 다정하고 부드러운 방법이 있지 않을까?

그렇다, 당신은 오늘부터 당장 유다이모닉 행복을 더 많이 찾을 수 있다. 당신 자신을 위해 날마다 마땅히 그렇게 해야 한다. 위기가 닥칠 때까지 기다릴 필요가 없다. 실제로, 지금 당신의 유다이모닉 행복을 찾다 보면 더 힘겨운 위기를 예방할 것이다.

지금이야말로 당신의 카나리아가 도와줄 수 있다. 내 환자들 가운데 상당수는 어느 날 문득 무엇을 바꿔야 하는지 깨달았다고 고백한다. 그 순간은 영화의 한 장면처럼 여행 중에 햇볕이 잘 드는 풀밭에서 삶을 돌아보는 식의 아름다운 장면이 아니다. 대체로 일상생활 중에 느닷없이 벌어진다. 당신은 일상에 너무 지쳐서 변화를 간절히 원한다. 그럴 때는 카나리아의 경고를 더 이상 무시할 수 없다. 나에게 그 순간은 매일 밤 10시 야생마가 떼 지어 몰려들 때였다. 당신에게는 어떤 순간이었는가?

기법 #3 | 숨겨진 보물을 찾아라

1. 자신을 검열하지 말고, 예전에 또는 어렸을 때 시간 가는 줄 모르고 즐거웠던 활동을 5가지 적어보라.

2. 그중에서 당장 내일부터 당신의 삶에 편입할 수 있는 한두 가지 활동을 선택하라.

3. 활동에 필요한 재료를 체계적으로 정리하라. 펜과 물감, 악기, 운동화, 모형 조립 세트, 원예 도구, 자전거… 등등. 잘 찾아보면 아마 집 어딘가에 여전히 있을 것이다.

4. 매일 적어도 10~20분 정도 한 가지 활동에 전념하라. 자전거로 동네를 한 바퀴 돌거나 종이에 낙서하거나 화분에 흙을 채우거나 악기로 음계만 연주해도 괜찮다. 하루에 단 5분만 투자해도 변화를 일으킬 수 있다. 아무리 짧은 시간이나 적은 노력을 기울이더라도 뇌에 긍정적인 영향을 미칠 수 있다.

5. 활동하고 나서 날마다 달력에 체크 표시를 하라. 일이 바빠지더라도 체크 표시가 끊이지 않게 하라. 그 활동으로 순수한 재미를 느낀 지 한참 되었을 테니, 부득이한 경우에는 며칠 건너뛰어도 괜찮다. 그런 다음 다시 시작하라.

6. 날마다 체크 표시를 하는 자신에게 격려와 칭찬을 아끼지 마라! 당신은 지금 뇌를 위해 긍정적인 일을 하고 있다. 더 오래 지속되는 행복을 위해 뇌를 천천히 리셋하고 있다.

가능성의 힘

지금까지 당신의 '이유'를 명확히 하고 최종 단계와 가장 중요한 MOST 목표가 무엇인지 규정했으니, 그것이 실현될 가능성을 느껴보길 바란다. 지금 당장은 아니더라도 생각보다 가까운 미래에 일어날 가능성이 있다.

왜 굳이 그런 가능성을 느껴야 하느냐고? 그래야 우리 뇌와 몸을 변화시키는 데 도움이 될 물리 법칙을 활성화하기 때문이다. 물리학에는 운동에너지kinetic energy와 잠재 에너지potential energy(위치에너지라고도 함)라는 두 종류의 에너지가 있다. 운동에너지는 능동적 움직임이고, 잠재 에너지는 휴면 상태의 관성이다. 아이작 뉴턴Isaac Newton에 따르면, 에너지는 창조되거나 파괴될 수 없다. 단지 잠재 에너지에서 운동에너지로, 또는 그 반대로 형태만 바꿀 뿐이다. MOST 목표가 실현될 가능성을 한발 물러서서 바라보면, 우리는 잠재 에너지를 휴면 중인 현재 상태에서 깨워 변화를 위한 운동에너지로 바꿔나갈 수 있다.

가능성의 힘은 실제로 현실 세계의 성취에 널리 활용된다. 프로 스포츠처럼 판돈이 큰 경우에는 더욱 그렇다. 심신 연결의 힘에 의존하는 인구 집단 중에서 프로 운동선수만큼 이를 잘 보여주는 사례는 없을 것이다. 선수들은 경기장 밖에서의 정신 훈련이 경기장 안에서의 육체 훈련만큼 가치 있다는 사실을 본능적으로 알고 있다. 스포츠 심리학자들은 선수들이 뇌를 재구성해 성공을 시각화하도록 도우므로 모든 훈련 요법에 없어서는 안 될 조력자들이다. 전설적 농구 스타 마이클 조던Michael Jordan, 테니스 챔피언 세레나 윌리엄스Serena Williams, 올림픽 금메달리스트 수영 선수 마이클 펠프스Michael Phelps 등 여러 엘리트 운동선수가 시각화의 힘을 활용해 엄청난 성과를 거두었다.[13] 시각화는 당신의 중요한 일을 달성하는 데도 도움이 된다.

당신이 지금 당장은 변할 수 없다고 느낀다거나 스트레스를 줄이고 회복탄력성을 높이기 위해 뇌와 몸을 재구성할 수 있을지 의심스러워하는 점도 전혀 문제가 되지 않는다. 어쨌든 과정의 본질적 원리를 믿어보라. 회의감은 이 과정에서 나타나는 건전하고 정상적인 반응이다. 나는 회의적인 환자를 좋아한다. 변화가 예상대로 일어날 때 흔히 그들이 가장 열정적이기 때문이다. 과학적으로 표현하면, 그들은 자기 효능감, 즉 스스로 변화를 일으킬 수 있다는 믿음을 키웠다.

그런 이유로, 나는 당신도 작게 시작하라고 말하고 싶다. 아울러 자기 효능감을 키우고, 에너지를 휴면 상태에서 활발하게 움직이는 상태로 바꿀 힘이 있음을 알아차리라고 강력히 말하고 싶다.

에드워드 필립스Edward Phillips 박사가 나에게 자기 효능감을 높이는 작은 발걸음의 예를 들려주었다. 환자 중 한 명은 걷기를 싫어했지만, 일주일에 두 번씩 친구와 함께 걷겠다고 마지못해 동의했다. 두어 주 동안 꾸준히 걷고 나서 환자가 활짝 웃으며 그를 다시 찾아와서는 이렇게 말했다고 한다.

"저는 일주일에 두 번씩 걷겠다고 했지만 약속한 대로 하지 않았어요. 친구랑 만나는 게 좋았던 데다 날씨까지 풀려서 일주일에 다섯 번씩 걸었답니다!"

필립스 박사의 말을 들어보자. "우리 몸은 놀라울 정도로 적응력이 뛰어납니다. 기본 생리학이 그렇습니다. 우리는 심리적으로도 적응력이 뛰어나며, 더 나아지기를 갈망합니다. 나는 본질적으로 사람들이 더 나아지길 원한다고 생각합니다."

현대인들은 스트레스와 번아웃을 관리하는 데 갈수록 어려움을 겪고 있다. 도대체 무엇이 우리의 시간과 주의를 잡아먹는지 정확히 파악하지 못하기 때문이다. 더 많이 알면 더 잘 할 수 있다. 내 환자들 가운데 상당수는 그들이 날마다 온종일 사용하는 물건이 스트레스에 큰 영향을 미친다는 사실을 알고 깜짝 놀란다. (다음 장에서 더 자세히 살펴볼) 지속적인 스트레스의 숨겨진 원인을 알게 되면, 그들은 온종일 자기 효능감을 연습하고 가다듬을 기회가 넘친다는 사실도 금세 깨닫는다.

이제 알다시피, 첫 번째 회복탄력성 리셋 버튼은 스트레스를 줄이기 위한 계획을 세우는 동시에, 매일매일 기대할 수 있는 무언가를 제공하는 것이다. 웨스와 마찬가지로, 당신은 동기를 부여하고 3개월 안에 성취감을 맛보게 해줄 합당한 MOST 목표를 선택했다. MOST 목표를 정한 다음에는 역방향 계획 기법을 활용해 그 목표가 단계적으로 열매를 맺는 모습을 시각화할 수 있다. 3개월짜리 MOST 목표를 달성하면, 당신은 라이언과 카르멘이 그랬던 것처럼 숨겨진 보물을 찾아서 날마다 스트레스를 상쇄할 수 있다. 오랫동안 방치했던 이 단순한 즐거움은 당신이 유다이모닉 행복의 지속적 혜택을 기르는 데 도움이 될 것이다.

이 첫 번째 회복탄력성 리셋 버튼과 그 안에 포함된 기법들은 스트레스를 줄이고 회복탄력성을 높이기 위한 전반적 업그레이드의 토대가 된다. 자, 이제 앞으로 더 나아가자. 두 번째 회복탄력성 리셋 버튼에서, 당신은 이 시끄러운 세상에서 평정을 찾고, 정신적 역량을 보호하며, 마침내 당신의 뇌와 몸이 마땅히 누려야 할 휴식과 회복을 모색할 방법을 배울 것이다.

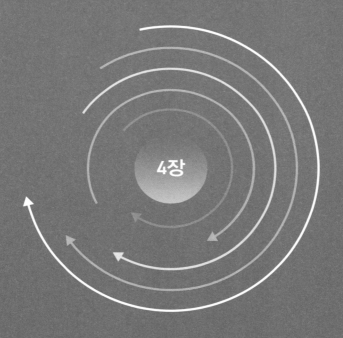

4장

두 번째
회복탄력성 리셋 버튼

시끄러운 세상에서 평정을 찾아라

직원회의를 마치고 돌아왔더니 진료실 문에 쪽지가 붙어 있었다. 예전에 나에게 치료를 받은 니콜이 다녀간 모양이었다. 쪽지에는 자기에게 벌어진 일을 나에게 알려야 한다고 적혀 있었다.

우리는 그녀의 높은 스트레스와 그녀가 '나의 ADHD'라고 부르는 증상을 해소하고자 작년에 5개월 동안 긴밀히 협력했다. 니콜은 정신과 의사에게서 주의력 결핍 과잉 행동 장애가 없다는 진단을 받았지만, 늘 프로젝트를 끝내지 못하고 정신이 흐트러진다고 토로했다. 그래서 집중력을 장시간 유지할 수 있도록 스트레스를 관리하는 법을 배우고 싶다고 했다.

나와 함께 '회복탄력성의 2가지 원칙'을 시행하자 니콜은 집중력이 놀라울 정도로 향상되었다. 그리고 시끄러운 세상에서 평정을 찾아나갔다.

혹시라도 무슨 일이 생겨 극심한 스트레스를 받고 있다는 이야기를 들을까 봐 내심 걱정하면서 나는 다음 휴식 시간에 니콜에게 전화를 걸었다.

"아마 제가 하는 말이 믿기지 않을 거예요."

니콜의 목소리에서 웃음이 내비쳤기에 나는 안도의 한숨을 내쉬었다. 나아가, 그녀의 목소리에서는 열정까지 느껴졌다. 스트레스로 고생하던 때와는 완전히 딴판이었다.

"무슨 일인데요?"

"두 시간! 두 시간 동안 그걸 한 번도 확인하지 않고 보냈다고요! 실은 책상 서랍을 열어보지도 않았어요. 이 믿기지 않는 사건을 선생님에게 얼른 알려주고 싶었어요."

그 시점에서는 나도 웃음이 나왔다. 니콜의 '그것'이 무엇인지 정확히 알고 있었기 때문이다. 바로 스마트폰이었다.

당신 인생에서 맺은 가장 해로운 관계는 손바닥 안에서 빛나는 스마트폰일 가능성이 크다. 연구에 따르면, 당신이 스마트폰과 맺은 관계는 스트레스 수준에 지대한 영향을 미치며 파트너나 자녀, 심지어 가족이나 직장 동료와 맺는 관계보다 주의력과 정신적 역량을 훨씬 더 많이 소모한다. 사람들은 스마트폰이 아무런 해가 없으며, 일상의 고단함에서 잠시 벗어날 수 있는 휴식처라고 생각한다. 하지만 실제로는 정반대 효과를 나타낸다. 스마트폰은 오히려 당신이 스트레스를 더 많이 받도록 뇌 회로를 노골적으로 재구성한다. 최근 통계에 따르면, 절반에 달하는 사람들이 날마다 대여섯 시간씩 스마트폰을 사용하고, 스마트폰 화면을 하루에 자그마치 2,617번 터치한다![1]

그런데 우리 삶에서 스트레스를 유발하는 디지털 소음원은 스마트폰만이 아니다. 케이블 TV, 태블릿, 컴퓨터 등 온갖 종류의 스크린이 우리의 정신적 에너지와 주의력을 빼앗는다. 사람들은 대부분 이러한 기기에 너무 많은 시간을 소비하면 '나쁘다'라는 사실을 알고 있다. 하지만 의사로서 단언하건대, 이러한 기기는 뇌와 스트레스 수준, 심지어 전반적 행복에 우리가 생각하는 것보다 더 큰 영향을 미친다.

'시끄러운 세상에서 평정을 찾기'라는 두 번째 회복탄력성 리셋 버튼은 해로운 스트레스를 가중하는 디지털 소음과 관련해 실질적이고 실행 가능한 경계를 설정하는 데 유용할 것이다. 아울러 해로운 스트레스 때문에 빼앗겼을지도 모를 회복성 수면restorative sleep을 취하도록 새로운 기술을 알려줄 것이다. 당신은 현대사회의 현명한 시민으로서 부지불식간에 뇌의 휴식과 회복력을 떨어뜨리고 있다. 두 번째 회복탄력성 리셋 버튼에서 제시하는 여러 기법은 뇌에 필요한 휴식과 회복을 되찾도록 도와줄 것이다.

니콜이 몇 시간 동안 스마트폰을 확인하지 않았다는 소식은 그녀에게 엄청난 도약이었다. 처음 만났을 때만 해도 니콜은 스마트폰에서 시선을 떼지 않았다. 실제로, 한때는 그것이 인생에서 가장 중요한 관계였다. 그런데 스마트폰과 이토록 끈끈한 유대를 맺고 있는 사람은 니콜만이 아니다. 우리도 대부분 스마트폰에 홀려 있다. 하지만 니콜은 패턴을 바꿀 수 있었고, 스마트폰을 확인하지 않고서 두 시간 동안 업무 프로젝트에 집중할 수 있게 되었다. 한 시간에 수십 번씩 스마트폰을 확인하던 사람에게 얼마나 큰 변화인가! 니콜의 경험은 누구나 디지털 방해물과의 관계를 바꿀 수 있다는 점을 보여준다. 시끄러운 세상에서 우리 모두 평정을 찾을 능력이 있기 때문이다.

니콜이 '회복탄력성의 2가지 원칙'을 통해 알아냈듯이, 주의력이 향하는 곳으로 에너지와 정신적 역량도 따라간다.

그렇다면 당신의 정신적 역량은 무엇일까? 그건 바로 뇌가 집중하고 새로운 아이디어를 배우며 결정을 내리고 계획대로 나아가는 능력이다. 한마디로 당신의 주의력을 말하며, 수많은 외부 요인이 그 주의력을 끌고자 끊임없이 경쟁한다.

당신은 어쩌면 이렇게 생각할 것이다. '그것이 뭐 어때서? 사람들은 모두 스마트폰으로 문자를 보내고 이메일과 소셜 미디어를 확인하잖아. 요즘에는 다들 그렇게 살아.'

하지만 삶의 속도와 효율성을 위해 많은 기술이 발전했다 하더라도 정신적 역량에는 분명히 인간적 한계가 있다. 그것은 충분히 공급되는 무한한 자원이 아니다. 몸을 혹사하면 체력적으로 지치듯이 뇌도 무리하면 지칠 수 있다.

나와 마찬가지로 당신도 업무 압박, 가족의 의무, 건강 문제, 개인적 관심사를 추구할 시간을 내는 등 여러 우선순위 사이에서 끊임없이 밀고 당기기를 하고 있을 것이다. 그러다 보면 힘에 부친다고 느끼기 쉽다. 정신적 역량이 고갈되었다고 느낄 때 어떻게 스트레스를 해소할 수 있을까? 방법은 한 가지밖에 없다. 가장 소중한 자산인 주의력을 둘러싼 경계를 설정하는 것이다.

디지털 경계를 설정하기

스마트폰에 대한 의존은 갈수록 악화되는 스트레스 관련 질환, 기분 장애, 수면 장애, 짜증 증가, 과잉 각성, 불안, 집중력 저하, 복잡한 과제 완수의 어려움과 상관관계가 있다. 이는 스마트폰을 사용할 때 그렇다는 말이다. 연구에 따르면, 스마트폰을 사용하지 않고 근처에 두기만 해도 '두뇌 소모brain drain'라는 현상에 의한 주의력 분산 가능성 때문에 지적 능력이 감소할 수 있다.[2]

당신이 손에 쥐고 있는 이 작은 무생물은 당신의 주의력과 뇌 건강과 스트레스에 상당히 큰 영향을 미친다. 그 영향을 억제할 유일한 방법은 스마트폰에 대한 의존성에 경계를 설정하는 것이다. 두 번째 회복탄력성 리셋 버튼의 목표는 스마트폰을 포기하게 하려는 것이 아니다. 과학적 관점에서 볼 때, 그러한 시도는 현실적이지도 않고 필요하지도 않다. 619명을 대상으로 진행한 한 연구에서, 스마트폰 사용을 완전히 중단하기보다는 줄이는 것이 더 나은 행복과 지속가능한 정신 건강 결과로 이어진다고 드러났다.[3]

따라서 나는 당신에게 디지털 수도자가 되라거나 기술과 단절하고 아날로그적인 삶을 살라고 요구하지는 않을 것이다. 기술은 우리가 정보를 얻고 연결되고 몰입할 수 있도록 도와주는 멋진 수단이 될 수 있다. 인공지능이 여러 산업에 도입되면서 기술은 현대인의 생활에 중요한 부분을 차지하고 있다. 그렇기는 하지만 스트레스를 해소하고 번아웃에서 벗어나려면 당신의 정신적 역량을 앗아갈 기술의 잠재력에 반드시 주목해야 한다.

'시끄러운 세상에서 평정 찾기'라는 두 번째 회복탄력성 리셋 버튼의 목표는 스마트폰과의 결별이 아니다. 내 환자들에게 늘 말하듯이, 지금은 당신과 스마트폰의 관계를 재고해볼 때다. 스마트폰이 당신의 생각과 기분을 온종일 통제하는 게 아니라 당신이 스마트폰을 통제해야 한다. 당신이 스트레스를 줄이는 여정에서 가장 중요한 것에 집중할 수 있도록 나는 당신의 주의력에 건전한 경계를 설정할 방법을 가르쳐주고 싶다. 나를 당신의 관계 코치라고 생각하라.

당신은 스마트폰과의 관계가 스트레스에 영향을 미친다고 확신하지 못할 수도 있다. 내 환자들 가운데 상당수도 처음에는 그 연관성을 이해하지 못한다. 그들은 스마트폰이 자신의 삶을 더 편리하게 해준다고 철석같이 믿고 있다. 실제로도 여러 측면에서 그렇다. 우리는 이제 공중전화를 사용하기 위해 차를 세울 필요가 없다. 순식간에 가족이나 친구에게 메시지를 보낼 수 있다. 몇 초 안에 운전 방향을 알 수 있으니, 아무도 계기판에 지도를 펼쳐놓고 어느 방향이 북쪽인지 남쪽인지 알아내려 애쓰지 않는다. 스마트폰이 생기면서 누리는 온갖 장점에 고마워하지 않을 사람이 어디 있겠는가? 하지만 많은 사람이 필요할 때만 스마트폰을 사용하지는 않는다. 다들 해로운 방식으로 스마트폰에 집착하게 되면서 온종일, 때로는 밤새도록 손에서 놓지 않는다.

스마트폰에 대한 정신적 의존도를 측정할 간단한 방법이 있다. 서너 시간 동안 종이와 펜을 바로 옆에 두라. 스마트폰을 확인하려는 충동을 느낄 때마다 종이에 바를 정正자로 횟수를 표기하라. 실제로 집어 들진 않더라도 스마트폰을 보겠다는 생각이 떠오를 때마다 정직하게 표기하려고 노력하라. 내 환자들과 친구들은 대부분 종이에 표시된 횟수에 화들짝 놀라곤 한다.

한 친구는 초조하게 웃으며 농담을 던지기도 했다.

"믿을 수가 없어! 나는 종이 앞면을 다 채우고 뒷면까지 써야 했다니까. 우리가 시간당 960번 정도 숨을 쉰다는 데, 나는 숨을 들이쉴 때마다 휴대폰을 확인하고 싶은 것 같아! 도와줘!"

나는 그 친구나 다른 누구도 비난할 처지가 아니기에 판단하지 않고 도움을 주고자 한다. 나를 믿어도 좋다. 어차피 나도 당신과 같은 상황이다. 스트레스와 미디어 사용에 관한 과학적 지식을 두루 꿰고 있는데도 여전히 매시간 여러 번 스마트폰을 확인하고 싶은 충동을 느낀다. 이 작은 기기는 우리의 정신적 역량을 엄청나게 끌어당긴다.

이러한 현상이 내 환자들에게 나타난다는 사실을 알고 나서, 나는 임상 의사결정을 내릴 때 표준 프로토콜에 미디어 사용과 스마트폰에 대한 정신적 의존도를 반드시 확인했다. 그 결과, 기술이 환자의 스트레스 경로에 얼마나 깊은 영향을 미칠 수 있는지 직접 목격했다.

줄리언도 그런 환자들 가운데 한 명이었다. 그는 주치의에게 정밀 검사를 받았지만 혈액 검사와 심장 영상에서 이상 소견을 전혀 발견하지 못했다. 결국 의학적으로 설명할 수 없는 피로감 때문에 나를 찾아왔다. 너무 피곤하다 보니 열차 차장으로서 업무를 수행하기 어려운 지경에 이르렀다. 나를 보러 왔을 때도 피곤에 지쳐 축 늘어져 있었다. 그의 피로는 기분과 삶의 질에 영향을 미쳤다.

줄리언은 지금껏 자기 일을 천직으로 여기고 좋아했지만, 너무 지친 나머지 17년 만에 처음으로 근무 시간을 채우지 못했다. 틈만 나면 휴게실에서 쪽잠을 자기 시작했다. 예전에는 추가 근무를 선뜻 맡아줄 사람으로 꼽혔지만 이제는 그럴 수 없었다. 오히려 피로 때문에 근무 시간을 줄여야 했다.

줄리언은 성격 변화에도 신경이 쓰였다. 원래는 '낙천적이고 원만한 사람'이라고 자처했지만 지난 몇 달 동안에는 자꾸 짜증을 내거나 화를 터뜨렸다.

"무슨 일이 터지길 줄곧 기다리는 것 같습니다. 왜 이렇게 초조한지 도통 모르겠어요."

나는 그에게 업무 시간이 아닐 때는 무엇을 하는지 물었다.

"저는 뉴스광입니다. 전 세계 거의 모든 곳에서 무슨 일이 벌어지는지 말해줄 수 있어요." 줄리언이 자랑스럽게 말했다.

내가 그에게 뉴스 속보와 기사를 얼마나 보는지 묻자 그는 이렇게 대답했다.

"집에서 깨어 있을 때는 늘 봅니다. 때로는 잠들어 있을 때도 보죠."

나는 그 말이 농담인 줄 알고 웃었다. 하지만 농담이 아니었다.

줄리언은 아침 6시에 하루를 시작했다. 눈 뜨자마자 협탁에 놓인 휴대폰을 집어 들고 헤드라인 뉴스를 읽었다. 그런 다음 아침을 먹으면서 소셜 미디어를 스크롤하고, 출근을 준비하면서 침실의 작은 TV를 봤다. 직장에서 쉬는 시간에 또 헤드라인 뉴스를 읽었다. 점심시간에도 새로운 뉴스를 찾아 읽었다. 집에 돌아오면 뉴스 채널을 틀어놓고서 저녁을 준비하고, 또다시 휴대전화로 소셜 미디어를 스크롤하면서 저녁을 먹었다. 그리고 24시간 뉴스 채널을 지켜보다가 밤늦게야 잠이 들었다.

"지난 몇 년 동안 저는 뉴스에서 전하는 일에 정말 신경이 쓰였습니다. 더 많이 보고 더 많이 읽다 보니, 결국 거의 날마다 제가 원하는 시간보다 늦게까지 깨어 있곤 했죠. TV를 보다가 소파에서 잠이 들었고 몇 시간 뒤 TV 소리에 눈을 떴습니다."

밤새 TV를 켜놓을 생각은 없었지만 이제는 습관이 되어서 TV가 켜져 있지 않으면 잠들 수 없었다. 그래서 깨어 있을 때는 물론이고, 잠들어 있을 때도 뉴스를 소비한다던 줄리언의 말은 농담이 아니었다.

줄리언은 최근에 친구의 바비큐 파티에 갔을 때, 휴대폰에서 눈을 떼지 않는다는 이유로 친구들에게 악의 없는 핀잔을 들었다. 한 친구는 줄리언이 뉴스 진행자가 되지 못해 한이 되었나 보다라고 농담을 하기도 했다.

"친구들 말이 맞다고 생각하세요?"

"친구들은 제가 뉴스광이라는 걸 압니다. 하지만 요즘 세상이 얼마나 나쁜지는 잘 모릅니다. 완전히 엉망진창이에요. 매 순간 새로운 일이 벌어지죠. 그걸 다 따라잡기 힘들지만 그래도 저는 계속해 정보를 얻으려고 애씁니다."

줄리언의 말에 나는 이렇게 반박했다. "어쩌면 그들은 매 순간 무슨 일이 벌어지는지 알 필요가 없을지도 모르죠. 방금 하신 말씀을 놓고 보자면, 친구들은 당신이 몸은 함께 있지만 마음은 다른 데 있다고 느끼는 것 같습니다."

"아 뭐 그럴 수도, 아니 분명히 그럴 겁니다." 줄리언은 이렇게 말하면서 휴대폰 화면에 나타난 속보를 힐끗 쳐다보았다. 그러더니 멋쩍게 웃으며 나를 쳐다봤다. "좋아요, 이제는 정말 통제 불능인 것 같네요."

줄리언의 피로, 수면 문제, 기분 변화는 그의 미디어 사용 증가와 완벽하게 상관관계가 있었다. 관련성이 있을 수 있다는 내 말에 그는 의심스러운 듯 눈썹을 치켜 올렸다. 미디어 사용이 자신의 증상으로 이어질 수 있다고 확신하지 못했다.

"말도 안 됩니다! 휴대폰과 TV가 정말로 나를 엉망으로 만든다고 생각하세요? 요즘에는 다들 이렇게 하잖아요!"

줄리언의 말이 옳았다. 우리는 그 어느 때보다도 기기에 집착한다. 줄을 서거나, 대기실에서 기다리거나, 방과 후 픽업 대기 줄에 늘어서거나, 심지어 번잡한 거리를 건너려고 신호를 기다릴 때도 우리는 그 틈을 이용해 휴대폰을 확인한다. 한가한 순간이 생기면, 휴대폰 화면을 보고 있을 가능성이 크다. 굳이 한가한 순간일 필요도 없다. 내가 사는 보스턴에서는 밤이고 낮이고 눈을 화면에 고정한 채 혼잡한 도심 거리를 지나는 보행자가 수시로 목격된다. 주변 상황을 살피지 않고 휴대폰 화면만 들여다보는 산만한 보행자들에게 발생할 뻔한 사고가 이제는 공공 안전 문제로까지 여겨진다.[4]

팝콘 브레인의 전형적 사례

줄리언은 팝콘 브레인popcorn brain(자극적 영상에 자꾸 노출되어 일상에 흥미를 잃고 더 큰 자극을 추구하게 되는 현상. 이런 현상이 심해지면 우울, 불안, 충동적 감정 변화가 생길 수 있고, 집중력 저하 등의 인지 기능 감퇴가 일어날 수 있다—옮긴이)이라고 알려진 증상에 시달렸다. 실제 의학적 진단은 아니지만 팝콘 브레인은 갈수록 늘어나는 문화적 현상이다. 온라인에서 너무 오랜 시간을 보낼 때 우리 뇌에서 벌어지는 현상을 설명하기 위해 연구자 데이비드 레비David Levy가 고안한 용어다.[5] 우리의 뇌 회로는 빠른 정보 흐름에 지나치게 자극받다 보면, 팝콘 터지듯 '펑펑' 튀는 자극만 추구하게 된다. 시간이 지나면서 우리 뇌는 이 끊임없는 정보 흐름에 익숙해져서, 시선을 돌려 기기에서 멀어지고 생각을 늦추며 일상이 훨씬 더 느린 속도로 움직이는 오프라인 생활을 제대로 영위하기가 점점 더 어려워진다.[6] 그런데 팝콘 브레인을 식별하기가 무척 어려운 이유는 그것이 어디에나 존재하고, 줄리언이 정확히 지적한 대로 점점 더 일반화되고 있기 때문이다. 실제로 미국 성인의 85퍼센트는 매일 온라인에 접속하고, 10명 중 3명은 자신을 '항상 온라인 상태'라고 묘사한다.[7]

우리는 모두 미디어를 과도하게 소비하면서 팝콘 브레인이 생길 위험에 처해 있다. 어쩌면 당신은 줄리언처럼 뉴스에는 관심이 없고 그 대신 소셜 미디어를 선호할 수도 있다. 내 환자 중 한 명은 '인스타그램 중독'에 빠졌다고 걱정했다. 15분마다 휴대폰으로 인스타그램을 확인했기 때문이다. 소셜 미디어 인플루언서로 활동하는 또 다른 환자는 밤에 거의 매시간 일어나, 자신이 올린 게시물의 참여 지표를 감시하고 추적했다. 부적응성 스트레스의 징후가 다양하듯이, 팝콘 브레인도 다양한 징후를 나타낸다. 그리고 증상마다 고유한 특색이 있다.

줄리언의 경우에는 탈진, 짜증, 피로감이 팝콘 브레인의 명확한 징후였다. 줄리언은 탈진된 느낌에 지쳐 있었고, 너무 지친 상태로 일하다 다칠지도 모른다는 걱정에 사로잡혀 있었다. 내가 제안한 '회복 탄력성의 2가지 원칙'을 60일 동안 따르겠다고 동의하긴 했지만, 별 기대는 안 하는 눈치였다. 아무튼 그는 2가지 실행 방안을 들고서 내 진료실을 떠났다.

미디어 다이어트

줄리언이 피로감을 떨쳐내고 시끄러운 세상에서 평정을 찾기 위해 따를 첫 번째 조치는 미디어 다이어트였다. 그의 미디어 과소비가 피로감, 수면 문제, 기분 변화 같은 후속 효과를 일으켰기에, 우리는 문제의 근원을 파헤쳐야 했다.

나는 제한된 정신적 역량을 지닌 스트레스 환자를 볼 때, 일단 미디어 다이어트를 우선적으로 처방하곤 한다. 그것이 스트레스와 번아웃을 극적으로 줄여줄 수 있기 때문이다. 앞에서 살펴봤듯이, 설사 당신이 줄리언처럼 미디어 과소비로 시달리진 않더라도 어쨌든 전자기기 사용 시간을 제한하면 정신 건강과 웰빙이 개선된다.

미디어 다이어트는 시간 제한, 거리 제한, 물류 제한으로 이뤄진 3단계 전략으로, 내가 그간에 처방해준 수많은 환자에게는 물론, 친구나 가족에게도 수년 동안 훌륭한 결과를 안겨주었다.

시간 제한: 줄리언을 위한 첫 단계는 미디어 사용에 시간 경계를 설정하는 것이었다. 나는 그에게 미디어 사용 시간을 하루 두 번 20분으로 처방해주었다. 그는 휴대폰에 타이머를 설정하고 헤드라인을 스크롤했다. 20분이 지나면 스크롤을 멈추고 휴대폰을 다른 곳에 두어야 했다.

지속적 스크롤링이 줄리언의 하루 중 상당 부분을 차지했으니, 초반에는 철저히 지키기가 쉽지 않을 것 같았다. 그래서 나는 그가 좋아할 만한 다른 활동을 찾아보라고 제안했다. 줄리언은 특정 책 시리즈의 팬이라 그 책을 읽겠다고 했다. 뉴스를 확인하려고 휴대폰을 집어 들고 싶을 때마다 책을 몇 페이지라도 읽기로 마음먹었다. 나는 또 그가 진료실을 나서기 전에 휴대폰 화면을 흑백이나 회색으로 바꾸라고 제안했다. 오늘날 각종 뉴스와 미디어 사이트는 지난 10년 동안 콘텐츠를 점점 더 다채롭고 화려하게, 때로는 충격적으로 보이도록 만들었다. 그런 사이트는 여지없이 우리의 시선을 사로잡는다. 화면을 흑백으로 바꾸면 시각적 매력이 줄어든다. 이것이 줄리언과 나의 첫 번째 전략이었다. 다행히, 그에게 효과가 있는 것 같았다.

거리 제한: 두 번째 전략은 줄리언의 휴대전화에 거리 제한을 몇 가지 설정하는 것이었다. 나는 일단 그에게 휴대폰의 알람 기능을 사용하지 말고 저렴한 알람 시계를 사라고 했다. 그러면 잠자리에 들 때 휴대폰을 협탁에 둘 필요가 없었다. 그는 휴대폰을 방 반대편 책상에 놓고 플러그에 꽂아두겠다고 했다. 이러한 지리적 경계로 아침에 눈 뜨자마자 무의식적으로 휴대폰을 집어 들고 헤드라인을 스크롤하던 습관에 제동이 걸릴 것이다. 그러면 하루의 분위기도 달라질 것이다. 이러한 조치는 그의 정신적 역량을 지키고 지난 2년과 다른 방식으로 하루를 시작할 기회를 주었다. 연구에 따르면, 62퍼센트는 깨어난 지 15분 이내에 휴대폰을 확인하고 약 50퍼센트는 한밤중에도 확인한다.[8] 그래서 나는 그가 휴대폰을 협탁에서 치우기만 해도 수면에 도움이 되리라고 생각했다.

아울러 낮 시간 동안, 특히 일하는 시간 동안에는 휴대폰을 손이 닿지 않는 곳에, 아예 안 보이는 곳에 두라고 권했다. 이러한 지리적 경계 때문에 그는 자연스레 휴대폰을 확인하지 못했다.

물류 제한: 줄리언의 미디어 다이어트에서 마지막 단계는 그의 기술과 미디어 사용을 둘러싼 물류 경계를 설정해 미디어 사용을 조금 더 불편하게 하는 것이었다. 그는 온갖 자동 뉴스 알림과 푸시 알림을 구독 취소하고, 소셜 미디어 세계에서 새로운 일이 발생할 때마다 울리는 온갖 경고음과 효과음을 제거했다. 이는 휴대폰을 확인하고

싶은 유혹을 없애는 또 다른 조치였다.

8주 후 후속 진료를 받으러 왔을 때, 줄리언은 미디어 다이어트를 완벽하게 소화하고 있었다. 마침내 시끄러운 세상에서 평정을 찾기 시작했다. 그의 말을 들어보자.

"처음에는 긴가민가했습니다. 솔직히 말하면, 제대로 지킬 수 있을 것 같지 않았어요. 하지만 기어이 지켰고, 덕분에 어떤 효과를 봤는지 말로 다 설명할 수도 없습니다."

"정말 잘되었네요, 줄리언!" 나는 그의 노력을 진심으로 응원했다.

"날마다 휴대폰 사용 시간을 30분씩 줄여나갔습니다. 그러다 보니 4주 후에는 하루 두 번 20분씩만 스크롤하게 되더군요."

"그 일이 점점 더 쉬워지던가요?"

"글쎄요, 미디어 다이어트를 시작한 첫 열흘 동안 책 시리즈 중 두 권을 독파했습니다." 줄리언이 웃으며 덧붙였다. "정말 좋은 책이죠!"

밤에 잠은 잘 자는지 묻자 그는 이렇게 대답했다.

"휴대폰을 방 반대편 책상에 둔 조치는 제가 해본 일 중 가장 잘한 일인 것 같습니다. 저는 졸릴 때까지 책을 읽는데, 대개 한두 챕터 정도 읽게 되더군요. 지금도 여전히 오밤중에 잠이 깨지만, 휴대폰을 확인해야 한다는 충동은 일지 않습니다."

그러고 보니 그의 태도도 눈에 띄게 달라진 듯했다. 전보다 한결 더 즐겁고 여유롭고 편안해 보였다. 줄리언은 확실히 평정을 찾았고, 그 사실을 즐기는 게 분명했다.

"마음이 무척 가벼워지더군요. 무거운 짐을 내려놓은 느낌이랄까.

예전의 나로 돌아간 것 같습니다. 이제야 제대로 숨을 쉴 수 있게 되었어요. 지난 2년 동안 숨도 제대로 못 쉬는 것 같았거든요. 그것이 말이 됩니까?"

나는 말이 되고도 남는다면서 그를 안심시켰다. "지나친 기술 소비는 당신의 스트레스 경로를 과열시킵니다. 당신을 짜증 나게 하고 극도로 예민하게 할 수도 있고요. 하지만 그간에 이룬 엄청난 변화로 당신은 스트레스 반응을 리셋한 것처럼 보입니다."

줄리언의 경험은 과학적 연구 결과와 일치했다. 1,095명을 대상으로 한 연구에서, 단 일주일 동안 페이스북을 중단하자 삶의 만족도와 긍정적 감정이 개선되었다. 이러한 변화는 페이스북을 많이 사용하던 사람들에게 가장 두드러지게 나타났다.[9] 이는 줄리언이 다른 소셜 미디어나 뉴스 사이트와 관련해 경험한 결과와 유사하다.

줄리언이 기술과 미디어 사용에 변화를 주면서 피로감도 줄어들었다. 일하다 틈틈이 낮잠을 자지 않아도 되었다. 하지만 밤잠은 여전히 개선되지 않았다. 그는 밤중에 자주 깼다. 지난 6개월 동안 밤중에 TV를 켜놓고 잤기 때문에 수면 습관을 바꾸려면 시간이 더 필요했다.

그는 기술과 미디어 사용을 계속 제한하면서 다음 방문 때까지 '회복탄력성의 2가지 원칙'에 계속 매진하기로 했다. 일단 수면 문제를 처리하기 위해 나의 리셋 기법을 몇 가지 추가했다(아래를 참고하라). 8주 동안 후속 조치를 성실히 따르자 미디어 다이어트는 그의 새로운 생활 방식으로 자리 잡았다. 물론 수면도 크게 개선되었다. 이제는 밤중에 깨는 일이 거의 없었고, 푹 자고 나면 몸도 개운했다.

"저는 항상 잠이 부족했고 운동할 시간이 없다고 투덜댔습니다. 하지만 지금은 휴대폰을 꺼두니까 하고 싶은 일을 할 시간이 훨씬 많아졌어요. 이렇게 즐거운 기분은 몇 년 만에 처음입니다!"

그는 정상 궤도를 벗어나지 않도록 두 달에 한 번씩 나를 찾아왔고, 우리는 그의 개인별 스트레스 지수(1장 참고)가 점차 낮아지는 모습을 함께 지켜보았다. 결국 줄리언은 자기 나름의 균형을 찾았다. 이제는 자신을 소모하지 않고도 미디어를 소비할 수 있었다.

"저는 여전히 뉴스광입니다. 앞으로도 항상 그럴 거예요. 하지만 그것이 더 이상 내 삶을 망치진 않습니다. 통제권을 제가 쥐고 있으니까요!"

줄리언은 스트레스를 리셋할 수 있었고 최고의 자아best self를 가꿔 갈 길을 찾았다. 마침내 시끄러운 세상에서 평정을 찾은 것이다. 후속 방문 중에 한번은 이렇게 말했다.

"제 바비큐 모임의 친구들도 모두 이 훌륭한 책 시리즈에 푹 빠졌답니다. 만날 때마다 제가 그 책 이야기를 해주었거든요. 요새는 그 친구들과 함께 있는 내내 휴대폰을 주머니에 넣어둔답니다."

스크롤하려는 원초적 충동

휴대폰에 대한 줄리언의 끈질긴 집착과 과도한 미디어 사용은 누구에게나 적용될 수 있다. 문제는 의지력이 아니라, 미디어 과소비로 강하게 몰아넣는 우리의 뇌과학적 본성이다. 스트레스를 받을 때 우리는 뇌과학적으로 미디어를 더 많이 소비하도록 설계되었다. 정보가 있으면 안전하다고 느낄 수 있기 때문이다. 1990년대까지만 해도 인터넷이 보편화되지 않았지만, 스크롤하려는 충동은 우리의 원초적 본성이다. 알다시피, 스트레스를 받는 동안 우리 뇌는 생존 모드로 들어가고 도마뱀 뇌인 편도체가 주도권을 잡는다(2장을 참고하라). 스크롤링은 현대인의 자기 보호 수단으로, 혼란스러운 세상에서 안전하다고 느끼기 위해 주변 환경을 살펴보는 것과 같다.

부족 사회에서는 파수꾼이 밤새 불 옆에 앉아 나머지 부족원이 안심하고 푹 잘 수 있도록 위험을 살피곤 했다. 이제는 모두가 그 파수꾼이다. 그래서 다들 화면을 살핀다. 온종일 뚫어져라 살핀다. 오늘날 이 불확실한 세상에서 스크롤링은 안전감을 느끼기 위한 야간 파수꾼이다.

안타깝게도, 스크롤하려는 우리의 원초적 충동은 스트레스 반응을 증폭해 스크롤을 더 많이 하게 한다. 이러한 사이클이 계속 반복된다. 이게 바로 부정적 피드백 루프negative feedback loop, 즉 악순환의 고리다. 클릭베이트clickbait라고 불리는 낚시성 기사는 스트레스 뇌과학에 잘 먹힌다. 이러한 뉴스 소비는 뇌에 직접적 영향을 미친다. 아마도 둠 스크롤링doom-scrolling이라는 말을 들어봤을 것이다. 나쁜 뉴스를 찾아 소셜 미디어나 웹사이트를 강박적으로 스크롤하는 행동이다. 둠 스크롤링은 우리 뇌의 투쟁-도피 반응과 동일한 기제에 의해 작동하며, 스트레스가 많은 시기에 활성화된다.

이게 바로 줄리언이 빠져들었던 악순환인데, 두 번째 회복탄력성 리셋 버튼은 그의 원초적 스크롤 충동을 재조종했다. 그 결과, 뇌의 스트레스 경로가 리셋되면서 그를 이 악순환에서 벗어나게 했다.

미디어 소비를 최소화한다고 해서 언론의 중요한 역할을 축소하거나, 급변하는 세상에서 정보를 얻고자 하는 시민의 욕구를 깎아내릴 의도는 없다. 하지만 미디어 과소비의 대가는 무엇인가? 뭐가 되었든, 정신 건강을 희생해는 안 된다. 나는 미디어의 열렬한 지지자다. 건전한 커뮤니케이션에 열정이 많기 때문이다. 의사가 되기 전에는 기자가 되고 싶었는데, 운 좋게도 이들 관심사를 모두 추구할 수 있었다. 특히 팬데믹 기간에는 의사로서 대중에게 전문적 조언을 제공하고자 NBC 뉴스, MSNBC, CNN 헤드라인 뉴스, CBS 뉴스에 수없이 출연했다. 이러한 현장 경험 덕분에 대중을 위한 미디어 제작 과정을 내부자의 시각으로 바라볼 수 있게 되었다. 언론 매체는 대부분 수익을 좇는 사업체라 미디어 소비자인 당신에게, 뉴스 가치가 있고 시의적절하며 중요한 이야기를 계속 제공하려 애쓴다. 이러한 주목 경제attention economy 속에서 미디어 기업은 당신의 주의력을 붙잡는 게 중요하다는 사실을 안다. 저널리즘은 우리가 사는 세상의 여러 중요한 이슈에 목소리를 제공한다는 점에서, 확실히 우리 문화의 중요하고도 가치 있는 부분이다. 그런데 저널리즘을 아끼고 나처럼 직접 참여하기도 하면서 세상 돌아가는 소식을 지속적으로 접하더라도 여전히 정신 건강을 유지할 수 있다.

미디어를 적당히 소비하는 것과 과도하게 소비하는 것 사이에는 미묘한 차이가 있다. 만약 미디어 과소비로 해로운 스트레스가 유발되는 지경인지 잘 모른다면, 카나리아가 경고하는 증상에 관심을 기울여보라. 당신은 선을 넘어서 미디어 과소비와 관련된 증상을 보이는가? 팝콘 브레인 현상이 당신에게도 있다고 생각하는가? 휴대폰을 수시로 확인해야 한다고 느끼는가? 휴대폰을 잠깐만 보려고 했는데 시간이 훌쩍 지나갔다고 느끼는가? 인터넷에 항상 연결되어 있지 않으면 초조하거나 짜증이 나는가? 줄리언처럼 늘 피로감과 짜증 등 갖가지 신체 문제에 시달리는가?

자신의 미디어 사용을 제대로 들여다보면, 사람들은 흔히 카나리아의 경고, 즉 집중력 부족, 기억력 저하, 예민함, 또는 반대로 무기력함 같은 증상이 점점 더 늘어난다고 말한다. 일부는 불안하거나 우울하거나 기진맥진하거나 절망감을 느낀다고 호소하기도 한다. 내 환자들 가운데 상당수는 미디어를 너무 많이 소비할 때 정신 건강상에 문제가 나타나진 않지만, 두통과 목 통증, 어깨 통증, 허리 통증, 눈의 피로 같은 신체 증상이 나타난다고 말한다. 당신의 미디어 소비에 관심을 끌기 위해 당신의 카나리아는 어떤 경고를 보내는가? 잠시 시간을 내서 당신의 미디어 과소비를 경고하는 카나리아 증상을 적어보라.

기법 #4 | 팝콘 브레인을 치료하라

팝콘 브레인이 생길 위험성을 최소화하기 위해, 또는 이미 생긴 팝콘 브레인을 치료하기 위해 당신이 따라야 할 지침은 다음과 같다.

1. 하루에 두 번씩 휴대폰을 스크롤하는 데 20분 이상 소비하지 않겠다고 다짐하라. 그 밖에 꼭 필요한 전화와 문자, 이메일에만 휴대폰을 사용하라. 디지털 공간에 있을 때는 시간을 잊어버리기 쉬우니, 타이머를 설정하고 책임감을 유지하라.

2. 푸시 알림과 자동 팝업 기능을 사용하지 마라. 꼭 알아야 할 사항이 있다면 나중에 다 알게 될 거라고 믿어라.

3. 일하는 동안에는 스마트폰을 작업 공간에서 3미터 이상 떨어진 곳에 두라. 집에 있을 때도 똑같이 하려고 애쓰라. 가족과 함께 있을 때는 더욱 그렇다.

4. 잠자리에 들 때 휴대폰을 침대 옆 탁자에 두지 마라. 그러면 밤중에 휴대폰을 확인하지도 못하고 아침에 눈 뜨자마자 휴대폰에 손을 뻗지도 못할 것이다. 응급 상황이 발생하면 가족이나 동료에게 전화해달라고 말해두라.

미디어 다이어트 초기에는 특별한 이유 없이 휴대폰을 확인하려는 충동이 강하게 일어날 것이다. 이러한 상황을 예상하고 대안을 미리 준비하라. 낙서용 메모장이나 손을 꼼지락거리면서 갖고 놀 만한 피젯 토이^{fidget toy}가 적합하다. 방 안을 빠르게 서성거려도 좋고 화려한 잡지나 책을 훑어보는 것도 좋다. 뇌를 재구성하고, 자꾸 스크롤하려는 원초적 충동을 이겨내는 것은 중요한 일이다. 팝콘 브레인의 위험을 최소화하려는 당신의 노력을 날마다 격려하라. 시간이 지나면 그런 자신을 대견하게 바라볼 것이다. 손에 들린 기기가 아니라 당신 자신이 어디에 관심을 기울일지 결정할 테니까.

트라우마 사이클

충격적 사건이 뉴스에 도배되고 소셜 미디어 플랫폼에서 반복적으로 언급될 때면, 나는 뉴스 사이클에 나쁜 반응을 보이는 환자들에게서 전화나 이메일을 자주 받는다. 많은 경우, 뉴스를 얼마나 많이 소비하느냐보다는 스트레스를 강화할 만한 특정 뉴스 콘텐츠가 항상 눈앞에 있느냐가 관건이다. 과거에 트라우마를 겪었을 때는 더욱 그렇다. 그간의 임상 경험에서 이러한 패턴을 명확히 관찰했기 때문에, 나는 세상에서 벌어지는 일을 바탕으로 미디어가 유발하는 스트레스에 대해 지원이 필요한 환자를 예측할 수도 있다.

　하루는 셀마가 퀭한 눈에 불안한 얼굴로 내 진료실에 들어왔다. 그녀는 지난 2주 동안 눈만 뜨면 브렛 캐버노^{Brett Kavanaugh}가 미국 연방 대법원 판사로 임명되기 위한 인준 청문회를 지켜봤다. 그의 과거 성폭행 의혹과 관련된 증언이 연이어 쏟아졌다. 46세의 셀마는 정치 운동가로 오랫동안 활동해왔다. 수십 년 동안 일하면서 항상 미디어와 건전한 관계를 유지했다.

그녀는 이렇게 설명했다. "저에게 뉴스는 그저 소음일 뿐이에요. 제가 하는 일을 하려면 세상에서 무슨 일이 벌어지는지 알아야 하지만, 그것이 제 정신을 흩트리게 놔두지 않거든요. 저는 정말 힘든 시기를 거치면서 이 일을 해왔습니다."

셀마는 말하다 말고 일어나더니 진료실을 잠시 서성거렸다. "하지만 이번 인준 청문회는 정말 곤혹스러워요. 너무 불안하고 가슴이 두근거리는데도 눈을 뗄 수 없어요. 지난주에는 출근도 하지 못했어요. 침대에서 일어나기도 힘들더라고요. 매일 밤 한두 시간밖에 못 자거든요. 솔직히 오늘은 선생님을 만나려고 간신히 일어났어요."

알고 보니 셀마는 20대 시절 성폭행 트라우마를 겪었다. 현재 사건에 대한 그녀의 미디어 소비는 과거 사건에 대한 감정적 촉발 요인이었다. 오랜 시간이 지나 그 일이 다시 떠오를 거라고는 생각지도 못했다. 셀마의 자기 보호 피드백 루프가 과열되고 있었다.

셀마는 이 뉴스에 관심을 기울이기 전까지만 해도 잘 지내고 있었다. 매달 치료사를 만나고 3개월마다 정신과 의사를 만났다. 지난 10년 동안 불안과 우울증으로 약물을 소량 복용했지만, 전반적으로 잘 지내왔다.

대법관 인준 청문회에 대한 셀마의 미디어 소비는 10년도 더 전에 치유되었던 트라우마를 자극했다.

"그것이 한꺼번에 홍수처럼 밀려들더군요. 그 일을 다시 겪는 것 같아요. 제 몸과 뇌가 어제 일처럼 생생하게 기억한다니까요." 셀마가 내게 토로했다.

상황의 긴급성과 중대성 때문에 셀마의 정신 건강을 위해 2가지 긴급 조치가 필요했다. 나는 그녀에게 당장 심리 치료사를 만나고, 약물을 조절할 필요가 있는지 정신과 의사와 상담하라고 조언했다.

그 주 후반에 확인해보니, 셀마는 트라우마 관련 치료를 다시 시작했고 약물 복용량을 늘리는 문제를 심각하게 고려하고 있었다. 셀마의 스트레스는 '과도한' 뉴스 소비 때문이 아니라 '단순한' 소비만으로도 긴급한 의학적 관심이 필요할 정도로 빠르게 증가했다. 이는 미디어 소비가 뇌와 몸에 얼마나 큰 영향을 미칠 수 있는지 보여준다. 아울러 민감한 미디어 콘텐츠에 대한 사전 경고의 중요성도 잘 보여준다.

좀 더 최근에 한 여성과 이야기를 나눴는데, 그녀는 자신의 88세 할머니가 전쟁으로 황폐해진 우크라이나의 이미지 때문에 괴로워한다고 했다.[10] 그녀의 할머니는 의사가 처방한 수면 무호흡증 마스크를 더 이상 쓰지 않겠다고 고집을 피웠다. 우크라이나 관련 뉴스에서 흔히 볼 수 있는 이미지가 제2차세계대전 당시 아버지와 함께 방독마스크를 썼던 기억을 되살렸기 때문이다. 할머니 뇌의 스트레스 경로는 80년 전에 일어났던 트라우마를 기억하고 있었던 것이다.

충격적인 뉴스의 강도나 효과를 느끼기 위해 반드시 트라우마 이력이 있어야 하는 것은 아니다. 현대사회에서 우리는 그 어느 때보다 긴밀하게 연결되어 있다. 당신은 거실 소파에 앉아 수천 킬로미터 떨어진 곳에서 벌어지는 사건에 대한 현장 정보를 실시간으로 얻는다. 이성에 의해 지배되는 사고 뇌thinking brain는 차이를 인식하고 거리를 알아차린다. 하지만 감정 뇌emotional brain인 편도체는 자기 보호 모드에 의해 지배되기 때문에 잘 이해하지 못한다. 그래서 사건을 즉각적인 위협으로 처리해 스트레스 메커니즘을 활성화한다. 트라우마를 겪은 생존자의 경우, 이전의 경험 때문에 스트레스가 급격히 악화된다. 급기야 그때의 정신적 충격을 다시 겪게 된다.

나는 환자들을 진료하면서 이러한 현상을 수시로 목격했다. 그래서 미디어가 대다수 사람의 뇌에 미치는 영향을 연구하는 한 연구자를 만나 이야기를 나누었다. 캘리포니아대학교 어바인캠퍼스의 연구 심리학자 록산 코헨 실버Roxane Cohen Silver 박사는 우리에게 벌어지는 일을 집단 트라우마의 연속이라고 묘사한다. 실버 박사의 이야기를 들어보자.

"정보에 밝은 [미디어] 소비자는 나쁜 뉴스를 소비하면 항상 심리적 결과가 생길 수 있다는 사실을 인식하는 것이 매우 중요합니다. [미디어] 노출이 증가하면서 고통, 불안, 과잉 각성, 그 밖에 급성 스트레스 반응도 증가하는 것을 볼 수 있습니다. … 사람들은 [불쾌한] 콘텐츠를 많이 볼수록 더 큰 고통을 겪게 됩니다. 고통이 크면 클수록 그 콘텐츠에 더 끌리게 됩니다. … 그것이 바로 돌고 도는 사이클이죠."

실버 박사가 말을 이었다. "제가 절대로 옹호하지 않는 한 가지는 바로 검열입니다. … 뉴스는 매우 중요합니다. … [하지만] 사람들은 계속해 몰입하지 않고도 자신이 미디어에 소비하는 시간을 의식적으로 조절할 수 있습니다."

우리 자신을 훈육하기

나쁜 뉴스는 사라지지 않을 것이다. 우리는 정신 건강과 행복을 지키면서 동시에 정보에 밝고 사려 깊은 시민이 되기 위해 끊임없이 쏟아지는 정보를 관리할 더 나은 방법이 필요하다. 균형을 맞추기가 쉽지 않지만 어쨌든 불가능하지는 않다. 그 과정이 꼭 복잡하거나 불안으로 가득 찰 필요도 없다. 우리가 아이들에게 스크린 제한을 얼마나 손쉽게 설정하는지 보면 알 수 있다.

요즘 세대의 10대와 어린아이들은 디지털 원주민이다. 그들은 비디오게임을 하면서 자라고 학교에서 태블릿과 컴퓨터를 사용한다. 상당수는 바쁜 부모에게 언제든 연락할 수 있도록 스마트폰을 가지고 다닌다.

1년 전 나를 찾아왔던 니콜은 어느 날 저녁 가족과 함께 피자를 먹으러 갔을 때 자신이 미디어를 얼마나 과소비하는지 깨달았다. 주문한 피자가 나오기를 기다리면서 휴대폰을 들여다보다가 잠시 고개를 들었더니, 남편과 12살 난 딸은 휴대폰을 스크롤하고 4살 난 아들은 아이패드 화면을 톡톡 두드리며 게임을 하고 있는 게 아닌가. 일주일 뒤 내 진료실에 방문했을 때 그녀는 이렇게 말했다.

"남편과 제가 무심코 아이들에게 전자 기기를 계속 들여다봐도 괜찮다는 식으로 행동했다는 사실을 깨달았습니다. 제 아이들도 저처럼 팝콘 브레인이 생길까 봐 걱정이에요."

그 뒤로, 니콜은 자신의 삶에 미디어 다이어트를 원활하게 도입했다. 그 과정에서 과도한 온라인 사용과 미디어 소비가 딸과 아들의 발달 중인 뇌에 미치는 위험을 이해하게 되었다.

성인의 뇌는 아동의 뇌와 똑같은 방식으로 발달하지 않을 수 있지만, 외부 자극에 의한 신경가소성 과정을 통해 계속 변화하고 발전한다(2장을 참고하라). 스크린이 성인과 아동에게 미치는 영향에 관한 연구들은 비슷한 결과를 보여준다. 즉, 어른과 아이 모두 기분이 나빠지고 짜증을 더 많이 내며 수면 장애를 겪는다. 아울러 스트레스를 더 많이 받고 화도 더 빨리 낸다. 지금이야말로 우리 자신을 훈육하고, 연령에 상관없이 스크린 타임이 뇌에 미치는 영향을 다시 생각해 볼 때다.

치료적 개입이 필요한 수면

사람들이 정말로 가입하고 싶지 않은 클럽이 있는데, 회원 수는 해마다 늘고 있다. 바로 수면 부족에 시달리는 사람들의 클럽이다. 현재 미국인 세 명 중 한 명이 이 클럽에 속해 있다. 사람들이 잠을 못 자는 이유는 만성질환, 간병, 시차, 야간 근무, 응급 상황 등 다양하다. 하지만 미국인 가운데 거의 절반은 스트레스가 수면 부족의 원인이라고 말한다.[11] 혹시 해로운 스트레스로 수면에 부정적 영향을 받고 있다면, 혼자 고민하지 않아도 된다.

스트레스가 수면에 미치는 영향을 더 깊이 이해하면 온갖 수면 문제를 극복하는 데 도움이 될 수 있다. 그러니 당신도 시끄러운 세상에서 평정을 찾을 수 있다.

줄리언과 셀마의 사례에서 보았듯이, 스크린 타임은 수면 장애와 밀접한 관련이 있다. 과학적으로 반비례 관계가 명확히 나타난다. 즉, 미디어를 더 많이 소비할수록 수면에 부정적 영향을 받을 가능성이 더 커진다. 유아에서 노인에 이르기까지 연령대에 상관없이 스크린과 수면 사이의 부정적 연관성이 여러 연구에서 확인되었다.[12]

수면은 우리가 일어나서 잠들 때까지 스크린과 치열한 경쟁을 벌인다. 당신이 일어났을 때 가장 먼저 하는 일은 무엇인가? 다른 87퍼센트의 사람들과 같다면, 당신은 깨어난 지 5분 안에 실눈을 뜨고서 휴대폰을 스크롤할 가능성이 크다.[13]

출근 준비를 하면서 잠시 숨을 돌릴 수는 있겠지만, 일하는 동안 또 다른 스크린 앞에서 하루를 보낼 가능성이 크다. 그러다 마침내 업무를 끝내고 로그 아웃 할 준비가 되면, 스크린을 더 많이 보면서 긴장을 풀 것이다. 하지만 줄리언과 셀마가 스스로 깨달았듯이, 스크롤링은 무해한 행동이 아니다. 오히려 뇌의 스트레스 메커니즘을 활성화할 수 있다. 어떤 크기의 스크린이든 일단 의존하게 되면, 숙면을 취하는 데 상당한 영향을 받게 된다.

대학원생인 타냐의 경우도 그랬다. 타냐는 시간제로 일까지 하면서 수면 문제가 악화되자 나를 찾아왔다. 졸업을 겨우 6개월 앞둔 시점이라 스트레스 수준이 높았고 잠도 푹 자지 못했다. 그러자 학업에도 부정적 영향이 나타났다.

그녀는 몹시 지쳐 있었다. "정말 미칠 것 같아요. 대학원을 그만둘까 진지하게 생각 중이에요. 이대로 얼마나 더 버틸 수 있을지 모르겠어요."

타냐는 이렇게 호소하면서 자신의 평범한 일과를 내게 들려주었다. 일단 알람을 몇 번이나 끄고 나서 아침 7시에 일어났다. 휴대폰으로 자신의 소셜 미디어 피드를 30분 동안 스크롤한 후 서둘러 수업에 들어갔다. 이른 오후까지 학교에서 수업을 들은 후, 지역 과학 박물관에서 저녁 7시까지 일했다. 일이 끝나면 파김치가 되어 집에 도착했다.

"아무래도 제 하루는 저 말고 다른 사람이 차지한 것 같아요." 타냐가 단언하듯 말했다.

타냐는 밤 10시까지 공부했다. 그런 다음 스마트폰이나 텔레비전 앞에서 새벽 한두 시까지 길고도 스트레스에 찌든 하루의 긴장을 풀었다. 다음 날에도 이 사이클이 반복되었다.

"항상 이런 식은 아니었어요." 타냐가 설명했다. "예전에는 잠을 잘 잤어요. 생리학 박사 과정을 밟고 있어서, 저는 수면의 이점에 대해 누구보다 잘 알거든요. 하지만 아무리 피곤해도 이제는 새벽 1시 전에는 잠들 수 없어요. 잠이 든 뒤에도 밤새 뒤척이고요. 제 뇌는 쉬고 싶어 하지 않는 것 같아요."

"사람은 낮 시간을 기분 좋게 보내야 밤에도 푹 잘 수 있답니다." 내가 설명했다.

타냐는 스트레스를 점진적으로 해소할 시간을 전혀 배정하지 않았다. 그러니 스트레스가 잠자리까지 따라와서 그 존재를 드러냈던 것이다.

나는 그녀에게 벌어지는 일을 설명하기 위해 1장의 찻주전자 비유를 활용했다.

"대학원 졸업을 몇 달 앞둔 시기처럼 스트레스가 극심한 시기에 반응할 때는 당신의 뇌는 찻주전자와 같아요. 순간의 열기를 낮출 수 없죠, 그렇지 않나요?"

"요즘에는 그래요." 타냐가 동의했다. "논문을 끝내야 하고, 치러야 할 시험도 많아요. 각종 비용을 감당하려면 일을 그만둘 수도 없고요."

"자, 그런 것들은 당신이 통제할 수 없는 외부 요인으로 칩시다. 변경할 수 없는 일정에 두는 거죠."

"제 삶에서 열기가 고조되고 있어요. 금방이라도 폭발할 것 같아요." 타냐가 울먹이며 말했다.

내가 다시 입을 열었다. "찻주전자가 폭발하지 않는 이유는 증기 방출 밸브가 있기 때문이에요. 우리가 함께할 일은 억눌린 스트레스가 수면 외에 다른 곳으로 가게 하는 거예요. 레버를 열고 치유 증기를 배출할 방법을 제가 알려줄게요."

타냐는 안도감과 피로감을 동시에 느끼며 눈물을 닦았다. 내 계획에 전적으로 동의하고 전념할 준비가 되어 있었다. 우리의 공동 목표는 그녀가 좋은 성적으로 제때 졸업할 수 있도록 수면을 개선하는 것이었다.

타냐는 수면 장애의 가장 흔한 세 가지 징후를 한꺼번에 겪고 있었다. 처음부터 잠들기 어려워했고, 잠든 상태를 유지하지 못했으며, 자꾸 뒤척이면서 깨는 수면 분절이 점점 심해졌다. 타냐에게는 수면 문제가 카나리아의 경고였다.

많은 사람에게 수면 방해는 적응하기 어려운 스트레스의 가장 흔한 초기 징후 중 하나다. 스트레스에 시달리는 수많은 사람과 수년 동안 대화해본 결과, 수면은 스트레스로 힘든 시기를 보내는 사람들에게 단연코 가장 흔한 우려 사항이다.

당신은 타냐처럼 잠드는 데 어려움을 겪지 않을 수도 있고, 나처럼 잠자리에 들 때 가슴이 뛰지 않을 수도 있다. 하지만 적응하기 어렵고 건강에 해로운 스트레스의 영향을 받고 있다면 예전만큼 잘 자지 못할 가능성이 크다.

수면-스트레스 사이클

수면과 스트레스는 코르티솔이라는 공통 원인을 공유하기 때문에 매우 밀접하게 연결되어 있다. 스트레스 호르몬으로 알려진 코르티솔은 당신이 처한 온갖 상황에 반응하도록 돕고자 온종일 오르락내리락한다. 스트레스가 그 양과 빈도에 따라 건강하거나 건강하지 않을 수 있는 것처럼 코르티솔도 마찬가지다. 코르티솔은 본래 나쁜 것이 아니다. 일상의 여러 기능에 중요한 필수 호르몬이다. 우리 몸에서 얼마나 자주, 얼마나 많이 생성되느냐가 중요하다.

당신이 스트레스를 받으면 (신장 바로 위에 있는) 부신은 뇌하수체에서 신호를 받아 코르티솔을 생성한다. 코르티솔은 혈류로 분비되어 서둘러 뇌의 투쟁-도피 반응을 활성화한다. 그러면서 인류 역사 전반에 걸쳐 활발히 작용해왔다. 초기 인류는 달려드는 호랑이 같은 다양한 위험에 직면했을 때 코르티솔 덕분에 달아날 수 있었다. 코르티솔은 심장에 신호를 보내 혈액을 (다리 근육처럼) 몸의 큰 근육으로 더 빨리 보내고, 저장된 포도당을 동원해 큰 근육이 활성화하도록 돕는다. 당신이 잽싸게 달아나도록 돕거나 당면한 위험과 맞서 싸우도록 돕는 생존 호르몬이다. 초기 조상들은 일단 위험이 사라지면 극심한 스트레스가 가라앉고 코르티솔 수치가 정상 수준으로 돌아왔다.

현대사회의 독특한 문제는, 스트레스의 상당수가 급성이 아니라 만성이라는 점이다. 그래서 사라지지 않고 계속 쌓인다. 코르티솔은 편도체와 마찬가지로 시대에 맞춰 진화하지 않았다. 당신이 재정 문제로 스트레스를 받는지 호랑이에게 쫓기는지 구분하지 못한다. 만성 스트레스는 끊임없이 윙윙 소리를 내면서 코르티솔을 계속 분비시킨다.

코르티솔은 또 수면 주기를 조절하는 중요한 역할도 하므로, 만성 스트레스의 지속적 위협이 어떻게 수면 주기에 부정적 영향을 미치는지 어렵지 않게 알 수 있다. 시간이 지나면서 평소보다 높은 코르티솔 수치가 수면에 영향을 미치기 시작하면, 처음에 잠들기도 어렵고 잠든 상태를 유지하기도 어렵다. 잠을 설치고 일어나면 개운하지도 않다. 이러한 수면-스트레스 사이클은 밤마다 계속된다.[14]

스트레스로 고생하고 있다면 내 말이 무슨 뜻인지 정확히 알 것이다. 너무나 익숙한 불면의 악순환 말이다. 낮에 스트레스를 받으면 몸에서 코르티솔 분비가 늘어난다. 그러면 수면이 영향을 받게 되고, 이게 다시 스트레스를 가중시켜 코르티솔이 더 많이 분비된다.

좋은 소식은 이 악순환을 끝낼 수 있다고 검증된 차단 장치가 있다는 것이다. '회복탄력성의 2가지 원칙'을 따르면, 스트레스를 관리해 수면을 리셋할 수 있다. 물론 하루아침에 그렇게 되지는 않는다. 하지만 시간과 노력을 기울이고 인내하고 기다리면 확실히 그렇게 할 수 있다. '회복탄력성의 2가지 원칙'으로, 당신은 해로운 스트레스가 마구 날뛰기 전의 상태로 수면을 되돌릴 수 있다.

스트레스를 받는 뇌에 수면이 그토록 중요한 이유는, 수면이 뇌 신경을 보호하기 때문이다. 다시 말해, 수면은 뇌가 건강하게 유지되도록 돕는다. 두 연구자는 논문에서 이렇게 적고 있다.

"수면의 기본 목적은 뇌의 쓰레기를 처리하는 일이다. 본질적으로, 수면은 밤에 찾아와 뇌가 남긴 노폐물[잔여 단백질과 대사 부산물]을 제거하는 쓰레기 수거기와 같다. 수거하고 나면 다음 날 뇌가 정상적으로 작동할 수 있다."[15]

수면은 당신이 어려운 감정을 처리하고 삶의 요구에 대처하도록 돕는다. 역설적이게도, 스트레스를 받아서 쓰레기 수거 전문가의 도움이 가장 필요할 때 그들은 파업을 벌인다. 그들이 밤에 제 할 일을 안 하면, 당신의 정신적 쓰레기가 쌓이기 시작한다.

우리는 잠을 충분히 못 잤을 때 뇌에 어떤 일이 일어나는지 연구함으로써 수면이 뇌에 미치는 영향을 더 많이 알게 되었다. 수면 부족은 인지, 집중, 기억, 주의를 담당하는 뇌의 역량을 느리게 할 수 있다.[16] 또 전전두엽 피질을 약화시키고 편도체를 더 예민하게 반응하게 한다.[17] 수면이 부족한 사람들의 뇌 스캔 결과, 감정적으로 부정적 이미지를 보여주었을 때 푹 쉰 사람들의 뇌와 비교해 편도체의 반응성이 60퍼센트 더 높게 나타났다.[18]

이러한 연구 결과는 당신이 수면 부족을 겪을 때 경험하는 짜증, 기분 저하, 감정 조절 장애와 일치할 것이다. 다음에 누군가에게 "잠을 설쳐서 기분이 안 좋아"라고 말할 때, 그것이 모두 과잉 반응하는 당신의 편도체 때문이라는 점을 알아두라.

수면 부족은 뇌에만 부정적인 영향을 미치지 않는다. 나이와 상관없이 몸 전체에 부정적인 결과를 초래할 수도 있다. 10대를 대상으로 한 여러 연구에서, 수면 부족과 고혈압, 비정상적인 콜레스테롤 수치, 당뇨병의 전조인 인슐린 저항성 간에 연관성이 드러났다.[19] 잠이 부족한 성인은 만성질환에 걸릴 위험이 30퍼센트 더 높다.[20]

당신이 얼마나 잘 자는지, 또는 얼마나 못 자는지는 미래의 정신 건강을 예측하는 지표로도 활용된다. 잠이 부족한 10대와 성인은 현

회복탄력성의 뇌과학

재 불안감과 우울증에 시달릴 가능성이 더 크지만, 앞으로 우울증을 겪을 위험도 더 높다.[21] 17만 명 넘는 성인을 대상으로 실시한 분석 결과, 수면 장애는 노년기에 우울증 위험을 두 배로 높였다.[22]

당신의 뇌는 최적으로 작동하기 위해 회복성 수면이 필요하다. 수면 과학은 이처럼 명확하고 정확하지만 삶은 혼란스럽고 복잡할 수 있다. 아무리 노력하더라도 매일 밤 숙면을 취할 수 있다고 기대한다면 현실적이지 않다. 필요한 만큼 자지 못하는 밤이 필연적으로 찾아올 것이다. 늦게까지 행사에 참여하거나 시차가 큰 지역으로 출장을 가거나 마감에 쫓기는 등 온갖 그럴 만한 걱정으로 밤새워 뒤척일 수 있다. 때로는 일찍 잠자리에 들고서도 잠을 설칠 수 있다. 그럴 때는 어떻게 해야 할까? 과학은 중요한 지침을 제공하지만, 우리는 결국 프로그래밍된 로봇이 아닌 평범한 인간일 뿐이다. 다들 최선을 다하고 있다. 며칠 잠을 설쳤다고 스트레스를 받아서 심신을 더 지치게 하지는 마라. 며칠, 몇 주, 아니 솔직히 몇 달 동안 잠을 설치더라도 당신의 뇌와 몸에 지속적으로 부정적인 영향이 미치지는 않을 것이다. 이러한 과학적 경고는 여러 달 이상, 어쩌면 몇 년간 지속되는 만성 수면 부족에나 해당하는 것이다.

스트레스에서 살펴보았듯이, 뇌와 몸은 단기적인 급성 스트레스를 잘 견디도록 설계되어 있다. 수면 장애는 흔히 수면-스트레스 사이클과 코르티솔 때문에 단기적 스트레스를 동반한다. 스트레스가 수면에 영향을 미칠 때는 누구나 겪는 일이니 자신을 다정하게 대하라. 푹 자지 못하는 자신을 질책하지 말고 그냥 내버려두라. 잠을 설치면 자기 연민을 실천할 기회로 삼으면 된다.

잠이 부족한 날에는 회복에 집중하라. 정신적 여유가 더 많은 오전 시간에 가장 중요한 일을 처리하도록 하라. 뇌가 잠시라도 숨을 돌릴 수 있도록 미디어 소비에 경계를 설정하라. 무리한 운동을 피하고 수분을 충분히 섭취하고 좋은 영양 상태를 유지하라. 굳이 낮잠을 자야 한다면, 짧게 자고 오후 늦게까지 자지 않도록 하라.[23] 계속 버티기 위해 카페인이 필요하더라도 오후 3시 이후에는 섭취하지 마라. 낮잠을 오래 자고 오후 늦게 카페인 음료를 마시면 밤에 푹 잠들기 어렵다.

기운이 없고 잠도 부족한 날에는 자신에게 여유를 좀 더 허락하고, 다음 날 다시 최선을 다하라. 이 장에서 소개하는 기법을 통해 더 나은 수면으로 돌아가는 길을 찾을 수 있다고 믿어라. 시간을 들이고 꾸준히 연습하면, 당신도 시끄러운 세상에서 평정을 찾기 위한 뇌의 회복성 수면 능력을 되찾을 것이다.

"타냐," 내가 마침내 입을 열었다. "수면 부족이 당신에게 지속적으로 영향을 미치기 전에 극복할 수 있도록 수면 과학을 알려줄게요."

"좋아요! 현재의 수면 사이클이 내 미래를 망칠까 봐 걱정했거든요. 저는 졸업 후에 하고 싶은 일이 많아서 에너지가 많이 필요해요."

타냐는 대화를 막 시작할 때만 해도 주저하던 기색이 있었지만, 수면에 집중하는 것이 현재와 미래의 스트레스를 회복하는 데 중요하다고 여러 이유를 들어 설명하자 바로 호응했다.

타냐의 목표는 매일 밤 7~9시간씩 충분히 자도록 더 빨리 잠들고 밤새 잠든 상태를 유지하는 것이었다. 어려운 목표였지만, 스트레스를 낮추는 데 집중하면 수면이 확실히 개선될 터였다.

취침 시간 미루기

첫 단계는 타냐의 취침 시간을 새벽 1시보다 더 이른 시간으로 당기는 것이었다. 가급적 자정 전에, 밤 10시에 가까운 시간일수록 좋았다. 타냐는 잠을 설칠 거라고 지레 걱정해 밤늦게까지 취침 시간을 자꾸 미뤘다.

"수면이 중요하다는 사실을 알면서도 적당한 시간에 잠자리에 들 수가 없어요." 타냐가 절박한 목소리로 말했다.

타냐는 취침 시간 미루기라는 점점 확산하는 문화 현상에 가담하고 있었다. 대부분 여성으로 구성된 308명의 환자를 대상으로 진행한 연구에서, 취침 시간 미루기는 가장 불안한 환자들과 밀접한 상관관계를 보였다.[24] 그들은 덜 불안한 환자들에 비해 밤잠을 적게 자고 수면 문제를 더 많이 겪었다. 놀랍게도, 취침 시간을 미루는 환자들은 수면의 중요성을 인정하면서도 여전히 더 일찍 잠자리에 들지 못했다.

연구자들도 그 점에 깜짝 놀랐다. "대다수 참가자는 수면이 중요하다는 데 동의하더군요. 수면이 지극히 중요한 이유를 납득시킬 필요가 없다는 뜻이라 한편으로는 다행이었죠. 하지만 다른 한편으로는,

수면 부족이 동기의 문제보다 더 복잡하다는 뜻을 시사했죠."[25] (이는 앞서 웨스의 사례에서 살펴봤듯이, 아는 것과 실천하는 것 사이에 간극이 존재한다는 사실을 보여주는 또 다른 사례다.)

이러한 연구 결과는 내 임상 경험과 일치한다. 내가 치료했던 거의 모든 수면 부족 환자는 더 일찍 잠자리에 들고 싶어 하지만, 수많은 이유로 잠을 잘 수 없거나 자지 않으려 한다.

"더 자고 싶은 거야 당연하죠." 나는 타냐를 안심시켰다. "일단 현재 갇혀 있는 사이클을 끊어야 합니다. 나와 함께 그 사이클을 끊어낼 차단 장치를 찾아봅시다. 당신은 숙면을 취할 자격이 있으니까."

타냐가 구부정한 어깨를 풀고 눈물을 글썽이며 말했다. "당신은 제가 얼마나 휴식을 취하고 싶은지 모를 거예요."

수면 문제가 있는 내 환자들은 대부분 스트레스를 리셋해야 한다고 경고하는 카나리아를 더 이상 무시하지 못한다. '회복탄력성의 2가지 원칙'에서 가장 먼저 주목해야 할 영역이 바로 수면이다. 그들은 왜 잠을 자지 않는지에 대한 복잡하고 그럴듯한 이론을 찾지 않는다. 그저 그들에게 절실히 필요한 숙면을 확보해줄 명확하고 실행 가능한 계획을 원한다.

"제발, 어떻게 해야 할지 말해주세요. 뭐든 다 할게요. 저는 피로에 너무 지쳤어요. 이제는 정말로 푹 쉬고 싶어요."

타냐가 한숨을 크게 내쉬며 말했다. 타냐와 나는 수면 부족의 주요 원인이었던 취침 시간 미루기의 사이클을 끊어내는 것으로 시작했다. 그녀의 취침 시간을 더 이른 밤으로 바꾸는 데 집중했다. 사람에게는 몸이 따르는 24시간 주기의 체내 시계가 있는데, 이를 생체 리듬^{circadian rhythm}이라고 부른다. 생체 리듬은 코르티솔에 의해 조절된다. 코르티솔 수치는 온종일 오르락내리락하지만, 보통 자정 무렵에 가장 낮고 아침 6~8시에 가장 높다.

첫 번째 목표는 이 체내 시계와 호흡을 맞추는 것이라, 바로 이 지점부터 시작했다. 타냐는 이미 아침 7시에 일어나고 있었지만, 너무 늦게 잠자리에 들면서 체내 시계에 제대로 맞추지 못하고 있었다. 자정보다 일찍 잠자리에 드는 것을 목표로 삼으면, 타냐는 자신의 몸이 따르는 생체 리듬과 일치하는 수면-각성 주기의 혜택을 볼 것이다. "자정 전 한 시간의 수면이 자정 후 두 시간의 수면보다 낫다"라는 표현을 생각해낸 우리의 현명한 조상들은 아마 체내 생체 시계와 생체 리듬을 직감적으로 알고 있었을 것이다.

당신의 수면-각성 주기가 타냐처럼 원하는 취침 시간보다 늦다면, 같은 문제로 고민하는 사람이 많다. 수면 의학 분야에 종사하는 내 동료에 따르면, 이 문제는 수면 부족 환자들에게 가장 흔히 듣는 불평 중 하나다. 실제로, 그와 대화를 나눈 뒤 환자의 수면 문제에 대한 내 접근 방식을 다시 생각하게 되었다.

그의 이야기를 들어보자. "저는 수백 명의 환자에게 2가지 질문을 하는데, 매번 같은 답변을 듣습니다. 당신도 환자들에게 이 2가지 질문을 던져보세요. '요즘 몇 시에 잠자리에 드시나요?' '몇 시에 잠드는 게 이상적이라고 생각하시나요?' 보나 마나 두 시간 간격이 있을 겁니다. 환자들은 밤 10시에 자고 싶어 하지만, 결국 자정이 되어서야 잠자리에 듭니다. 왜 그런지 더 캐물으면, 거의 모든 사람이 핸드폰이나 TV나 노트북을 사용한다고 대답하더군요! 결국 스크린이 취침 시간 미루기의 주된 원인입니다."

당신도 그렇지 않은가? 현재 취침 시간과 이상적인 취침 시간 사이에 두 시간 간격이 있는가?

그렇다면 충분히 이해된다. 아침에 막 깼을 때는 아마도 출근 준비나 집안일이나 다른 약속 때문에 별로 여유가 없을 것이다. 하지만 취침 시간에는 여유를 둘 만한 선택권이 있다. 스트레스를 받고 번아웃 상태일 때는 낮에 기운이 별로 없다. 잠시도 쉴 틈이 없고, 걸핏하면 다른 사람의 일정에 맞춰 움직여야 한다. 하지만 눈부시게 빛나는 저녁 시간은 오로지 당신의 시간이며, 당신 뜻대로 뭐든 할 수 있는 시간이다! 이는 엄청난 힘이다. 그래서 우리는 힘든 하루에 대한 '보상 차원'에서 늦게까지 깨어 있는다.

인지신경과학자 로런 화이트허스트Lauren Whitehurst에 따르면, 이것은 개인의 삶보다 일을 중시하는 허슬 문화hustle culture에 대한 반응이며, 해로운 회복탄력성과 밀접하게 관련되어 있다. 그녀는 이렇게 말한다. "우리는 생산성을 매우 중요하게 여겨서 하루를 꽉꽉 채웁니다. 그러니 여가 시간이 부족할 수밖에 없는 거죠."[26]

타냐는 이 말에 크게 공감했다. 진료실에 막 들어왔을 때도 학업과 업무 때문에 자신을 위해 쓸 시간이 없다는 이야기부터 꺼냈었다.

"저를 위해 쓸 수 있는 유일한 시간이 밤 9시부터 자정까지예요. 잠을 자야 하지만, 하루를 마감하기 전에 긴장을 풀어야 하잖아요. 무슨 뜻인지 알죠?"

물론 알고 있었다. 나 역시 스트레스와 번아웃을 겪을 때 TV를 밤늦게까지 몰아보곤 한다. 우리도 똑같은 사람이다. 사실, 나는 소꿉친구들과 왓츠앱WhatsApp 그룹을 통해 각자 즐겨 보는 프로그램을 꾸준히 추천하고 있다. 그런데 다들 이런 불만을 쏟아낸다.

"잠을 자야 해. 새로운 프로그램을 볼 여유가 없어!"

하지만 솔직하게 말해보자. 몸에 좋지 않다는 점을 알면서도 때로는 밤늦게까지 깨어 있으면, 마치 반항적인 청소년기로 돌아간 것처럼 기분이 좋다. 그래서 새로운 프로그램에 꽂혀 밤늦게까지 몰아볼 때는 나 자신에게 약간의 여유를 준다. 당신도 그 정도 여유는 찾을 수 있기를 바란다. 나는 거의 매일 밤 10시~10시 30분에 잠자리에 든다. 어쩌다 며칠 11시 45분에 자러 들어가는 것은 큰 문제가 되지 않는다. 수면 변동은 자연스러운 삶이다. 겨우 며칠 늦게 잔다고 수면 주기가 무너지진 않을 것이다. 어쨌든 우리의 생물학적 특성은 회복력이 강하다. 요는 이상적인 수면 루틴으로 가능한 한 빨리 돌아가는 것이다. 새로운 시리즈 몰아 보기를 끝낸 직후라면 더욱 좋다!

그런데 타냐는 내가 밤 10시 취침 시간을 제안했을 때 처음에는 낙담했다. 현재의 새벽 1시 취침 시간에서 크게 벗어난 것 같았기 때문이다. 그녀는 시끄러운 세상에서 평정을 찾고 싶은 마음이 간절했지만, 밤 10시 취침을 제대로 유지할 수 있을지 확신하지 못했다. 밤늦게까지 깨어 있는 것이 스트레스를 유발한다는 사실을 알고 나서도 마찬가지였다.

나는 다음과 같은 말로 그녀를 안심시켰다. "아주 천천히 진행할 거니까 크게 거슬리지 않을 거예요. 몇 달 지나면 자연스레 일찍 자는 습관이 붙었다고 느낄 겁니다. 하룻밤 사이에 벌어진 일 같겠지만, 사실 순식간에 벌어지는 일은 없어요. 단지 일관성과 인내심이 결실을 보는 거죠."

우리는 타냐의 수면 패턴을 현재의 다섯 시간이 아니라 뇌 기능에 최적화된 일곱 시간 내지 아홉 시간으로 리셋해야 했다. 취침 시간을 앞당기기 위해, 일단 타냐가 취침 시간까지 몇 시간 동안 무엇을 하는지 살펴보았다. 그녀의 '회복탄력성의 2가지 원칙'을 위해, 우리는 저녁 스크린 타임을 최소화하고 취침 시간을 앞당기는 2가지 조치를 단행하기로 했다.

타냐는 편안한 취침 루틴을 만들어 저녁 스크린 타임을 최소화하는 데 동의했다. 내 제안에 따라 TV를 침실에서 없앴다. 다음으로, 그녀는 취침 전 스크린 타임을 한 시간으로 설정했다. 최종 목표는 취침 두 시간 전에 모든 스크린 타임을 최소화하는 것이었다. 잠자리에 들기 전 두 시간 동안 스크린 타임을 두지 않는 것이 회복성 수면에 가장 좋지만, 타냐에게는 한 시간의 스크린 타임도 숙면으로 가는 좋은 단계였다.

우리는 이러한 변화가 타냐에게 어떤 느낌을 줄지 고려해야 했다. 기존 패턴이나 루틴에 작은 변화를 주더라도, 뇌는 여전히 이미 형성된 신경 경로를 따르길 원하기 때문에 그 변화에 저항하게 된다. 타냐가 일 년 가까이 새벽 1시까지 깨어 있었기 때문에, 그녀의 신경 경로는 반복된 패턴과 함께 강해졌다. 우리는 그녀가 어떤 식으로 저항감을 예상해야 하는지 논의했다. 아울러 자연은 진공 상태를 좋아하지 않으므로, 그녀가 소셜 미디어와 TV에 소비하던 시간을 다른 편안한 활동 시간으로 대체해야 한다는 점도 논의했다.

타냐는 스트레칭과 가벼운 요가를 좋아했지만, 그것을 자신의 꽉 찬 일정에 어떻게 편입해야 할지 모르겠다고 호소했다. 그나마 예전에 회복 요가 수업을 들으며 집에서 할 수 있는 간단한 스트레칭을 배워두었다. 컴퓨터 앞에 구부정하게 앉아서 공부하면 어깨와 목이 뻐근하다고 친구들에게 자주 불평했기 때문에, 잠자리에 들기 전 가벼운 스트레칭 루틴은 긴장을 풀고 몸을 유연하게 하는 데 좋을 것 같았다.

타냐는 스크린 타임의 대체물로 사용할 롤업 요가 매트를 침실에 두기로 선뜻 결정했다. 잠들기 전 가벼운 스트레칭 루틴은 스트레스뿐만 아니라 몸도 유연하게 만들 완벽한 기회 같았다. 스트레칭과 함께 천천히 심호흡을 하다 보면 심신 연결도 강화될 것이다. (심신 연결은 다음 장에서 살펴볼 세 번째 회복탄력성 리셋 버튼의 기본 내용이다).

경직된 몸과 과민한 마음으로 잠자리에 드는 대신, 타냐는 먼저 스트레칭을 하면서 근육을 이완하고 마음을 차분히 다스릴 것이다. 그러면 파급 효과가 생겨 더 빨리 잠들고 밤새 잠든 상태를 유지하게 될 것이다.

타냐는 심신이 완전히 이완될 것이라는 전망에 무척 들떴다. 시끄러운 세상에서 평정을 찾도록 구체적인 계획을 세운 후, 바로 그날 밤부터 계획을 실행하기로 다짐하면서 내 진료실을 나섰다. 심지어 새로운 루틴을 시작하기 위해 스트레칭 순서까지 정해두었다.

스크린이 수면에 문제가 될 수 있는 이유는, 깊은 회복성 수면을 방해하는 2가지 주요 메커니즘 때문이다. 첫 번째는 순전히 기계적 측면과 관련 있고, 두 번째는 심리적 측면과 관련 있다. 첫째, 모든 종류의 스크린은 블루라이트라는 빛을 방출한다. 블루라이트는 당신이 졸린 상태에서도 뇌의 각성 메커니즘을 활성화시킨다. 깊이 잠들어 있다가 새벽 3시에 휴대전화를 확인하면 몸은 여전히 피곤한데 정신은 기민해질 것이다. 이게 바로 블루라이트가 뇌의 각성 중추에 미치는 실제 효과다. 스크린에서 나오는 블루라이트가 당신의 뇌에 이제 일어날 시간이라고 신호를 보내는 것이다.

블루라이트는 잠자는 능력에만 영향을 미치는 게 아니라 잠드는 능력에도 영향을 줄 수 있다. 타냐는 둘 다 힘들어했다. 소셜 미디어를 잠깐만 확인하고 잠자리에 들겠다고 다짐하기는 쉽지만, 결국 한두 시간 후에야 정신을 차리고 휴대폰을 내려놓게 된다. 밤 10시였던 취침 시간이 갑자기 자정이나 그 이후로 변하면 당신의 뇌는 잠들 시간인지 깨어 있을 시간인지 알아내려 애쓴다. 이는 뇌의 결함 탓이 아니다. 사실 당신의 뇌는 블루라이트에 노출되었을 때와 정확히 같은 방식으로 작동하고 있다. 온갖 미디어의 주된 목표는 당신을 시청자로 계속 붙잡아두는 것인데, 전자기기에서 나오는 블루라이트가 정확히 그 일을 한다. 잠들어야 하는 내적 욕구보다 눈앞에 있는 외부 콘텐츠에 당신의 뇌를 집중하게 만드는 것이다.

간혹 밤에 휴대전화를 치워두기 어려울 수도 있다. 당신에게 언제 연락을 취할지 모르는 노부모, 10대 자녀, 또는 젊은 성인 자녀가 있을 수 있다. 나도 마찬가지다. 의사로서 때로는 늦은 시간에 메시지와 이메일을 확인해야 할 상황이 있다. 그런데 뇌를 각성시키지 않고도 기기를 사용할 방법이 있다. 대다수 휴대폰에는 취침 또는 야간 모드로 설정하거나 야간 조명 또는 블루라이트 필터로 설정하는 기능이 있다. 나는 저녁 8시부터 다음 날 아침 7시 사이에 이 옵션을 켜둔다. 그래서 내 휴대전화는 매일 저녁 8시에 블루라이트를 걸러내고 화면을 따뜻한 주황색 톤으로 바꾼다. 그러다 아침이 되면 기본 디스플레이인 블루라이트로 돌아간다. 고려해볼 또 다른 방법은 블루라이트 차단 렌즈가 달린 안경을 쓰는 것이다. 어느 방법도 블루라이트를 100퍼센트 걸러내지는 못하지만, 밤새 휴대폰에서 벗어나기 어려운 상황에서는 실행 가능한 대안이다.

취침 전 스크린 타임이 수면을 방해하는 두 번째 이유는 생물학보다는 심리학과 관련이 있다.[27] 하루가 끝날 무렵, 타냐는 보통 진이 빠지고 스트레스를 잔뜩 받았다. 마침내 혼자 있게 되었을 때, 그날의 스트레스를 해소할 가장 쉬운 일은 무엇이었을까? 그야 당연히 스크린 앞에 멍하니 앉아 있는 것이었다! 이런 식으로 스트레스를 해소하게 되면, 안타깝게도 타냐가 극복하려 애쓰던 취침 시간 지연으로 이어질 수밖에 없다. 개인적 대처 기술, 업무 유연성, 하루 중 얼마나 많은 시간을 통제할 수 있다고 느끼는지 등 여러 요인이 '보복성 취침 시간 미루기revenge bedtime procrastination'에 영향을 미친다.[28] 어린 자녀가 있는 부모는 아이들을 재운 후에야 자유로운 시간을 즐기느라 취침 시간이 자정을 훌쩍 넘기게 된다. 하지만 이 모든 개별적 요소에도 불구하고, 보복성 취침 시간 미루기의 가장 큰 원동력은 피할 수 없는 번아웃과 스트레스다.[29] 수면은 뇌가 어려운 감정을 처리하는 데 도움을 주기 때문에, 뇌가 번아웃과 스트레스에 직면했을 때 필요한 게 바로 수면이다. 아울러 학습, 인지, 기억, 주의는 물론이요, 인체의 거의 모든 기능에도 중요하다. 수면은 뇌를 포함한 몸의 모든 세포, 근육, 장기 체계에 진정으로 영향을 미친다. 번아웃과 스트레스를 해소하는 회복성 수면의 이점은 아무리 강조해도 지나치지 않지만, 번아웃과 스트레스로 가장 먼저 피해를 보는 게 바로 수면이다.

타냐를 위한 '회복탄력성의 2가지 원칙'의 두 번째 조치는 수면 시간을 늘리기 위해 취침 시간을 앞당기는 것이었다. 앞서 언급했듯이, 뇌와 신체 기능을 최적화하기 위한 이상적인 하루 수면 시간은 7~8시간이다.

"지금 당신의 수면을 보호하면 미래의 당신이 고마워할 겁니다." 내가 타냐에게 말했다.

우리는 수면이 뇌에 미치는 이점 외에도, 충분한 수면이 어떻게 심장에 도움이 될 수 있는지도 논의했다. 젊은 데다 현재는 심장 건강이 좋긴 했지만, 타냐에게는 심장병 가족력이 있었다. 친가와 외가 할아버지 두 분, 삼촌 세 분, 이모까지 모두 심장 질환을 앓고 있었다. 나는 최근의 한 연구 결과를 알려주면서 취침 시간을 밤 10시 이전으로 바꾸라고 적극적으로 권했다. 마침내 타냐는 밤 10~11시에 잠자리에 들기로 합의했다. 몇 가지 흥미로운 연구 결과에 따르면, 이 시간이 수면을 위한 '황금 시간대'라고 한다.

약 9만 명을 대상으로 한 연구에서, 밤 10~11시에 취침하는 것은 심장 건강에 더 좋은 영향을 미치는 반면, 자정 이후 취침은 심장 질환 발생 가능성을 25퍼센트 더 높인다는 결과가 나타났다.[30] 수석 연구자인 데이비드 플랜스David Plans에 따르면, "연구 결과는 너무 이르거나 늦은 취침이 생체 시계를 교란해 심혈관 건강에 부정적 영향을 미칠 수 있음을 시사한다."[31]

타냐는 자신의 생체 시계를 리셋할 준비가 되어 있었다. 학교와 직장에서 좋은 컨디션으로 활동하려면 수면이 얼마나 중요한지 제대로 이해했기 때문이다. 그렇더라도 타냐에게 밤 10시 취침은 엄청난 변화였다. 그래서 나는 그녀가 단계적으로 그 목표에 도달하도록 돕겠다고 약속했다.

그리하여 2주마다 30분씩 취침 시간을 앞당기는 수면 스케줄에 따라 3개월 동안 새벽 1시에서 밤 10시로 취침 시간을 서서히 조절할 수 있었다. 첫째 주와 둘째 주에는 밤 12시 30분 취침을 목표로 했다. 셋째 주와 넷째 주에는 취침 시간을 자정으로 바꿨다. 2주마다 타냐는 취침 시간을 미루던 습관에서 30분씩 더 빼서 건강한 수면 시간에 추가했다. 11주차에 이르자, 밤 10시에 편안하게 잠자리에 들었다.

나는 위에서 언급한 조치 외에 대다수 의사가 환자들과 공유하는 '수면 위생'의 기본 사항도 재차 강조했다. 이 중에 상당 부분은 타냐가 이미 실천하고 있었다. 몇 가지만 예를 들어보자.

- 편안한 취침 루틴을 정한다.
- 침실을 어둡고 시원하게 유지한다.
- 침대는 오직 수면과 성생활을 위해 사용하고 식사나 일 등 다른 활동에는 사용하지 않는다.
- 가능하면 침실에서 TV를 없앤다.
- 오후 3시 이후에는 카페인을 피하고, 음주와 흡연을 최소화한다.
- 매일 운동하되, 저녁에는 격렬한 유산소 운동을 하지 않는다.
- 낮잠을 자야 한다면 시간을 줄이고 가급적 이른 시간에 자도록 한다. 그래야 낮잠이 밤잠을 방해하지 않는다.
- 수면 문제가 계속된다면 수면 전문가를 찾아가도록 한다.

후속 진료를 위해 나를 찾아왔을 때, 타냐는 개인별 스트레스 지수가 크게 떨어졌고 실제로 스트레스를 덜 느꼈다. 그것이 다 새로운 수면 스케줄 덕분이라고 생각했다.

"실제로 수면 습관을 개선해 얼마나 뿌듯한지 몰라요." 타냐가 웃으면서 한마디 덧붙였다. "덕분에 성적도 올랐고요."

그 말에 나는 이렇게 대답했다. "제 환자들 가운데 상당수는 '온갖 일을 하루에 다 하기에는 시간이 모자란다고요'라고 항변하죠. 하지만 사실은 뇌에 필요한 수면을 충분히 제공하면 집중력이 향상되어 더 짧은 시간에 더 많은 일을 할 수 있게 된답니다."

타냐는 시험 기간이나 사교 모임으로 어쩌다 늦게 자기도 했지만 대체로 일찍 잠자리에 들었다. 수면 습관이 개선된 후, 일시적으로 차질을 빚더라도 다시 정상적인 수면 패턴으로 금세 돌아갈 수 있었다.

타냐는 '회복탄력성의 2가지 원칙'에 따라 점진적으로 변화를 주면서 3개월 동안 수면에 엄청난 진전을 이루고 목표를 달성했다. 아울러 우수한 학업 성적으로 제때 졸업했다. 지금은 업무 강도가 세고 스트레스도 많은 직장에서 풀타임으로 일하지만, 여전히 스크린 타임을 최소화하고 수면을 소중한 자원처럼 지키고 있다.

기법 #5 | 필요한 만큼 푹 자라

1. 밤 10시 취침을 목표로 정한다. 현재 취침 시간이 자정 이후라면, 이상적인 취침 시간에 도달할 때까지 2주마다 30분씩 일찍 잠자리에 든다.

2. 수면 모드로 전환하기 위해 계획한 취침 시간보다 한 시간가량 일찍 취침 알람을 맞춘다.

3. 편안한 취침 루틴을 정한다. 잠자리에 들기 전에 책을 읽으면 호흡을 편안히 하고 스트레스를 줄이며 심리적 고통을 최소화할 수 있다. 긴장을 풀어주는 음악을 듣거나 가벼운 스트레칭을 하는 것도 좋다. 둘 다 뇌를 휴식 상태로 준비시켜, 수면 메커니즘이 작동하도

록 신호를 보낸다.

4. 저녁 스크린 타임을 최소화하는 것을 목표로 정한다. 특히 취침 두 시간 전에는 온갖 스크린이 내보내는 블루라이트 때문에 뇌의 각성 메커니즘이 인위적으로 활성화되지 않도록 한다.

5. 침대 옆 탁자에 놓인 휴대폰을 꺼두고 대신 저렴한 알람 시계를 사용한다. 그러면 한밤중에 휴대폰을 확인하지 않고, 또 아침에 깨자마자 스크롤하지 않을 수 있다.

6. 가능하면 침실에 TV를 없앤다. 침실에서 굳이 TV를 보겠다면 시청 시간을 제한하도록 한다.

7. 새롭게 개선된 수면 습관이 정신 건강과 신체 건강에 미치는 여러 혜택을 누린다. 스트레스와 번아웃이 새로운 방향으로 나아갈 것이다!

수면 부족에 시달리는 뇌

타냐와 마찬가지로, 수면 부족에 시달리는 내 환자들은 흔히 걱정을 많이 한다. 잠을 못 잘 때는 수면 장애에 집착하는 게 정상이다. 취침 시간은 결국 암울한 상황과 불길한 예감이 뒤섞인 고강도 스트레스 사건이 된다.

'오늘 밤 다시 잠들지 못하면 어떡하지?'

'밤중에 자꾸 깨면 어떡하지?'

'자고 나도 여전히 피곤하면 어떡하지?'

'다시는 밤중에 잠들지 못하게 되면 어떡하지?'

수면 부족에 시달리고 있다면, 잠을 자고 싶어도 이러한 '만약의 문제' 때문에 오히려 불안해 각성 상태가 지속될 수 있다. 이는 예기 불안anticipatory anxiety이라고 불리는 정상적인 심리 반응으로, 곧 벌어질 일을 생각할 때 느끼는 두려움과 불안감이다. 불안이 미래에 초점을 맞춘 감정이기 때문에 당신은 아무 일에나 예기 불안을 느낄 수 있다. '만약의 문제'가 불안을 더 촉진하는 것이다. 그런데 수면 부족이 생물학적으로도 당신을 더 불안하게 할 수 있다.[32]

이는 연구자들이 과도한 불안과 부족한 수면이라고 부르는 상태다.[33] 건강한 지원자들을 대상으로 한 연구에서, 하룻밤 동안 전혀 자지 않아서 수면이 부족한 사람들은 불안 수준이 30퍼센트 증가했다. 그 가운데 불안 장애 기준을 충족한 사람이 50퍼센트에 달했다.[34] 알고 보니, '수면이 부족한 뇌'와 '불안한 뇌'는 공통점이 많다. 이 연구에서 잠을 못 잔 건강한 사람들의 뇌를 스캔한 결과, 새롭고 흥미로운 사실이 드러났다. 즉 편도체처럼 불안으로 과도하게 활성화되는 뇌 영역은 수면 부족에서도 과도하게 활성화된다. 반대로, 전전두엽 피질처럼 불안으로 활성화되지 않는 뇌 영역은 수면 부족에서도 활성화되지 않는다.

에티 벤 사이먼^{Eti Ben Simon} 연구원은 이렇게 말했다. "수면 부족은 우리를 불안에 민감하게 만드는 동일한 뇌 메커니즘을 촉발한다. 푹 쉬고 나면 감정을 조절하는 데 도움을 주는 뇌 영역이 우리를 차분하게 해준다. 그런데 이러한 영역은 수면 부족에 매우 민감하다. 잠을 충분히 자지 못하면, 이 영역이 제대로 작동하지 않아 감정을 조절하기가 어려워진다."[35]

고대 동굴 거주민의 도마뱀 뇌인 편도체는 스트레스 경로의 핵심 동인이며, 전전두엽 피질은 과민한 편도체를 진정시키는 데 도움을 준다는 사실을 명심하라. 이 새로운 뇌 스캔 연구 결과, 과학자들은 깊고 회복적인 수면의 흥미로운 역할을 발견했다. 즉, 불안을 억제하고 스트레스로부터 뇌를 리셋하는 데 도움을 준다는 점이다.[36]

우리의 생물학적 특성이 수면에 미치는 영향에 관한 새로운 정보가 연일 발견되고 있다. 당신의 잘못이 아니라 생물학적 특성일 뿐이니 자신을 너그럽게 대하도록 하라.

초보 엄마 시절 잠을 못 잤을 때 이러한 조언을 나에게도 적용했더라면 좋았을 것이다. 아이가 태어난 후 몇 달 동안 나는 수면 부족 문제로 내내 걱정했다. 밤잠을 설칠까 봐 걱정할수록 스트레스를 더 많이 받았고, 스트레스로 기분이 처질수록 잠을 더 못 잤다.

나보다 몇 년 전에 출산한 수면 의학 전문의인 동료와 대화를 나눈 끝에 간신히 이런 상황에서 벗어날 수 있었다. 나는 점심을 먹으면서 그녀에게 잠을 잘 자지 못한다고 토로했다. 그런 나 자신이 내심 부끄러웠다. 환자들에게 건강한 수면의 이점을 설파했는데, 어째서 내가 스스로 내린 수면 처방을 따랐음에도 잠을 자지 못하는 것일까?

나는 수면 의학 전문가인 동료의 비판적 반응을 예상했다.

하지만 그녀는 웃으면서 나를 다독여주었다. "저는 아기가 태어난 후 1년 동안 잠을 설쳤어요! 최선을 다하되, 너무 걱정하지는 말아요. 때가 되면 푹 잘 수 있을 테니까."

그 말에 나는 마음이 푹 놓였다. 그제야 환자들을 너그럽게 대하듯 나 자신도 너그럽게 대할 수 있었다. 그리고 완벽한 수면에 대한 기대를 내려놓았다.

알고 보니, 그녀의 말이 옳았다. 부모는 아이가 태어난 후 최대 6년 동안 수면 부족을 겪을 수 있다는 연구 결과가 새롭게 나왔다.[37]

나는 잠을 잘 자야 한다는 압박감에서 벗어났을 때 오히려 더 잘 자기 시작했다. 환자들에게 적용한 방법을 나 자신에게 그대로 적용했다. 밤 시간의 질에 대한 집착을 멈추고 낮 시간의 질에 집중하기 시작했다. 일을 마친 후에는 다시 운동을 했고 점심시간에는 명상을 했다. 낮 시간을 더 잘 보내게 되자 밤 시간도 점점 더 좋아졌다. 나는 이렇게 우회로를 통해 잠을 잘 자게 되었다.

이 우회로 접근법은 내 환자들에게도 두루 효과가 있었다.

만약 마음이 불안하고 수면 문제로 계속 걱정하거나 수면 부족으로 고통받고 있다면, 적당한 수준의 자기 연민과 함께 앞에서 소개한 기법 #5의 수면 처방을 따르도록 하라. 아울러 운동을 하거나 (5장에서 소개할) 4-7-8 호흡법처럼 수면과 전혀 관련 없는 다른 전략을 시도해보라. 스트레스를 상쇄하는 데 도움이 될 수 있고, 결과적으로 수면을 리셋할 수 있다.

초연결은 곧 단절이다

당신은 소셜 미디어를 통해 친구, 일가친척, 동창이 어떻게 지내는지 웬만큼 알 수 있다. 하지만 온라인으로만 근황을 살피면 부정적 결과가 수반된다. 데이터가 시사하는 바에 따르면, 당신은 수면 시간을 줄여가면서 휴대폰에 더 많은 시간을 소비할 것이다. 아울러 혼자 보내는 시간이 그 어느 때보다 늘어났을 것이다.

경제학자 브라이스 워드Bryce Ward에 따르면, 10년 전까지만 해도 미국인은 1960년대 사람들과 같은 시간을 친구들과 함께 보냈다.[38] 그러다가 2014년, 미국인들이 갈수록 혼자 시간을 보내면서 눈에 띄는 변화가 일어났다. 그렇다면 2014년은 왜 우리의 사회적 습관이 바뀐 해였을까? 그해는 스마트폰 사용의 티핑 포인트tipping point(어떤 상황이 처음에는 미미하게 진행되다가 급격하게 변하기 시작하는 극적인 순간을 뜻한다―옮긴이)였다. 미국인의 50퍼센트 이상이 스마트폰을 사용하기 시작한 첫 번째 해였던 것이다.[39] 2014년 이후로 스마트폰을 사용하는 미국인의 수는 점진적으로 증가했다. 이러한 추세가 정확하게 인과관계가 있다고 말할 수는 없다. 휴대폰을 더 많이 사용한다고 해서 반드시 혼자 보내는 시간이 늘어나지는 않는다. 하지만 여러 연구에서 두 현상 사이에 어느 정도 상관관계가 있다는 사실이 드러났다.[40] 혼자 보내는 시간이 늘어날수록 기분 저하, 수면 문제, 스트레스 악화 같은 문제에 시달릴 가능성이 커진다.

이러한 연구에 따르면, 우리는 기술적 측면에서는 갈수록 초연결 상태가 되지만 인간적 측면에서는 갈수록 단절되고 있다. 과학자들은 이것이 우리의 장기적 정신 건강과 스트레스에 미치는 영향을 정확히 파악할 수 없지만, 내 직감으로는 우리의 외로움을 더 악화시키는 것 같다.

지난 10년 동안 우리는 전 세계적으로 외로움이 증가하는 모습을 지켜봤다. 성인 3억 3,000만 명 이상이 친구나 가족과 아무 말도 하지 않은 채 두 주를 보낸다.[41] 미국에서, 외로움이 워낙 시급한 문제로 대두되자 미국 공중 보건 서비스 의무총감Surgeon General은 외로움을 공중 보건 위기라고 선언하며 권고안을 발표했다.[42] 최근 추정치에 따르면, 미국 성인 두 명 중 한 명이 외로움을 느낀다고 보고하고, Z세대는 훨씬 더 높은 수준인 78퍼센트가 외로움을 경험한다고 보고한다.[43]

외로움과 스트레스 사이에는 복잡한 관계가 존재하는데, 여러 연구에서 외로움이 스트레스를 악화시킬 수 있다는 사실이 드러났다.[44] 외로움이 건강에 미치는 영향은 또 있다. 심장병 발생 위험은 29퍼센트, 뇌졸중 발생 위험은 32퍼센트 증가하는 것으로 밝혀졌다. 그리고 하루에 담배 15개비를 피우는 것과 같은 사망 위험을 동반한다.[45] 외로움은 수명도 단축시킬 수 있다. 한 연구에 따르면, 외로움이 모든 원인으로 인한 조기 사망 위험을 증가시킬 수 있다고 한다.

수석 연구원인 카산드라 알카라스^{Kassandra Alcaraz}는 "사회적 고립에 의한 위험 정도는 비만, 흡연, 신체 활동 부족과 매우 유사하다"라고 단언했다.[46] 이러한 연구 결과를 놓고 볼 때, 우리는 외로움에 대한 시급한 해결책이 필요하다!

나는 진료 과정에서 이러한 현상을 자주 목격했다. 스트레스 환자들 사이에 외로움이 워낙 만연해 있다 보니, 이를 예방하거나 회복하도록 돕는 일이 내 임상 치료의 주요 부분이다. 나는 모든 환자에게 사회적 지원과 관련해 이런 질문을 던진다.

"힘든 시기에 믿고 의지할 만한 친구가 있다고 느끼나요?"

내 환자들 가운데 상당수는 그렇지 않다고 대답한다. 가장 가까운 친구에 대해 설명해달라고 하면, 어떤 사람들은 이렇게 말했다.

"저는 친한 친구가 없어요. 굳이 한 사람을 꼽으라면 네룰카 박사님일걸요."

이러한 답변은 요즘 우리 주변에 퍼져 있는 외로움을 고스란히 반영한다. 우리는 친밀한 교류를 목말라한다. 누가 당신의 삶에서 벌어지는 일에 관심을 기울여주면 큰 위안이 될 수 있다. 의사 진료의 60~80퍼센트가 스트레스와 관련된 요소라는데, 나는 사회적 고립이 그 통계치에 얼마나 기여하는지 궁금하다. 만약 환자가 사회적 지원을 더 많이 받고 소속감을 더 많이 느껴도 의사들이 스트레스 관련 진료를 그렇게나 많이 볼까? 확실하지는 않지만 그럴 것 같지는 않다.

사회적 지원이 스트레스 관리에 매우 중요하기 때문에 나는 이를 라이프 스타일 스냅샷의 주요 부분으로 포함시켰다(2장 '공동체 의식'을 참고하라). 내향적인 사람도 있고 외향적인 사람도 있어 사회적 니즈와 한계가 각자 다르지만, 성격 특성과 상관없이 공동체 의식과 타인과의 유대감은 우리가 번창하는 데 도움이 될 수 있다. 80년 넘게 진행되면서 행복에 관한 가장 오래된 연구로 인정받는 하버드 성인 발달 연구Harvard Study of Adult Development에 따르면, 인생 전반에 걸쳐서 행복을 가장 잘 예측하는 단일 변수는 인간관계의 질이다.[47] 사회적 지원 역시 상호적이다. 사회적 지원을 받는 것도 중요하지만, 타인에게 사회적 지원을 제공하는 것도 나의 건강을 증진할 수 있다.[48]

스트레스를 받을 때는 흔히 고립된 느낌이 들거나 혼자 있고 싶어지기 마련이다. 하지만 내향적인 사람이라도 때로는 사람들과 연결되는 것이 스트레스를 줄이는 데 도움이 될 수 있다. 사람들과 의미 있게 연결되는 방법은 많다. 일주일 동안 다양한 방법으로 그런 기회를 마련해보라. 이웃과 수다를 떨거나 친구에게 전화를 걸어 안부를 물어보라. 미술 강좌를 비롯해 지역에서 열리는 모임에 참여하거나 동료를 점심시간에 초대하라. 한가한 오후에 친구나 가족 구성원과 벼룩시장에서 시간을 보내도 좋다.

너무 바빠서 사람들과 어울리기 어렵다면, 주간 일정에 사교 활동을 어떻게든 집어넣어라. 매주 좋아하는 사람들과 연계할 수 있는 계획을 한 가지 이상 세워라. 무엇을 선택하든 대화와 교류로 이어질 수 있는 것을 찾아보라. 다른 사람과의 교류를 시작할 간단한 방법을 찾아보라. 꼭 사교적인 사람이 될 필요는 없지만, 스트레스와 번아웃은 좀 더 인간적인 연결을 통해 혜택을 얻을 것이다. 인간은 본래 사회적 관계를 맺고 유지하는 데 적합하게 창조되었기 때문에 소속감을 기르면 정신적으로나 육체적으로 성장하는 데 도움이 될 수 있다.

끊임없이 생산성을 발휘해야 한다거나 사람들과 관계를 맺고 즐길 구체적 목적이 있어야 한다는 신화를 버려라. 모조리 허슬 문화의 잔재다. 과학 저널리스트 캐서린 프라이스Catherine Price는 이렇게 말한다.

"우리는 흔히 일이 술술 풀릴 때만 재미를 누릴 수 있다고 생각합니다. 하지만 실제로 재미는 우리의 회복탄력성을 높여주어 살면서 부딪히는 어떤 어려움에도 더 쉽게 대처할 수 있도록 도와줍니다."[49]

브렛 캐버노의 대법관 인준 청문회를 지켜보다가 다시 정신적 충격을 받았던 셀마는 오랫동안 정치 활동가로 치열하게 살았다. 그녀가 많은 시간을 함께 보내는 사람들도 모두 정치적 변화를 이루기 위한 사명에 진지하고 치열하게 임하고 있다. 셀마는 미디어 다이어트를 삶에 적용해 스트레스와 수면을 크게 개선한 뒤, 내 진료실을 다시 찾았다. 나는 셀마에게 '회복탄력성의 2가지 원칙'에 새로운 항목을 추가하라고 제안했다. 사회적 지원을 확장해 삶에 즐거움이 포함되도록 하는 전략이었다.

"당신은 휴식을 취하고 즐기기 위해 무엇을 하나요?"

내 질문에 셀마는 이렇게 대답했다. "글쎄요…, 제가 즐기기 위해 마지막으로 했던 일은 독립기념일 콘서트에 갔던 거예요. 사회복지 시설의 불우한 청소년을 몇 명 데리고 갔죠. 그들의 보호자로 말이에요."

"셀마, 독립기념일이라면 벌써 6개월 전이네요. 게다가 보호자로 갔다면 편히 쉴 수도 없었겠어요."

나는 셀마가 자신의 즐거움을 위해서는 한시도 허비하지 않는다는 사실을 알고 부드럽게 말했다.

"편하게 쉬지는 못했죠. 나이 든 아이들이 자꾸 담배를 몰래 피웠거든요." 셀마가 솔직히 인정했다.

그 말에 둘 다 슬며시 웃었다. 나는 접근 방식을 바꿔야겠다는 생각이 들었다.

"좋아요, 그럼 인생의 다른 시기로 넘어가봅시다. 10대 때 당신을 행복하게 해준 일이 있었나요?"

셀마가 이번에는 활짝 웃으며 대답했다. "아, 물론이죠! 고등학교 때 우승 트로피까지 받은 축구팀에서 활약했어요. 아주 멋진 팀이었죠! 그나저나 옆집에 새로 이사한 앨리스가 성인 여성들을 위한 축구팀을 만들고 있어요. 저에게도 합류하고 싶은지 물어보더라고요."

"같이 해보는 거 어때요? 축구를 다시 좋아하게 될 수 있잖아요."

"벌써 30년 전 일인걸요! 괜히 헛발질만 하면 어떡해요?" 셀마가 웃음을 참으면서 말했다.

"앨리스가 그 점을 걱정했다면 당신에게 물어보지도 않았을 것 같은데요."

"글쎄요, 나중에 연락해볼게요." 셀마가 걱정스러운 표정으로 말했다.

"오늘 당장 연락해보세요!"

셀마는 결의에 찬 얼굴로 일어섰다. "네, 오늘 연락해볼게요. 어른이 된 이후로 저는 모든 에너지를 정치 운동에 쏟아야 한다고 생각했어요. 늘 진지하게 임하고 '중요하지 않은' 취미나 일에 시간을 허비하면 큰일이라도 나는 줄 알았어요."

"모든 에너지가 훌륭한 목적에 집중되어 있을 때도, 여전히 해로운 스트레스와 번아웃의 원인이 될 수 있어요. 누구나 어떤 식으로든 자기 관리를 통한 리셋이 필요하거든요. 때로는 순전히 재미를 위해 사람들과 무언가를 하는 것도 여기에 포함되죠."

두 달 후, 내 진료실을 다시 찾은 셀마가 사진을 한 장 내밀었다. 축구팀 유니폼을 맞춰 입은 셀마와 엘리스, 그리고 다른 두 여성이 보였다. 셀마는 내게 다시 즐기는 법을 상기해줘서 고맙다고 말했다.

"우리 축구 리그는 참 재미있어요. 그런데 가장 좋은 점은 엘리스와 매주 교대로 운전해 경기하러 가고, 돌아오는 길에 스무디 가게에 들러 다양한 맛을 음미하는 거예요. 우리는 그간에 살아온 이야기를 나누면서 많이 웃어요. 대단한 일은 아니지만, 전보다 훨씬 더 행복해요."

"그렇다면 헛발질만 하는 건 아니라는 뜻인가요?" 내가 웃으면서 물었다.

"물론이죠. 실은, 축구공을 있는 힘껏 찰 기회가 생겨서 얼마나 신나는지 몰라요. 운동을 하니까 감정적으로도 더 강해지는 것 같아요. 그리고 매주 리그에서 함께 뛰는 여자분들과 죽이 잘 맞아요. 나중에

다 같이 여성 축구팀을 보러 LA에 가는 계획도 세웠어요!"

축구에 대한 셀마의 설명을 들으니, 축구 경기가 일주일 단위로 리셋할 기회를 준다는 생각이 들었다. 셀마는 두 번째 회복탄력성 리셋 버튼의 여러 기법을 활용해 자신의 정신적 역량을 지키는 법을 제대로 익혔다. 시끄러운 세상에서 평정을 찾은 것이다. 미디어 다이어트의 요소들을 통합해 스크롤 욕구를 극복했고, 그 과정에서 휴식과 치유에 대한 뇌와 몸의 욕구를 되찾았다. 셀마는 이제 활기가 넘쳤고, 정신적 역량을 활용해 축구 리그에서 의미 있는 관계를 맺을 수 있다. 온라인을 단절하는 데 집중한 덕분에 오프라인에서 유대감과 소속감과 즐거움을 찾았다.

셀마는 크게 도약했고, 이제 세 번째 회복탄력성 리셋 버튼의 이점을 마음껏 누리고 있다. 뇌와 몸을 동기화해 해로운 스트레스를 억제하는 법을 익혔기 때문이다. 다음 장에서 이 내용을 살펴볼 것이다!

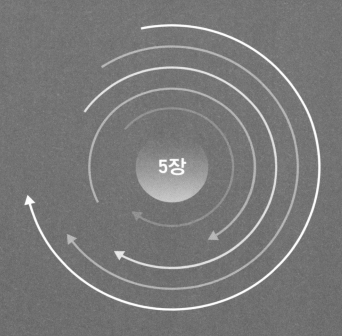

5장

세 번째
회복탄력성 리셋 버튼

뇌와 몸을 동기화하라

스트레스와 번아웃이 끝나지 않을 것처럼 느껴질 수 있지만, 다행히 둘 다 완전히 되돌릴 수 있다. 만성 스트레스가 뇌와 몸에 미치는 부정적 영향을 뒤집을 수 있는데, 그러려면 세 번째 회복탄력성 리셋 버튼, 즉 심신 연결을 통해 뇌와 몸을 동기화하는 법을 이해해야 한다. 이는 이 책의 많은 부분이 기반을 두고 있는 뇌과학적 전제다.

뇌가 몸 안에 있다는 사실을 모르는 사람은 없지만, 뇌와 몸이 서로 얼마나 강하게 영향을 미치는지 신경 쓰는 사람은 별로 없다. 당신은 거의 언제나 몸과 마음의 연결을 경험한다. 중요한 회의를 앞두고 있으면 심장 박동이 빨라지고 처음 사랑에 빠지면 가슴이 두근거린다. 당황스러운 순간에는 얼굴이 빨개지고 무언가가 자신에게 맞는지 안 맞는지 본능적으로 반응한다. 모두 심신 연결이 작용하는 대표적 사례다. 역설적이게도, 세 번째 회복탄력성 리셋 버튼의 토대가 되는 심신 연결은 흔히 스트레스 수준과 건강 전반에 중요하지 않다고 여겨진다.

심신 연결은 단순한 개념이 아니다. 뇌와 몸이 끊임없이 소통하면서 서로 밀접하게 연결되어 있다는 연구 결과를 전제로 한다. (앞서 2장에서 설명한) 시상하부, 뇌하수체, 부신 사이의 연결인 HPA 축은 심신 연결을 보여주는 구체적인 예다. HPA 축이 실제로 뇌 일부를 몸과 연결하기 때문이다. 심신 연결의 핵심 원리는 몸에 좋은 것이 뇌에도 좋고, 그 반대도 마찬가지라는 점이다. 더 좋게 행동할수록 기분도 좋아진다. 결국 모든 게 실행에 달려 있다.

당신이 이러한 상호작용을 인식하든 인식하지 못하든, 뇌는 끊임없이 몸에 신호를 보내고 몸은 그에 따라 반응한다. 중력과 마찬가지로, 심신 연결은 자연의 법칙이다. 눈에 띄지 않는 곳에서 계속 작동해 우리의 일상이 원활하게 유지되도록 해준다.

심신 연결을 활성화하라

이러한 상호작용에 영향을 미쳐 스트레스와 번아웃을 이겨내도록 뇌를 리셋할 수 있다면 좋지 않을까? 실제로 그럴 수 있다고 밝혀졌다. 심신 연결이 쉽고도 자연스러운 현상이기는 하지만, 의도적으로 활성화하려면 처음에는 어색하게 느껴질 수 있다. 따라서 세 번째 회복탄력성 리셋 버튼에 포함되었다. 당신은 심신 연결을 강화하고 해로운 스트레스를 극복하기 위해 뇌와 몸을 동기화하는 법을 배울 수 있다.

엘리트 운동선수를 제외하면, 대다수의 사람은 몸 쓰는 일보다 머리 쓰는 일에 더 많은 시간을 보낸다. 몸과 뇌는 온종일 서로에게 신호를 보내지만, 당신은 그 메시지를 알아차리기 위해 멈추는 경우가 거의 없다. 하지만 일단 심신 연결이 어떻게 작동하는지 이해하고 그 과정을 인식하면, 잊을 수 없게 된다. 이는 긍정적인 일인데, 뇌와 몸을 리셋해 스트레스를 줄이고 회복탄력성을 높이도록 그 연결을 활용할 방법이 많기 때문이다.

1장에서 소개했던 내 수련의 시절 스트레스 문제를 다시 살펴보자. 나는 수련의로서 밤낮없이 일했고, 어떻게든 버텨내려고 애썼다. 그것이 내 유일한 목표였다. 맡은 일을 묵묵히 다 해내자고 다짐하고 또 다짐했다. 수련의 과정을 무사히 마치면 만사가 술술 풀릴 테니까. 하지만 잠자리에 들 때면 자꾸 심장이 쿵쾅거려서 잠을 이루지 못했고 극도로 피곤했다. 심장에 문제가 있지 않나 궁금했지만, 계속해 나를 몰아붙이며 장시간 일에 매달렸다. 나는 스트레스와 번아웃의 구렁텅이에 깊숙이 빠져서, 잠시 멈추고 리셋하라는 카나리아의 경고에 주의를 기울이지 않았다. 가슴 뛰는 증상이 갈수록 심해지는데도 계속 밀어붙였다. 수련의 과정이 원래 힘들기 마련이라면서 마음을 다잡았다. 내 뇌와 몸은 서로 대화하고 있었지만, 나는 그 대화를 잠재우려고 더 열심히 노력했다. 내 뇌와 몸은 마치 허공에 대고 죽어라 소리치는 것 같았다.

그때까지 나는 심신 연결에 대해 들어본 적이 없었다. 2000년대 초 나의 수련 과정에 포함되지도 않았고 정통 의학에서 많이 다뤄지지도 않았다. 이 중요한 연결을 알아보겠다는 시도는 나로서는 마지막 몸부림이었다. 기본 검진을 받고 나서 다 '정상'이라는 진단을 받았지만 질주하는 야생마는 사라지지 않았다. 그래서 나도 다른 환자들처럼 연구를 시작했다. 수련의로서 각종 연구 자료에 접근할 수 있으니, 그들처럼 구글 검색에 의존하지는 않았다. 나는 심신 연결의 과학적 기초에 관해 읽었고, 1장에서 언급했던 '의료진을 위한 마음챙김' 수업을 들었다.

수업 홍보 광고를 처음 보았을 때 나는 이렇게 생각했다. '이거나 한번 들어볼까? 퇴근길에 잠시 듣고 가면 되잖아. 주 1회씩 8주 동안 진행되고 가격도 저렴하네. 들어보고 시원찮으면 그냥 빠지지 뭐.'

하지만 첫 수업 이후, 나는 다음 수업을 손꼽아 기다렸을 뿐만 아니라 내 의학 경력의 진로까지 바꾸었다.

강사인 마이클 베임 박사는 수업에 참여한 동료 의사들이 심신 연결을 이해하고 리셋하려면 쉽게 접근할 수 있어야 한다고 생각하는 듯했다. 우리는 빡빡한 일정으로 정신없이 바쁜 날에도 특별히 시간을 따로 내지 않고서, 또 일터나 가정에서 벗어나지 않고서 할 수 있는 무언가가 필요했다. 베임 박사는 내가 바로 다음 날부터 하루도 빠짐없이 활용해온 기법을 알려주었다.

심신 연결이 실제로 어떻게 작용하는지 이해하는 데 '멈추고 호흡하고 머무르는' 기법보다 더 나은 방법은 없다. 배우는 데 몇 초밖에 걸리지 않지만, 이 기법으로 누구나 즉석에서 심신 연결을 조절하고 뇌를 리셋해 스트레스를 줄이고 회복탄력성을 높일 수 있다.

기법 #6 | 멈추고 호흡하고 머물러라

가장 큰 목표는 살면서 스트레스를 유발할 만한 일을 시작할 때 이 기법을 활용하는 것이다. 날마다 무심코 반복하는 자잘한 일을 한 가지 골라보라. 일련의 행위에 시작점이 될 수 있는 일, 가령 커피를 타거나 주방 조리대를 청소하거나, 차에 오르거나, 이메일을 확인하거나, 비대면 회의를 위해 로그인 하거나, 그날에 필요한 짐가방을 싸는 것과 같은 일을 선택하면 된다. 아무 생각 없이 반복하는 행위일수록 결과가 더 좋다. 내가 개인적으로 가장 좋아하는 일은 업무 이메일을 확인하려고 휴대폰을 집어 드는 것이다.

그 일을 시작하려고 할 때 "멈춰"라고 말하라. 속으로 생각해도 좋고 소리 내어 말해도 좋다. 의도적으로 동작을 완전히 멈춰라. 가능하면 털끝 하나 움직이지 말고 그 순간의 고요함을 인식하라.

다음으로 "호흡해"라고 말하라. 물론 지금까지도 호흡을 해왔지만, 몇 초 시간을 들여서 숨을 깊게 들이마시고 내쉬면서 자신의 호흡을 완전히 인식하라. 숨을 깊게 들이마시면서 몸을 이완하려고 노력하라.

마지막으로 "머물러"라고 말하라. 마음을 차분히 가라앉히고 현재에 머물러라. 그 순간에 주의를 기울이면서 잠깐의 정적을 즐겨라. 이제 막 하려는 일로 넘어가기 전에 자신을 온전히 인식하라.

'멈추고 호흡하고 머무르는' 기법은 5초 정도밖에 안 걸리지만, 심신 연결을 활용해 회복탄력성을 리셋하는 데 놀라울 정도로 효과적일 수 있다. 자신의 현재 상태나 감정을 스스로 점검하고 조절하는 데 그만이다.

나는 진료소 일로 무척 바쁠 때 '멈추고 호흡하고 머무르는' 기법을 처음으로 활용했다. 환자를 진료하러 들어가기 직전에 먼저 나 자신을 점검한 후 진료실 문을 두드렸다. 그전까지는 빡빡한 진료 일정을 검토할 때 걸핏하면 부담감을 느꼈고, 시간이 지나면서 여느 의사들처럼 번아웃을 경험했다. 하지만 '멈추고 호흡하고 머무르는' 기법은 업무를 대하는 자세뿐만 아니라 각 환자를 대하는 역량과 스트레스까지 바꿔놓았다. 아울러 심신 연결을 활성화하는 길을 처음으로 열어주었다.

새로운 환자를 진료할 때마다 나의 심신 연결을 새롭게 활성화할 기회를 제공했다. 온종일 반복되는 그 5초는 내 정신적 역량을 리셋하고 그 순간에 머물게 해주면서 하루의 흐름을 완전히 바꿔놓았다. 나는 환자를 돌보느라 여전히 바빴지만, 이 진료실 저 진료실 찾아다니는 일이 그리 번잡하게 느껴지지 않았다.

'멈추고 호흡하고 머무르는' 기법을 실천할 때, 나는 진료실 앞에 서서 문을 두드리기 전에 "멈춰, 호흡해, 머물러"라고 속삭이고, 앞서 설명한 대로 각각의 지침을 따랐다. 시간이 지나면서 몸에 배자 언어

신호가 필요하지 않았다.

기나긴 근무 시간 내내 이 기법을 반복하자 하루의 흐름이 리셋되고 내 삶 전체에 파급 효과가 일어났다. '멈추고 호흡하고 머무르는' 기법에 익숙해지자, 나는 집안일을 할 때도 시도했다. 아침마다 찻잔을 손에 들고서 블라인드를 열 때, 요리를 마치고 주방 조리대를 청소할 때, 그리고 설거지를 할 때도 이 기법을 실천했다. 급기야 일상생활의 모든 활동에 '멈추고 호흡하고 머무르는' 5초 기법을 적용했다.

심신 연결이 거창한 개념처럼 들리지만, 사실 강력한 심신 연결을 달성하는 일은 그렇게 거창하지 않다. 이렇게 평범하고 반복적인 작업에 우리 삶을 변화시킬 강력한 힘이 있다! 그러니까 내가 이 책에서 다루는 스트레스 해소 기법에 그토록 흥분하는 것이다. 이러한 도구는 누구나 언제든 이용할 수 있다. 고급스러운 스파나 산꼭대기 수련회, 심지어 인공지능이 탑재된 첨단 기기가 필요하지 않다. '멈추고 호흡하고 머무르기' 같은 새로 배운 기법을 활용하면, 당신은 스트레스를 줄이고 회복탄력성을 높이도록 뇌와 몸을 리셋할 수 있다. 눈앞에 세탁물이나 설거짓거리가 잔뜩 쌓여 있어도 얼마든지 실천할 수 있다.

나는 33세의 가브리엘에게 학교에서 '멈추고 호흡하고 머무르기'를 시도해보라고 조언했다. 특수학교 교사인 가브리엘은 자폐 스펙트럼에 속하는 7, 8세 아이들의 강렬한 에너지에 자꾸 압도된다고 호소했다. 게다가 과중한 업무에 번아웃을 느끼기 시작했다. 나는 그녀에게 칠판 쪽으로 몸을 돌릴 때마다 '멈추고 호흡하고 머무르기'를 실천해보라고 했다.

나중에 그녀가 다시 와서 이렇게 말했다. "온종일 이 5초 기법으로 나 자신과 다시 연결되니 모든 게 달라지더군요. 날마다 수십 번씩 이 기법을 활용해요. 다음에는 아이들에게도 알려줄 생각이에요."

5초밖에 걸리지 않지만 '멈추고 호흡하고 머무르는' 기법은 그 효과가 오래 지속된다. 이 기법이 심신 연결을 활성화하는 이유는, 당신이 평소처럼 무심코 앞으로 나아가는 대신 바로 그 순간 당신의 뇌가 몸과 신체 감각, 그리고 생각과 감정에 주목하도록 훈련하기 때문이다. 그 순간, 잠시 자신의 상태를 점검하면서 스트레스 반응을 조절하고, 또 호흡을 통해 신경계를 스트레스에서 벗어나도록 조절할 수 있다. '멈추고 호흡하고 머무르는' 동안 복잡한 생물학적 현상이 작용한다.

호흡은 유일하게 수의적 조절과 불수의적 조절이 모두 가능한 생리적 신체 과정이라는 사실을 알고 있는가? 당신은 숨을 깊이 들이마시는 식으로 호흡을 임의로 조절할 수 있지만, 당신이 호흡에 신경 쓰지 않을 때는 몸이 대신 무의식적으로 조절해준다. 얼마나 멋진 일인가! 심장 박동, 소화, 뇌의 사고 활동 등 다른 어떤 신체 기능도 그렇게 할 수 없다. 이 놀라운 신체 기능 덕분에 호흡은 심신 연결을 탐구하는 관문이 된다.

연구에 따르면, 호흡 패턴은 감정에도 영향을 미칠 수 있다.[1] 과학자들은 이 과정이 스트레스 호르몬인 코르티솔과 미주신경을 통해 일어난다는 사실을 오래전부터 알고 있었다. 미주신경은 호흡과 소화, 심지어 이완 능력을 관리하는 등 다양한 역할을 한다.

과학자들은 진작부터 코르티솔과 미주신경이 호흡과 감정을 연결하는 핵심 역할을 한다는 사실을 알고 있었지만, 뇌에서 무슨 일이 벌어지는지 정확히 파악하지는 못했다. 최근에 한 새로운 연구가 이러한 기조를 바꿔놓았다. 스탠퍼드대학교에서 일단의 과학자가 호흡과 감정 상태를 연결하는 뇌의 작은 세포 집단을 발견해 호흡 조율기pacemaker for breathing라고 이름을 붙였다.[2] 이 중요한 발견 덕분에 당신이 깊게 숨을 쉴 때 뇌에서 어떤 일이 일어나는지, 그리고 호흡이 해로운 스트레스를 관리하는 데 어떻게 도움을 줄 수 있는지 세포 수준으로 훨씬 더 명확하게 파악할 수 있다. 뇌의 호흡 조율기는 심신 연결의 중심이고, 호흡은 그 연결에 접근하는 관문이다.

'멈추고 호흡하고 머무르는' 기법은 시간이 지나면서 심신 연결을 점진적으로 활성화하는 데 놀라울 정도로 효과적이지만, 스트레스가 극심한 순간에는 활용할 도구가 몇 가지 더 필요하다.

기법 #7 | 심호흡으로 마음을 가다듬어라

횡격막 호흡, 4-7-8 호흡, 심장 중심 호흡 등 세 가지 기법은 언제 어디서나 스트레스 처방전으로 활용할 수 있다. 나는 비즈니스 미팅이나 운전 중에, 저녁을 준비하거나 약속 장소에 서둘러 나가다가, 심지어 사람들과 영화를 보는 동안에도 이러한 호흡을 실천한다. 아무도 당신이 그런다는 사실을 알아차리지 못할 것이다.

횡격막 호흡법

'횡경막 호흡Diaphragmatic Breathing'은 복식호흡을 그럴싸하게 부르는 이름으로, 답답하고 혼란스러운 상황에서 스트레스 반응에 즉시 제동을 거는 가장 효과적인 호흡 기법이다. 스트레스를 받으면 호흡이 빨라지고 얕아져서 가슴에만 머물게 된다. 차분할 때는 호흡이 더 느리고 깊으며 배에서 숨이 나온다. 아기 때는 횡경막 호흡에 능하지만, 자라면서 점차 흉식호흡을 하게 된다. 하지만 불안하거나 스트레스를 받을 때 나타나는 얕고 빠른 호흡을 일시적으로, 자발적으로 조절해 횡격막 호흡으로 전환함으로써 스트레스 반응을 차단할 수 있다.[3] 횡격막 호흡을 연습하는 방법은 다음과 같다.

1. 이 호흡법을 배우는 동안 두 손을 배에 올려놓는다.
2. 코로 숨을 깊이 들이쉬면서 배를 부풀어 오르게 한다. 그런 다음 코나 입으로 숨을 내쉬면서 배를 들어가게 한다.

횡격막 호흡을 연습하면, 가슴이 아닌 배에서 더 느리고 깊게 호흡할 수 있다는 사실을 알게 될 것이다. 느리고 깊은 호흡이 불안하고 얕고 빠른 호흡과 공존할 수 없으니, 스트레스를 받거나 압도된 상황에서 적극적으로 횡격막 호흡을 연습하면 당신에게 필요한 바로 그 순간 스트레스를 줄일 수 있다.

3장에서 소개한 음악 업계 임원인 라이언이 어느 날 오후 런던에서 내게 전화를 걸었다. 당시, 라이언은 공황 상태에 빠져 있었다.

"전에 처방받은 대로 매일 산책을 하고 거의 매일 기타를 연주하면서 잠을 훨씬 더 잘 자고 있습니다. 이 점은 아주 좋습니다. 그런데 회의에 들어가거나 사람들과 대화를 나눌 때면 여전히 불안합니다. 오늘도 방송 전에 라디오 프로듀서들과 직접 만나서 이야기를 나눠야 하는데 겁나서 죽겠어요. 예전에는 안 그랬는데, 제가 왜 이렇게 나약해졌는지 모르겠습니다."

전화기 너머로 라이언의 가쁜 숨소리가 들렸다.

라이언을 진정시키려고 내가 차분하게 말했다. "좋아요, 라이언. 제어하기 힘든 당신의 스트레스를 당장 낮춰봅시다. 투쟁-도피 반응을 극복하고 '휴식과 소화rest-and-digest' 반응이 주도하는 방법을 알려줄게요."

"어떻게 그럴 수 있습니까?"

"오늘 회의에 침착하게 임할 수 있도록 당신의 생물학적 반응을 유리하게 활용할 거예요. 사실 그런 반응은 당신을 보호하려는 거니까 너무 자책하지 마세요."

라이언과 나는 전화로 함께 횡격막 호흡을 연습했다. 나는 라이언에게 호흡이 가슴에서 배로 내려갈 수 있게 두 손을 배에 올려놓고 호흡과 함께 배가 오르락내리락하는 것을 느껴보라고 말했다. 스트레스가 극심한 순간에 라이언은 부교감신경계를 활성화하는 법을 배우고 있었다.

부교감신경계는 '휴식과 소화' 반응을 이끈다. 투쟁-도피 반응을 통해 스트레스 경로를 지배하는 교감신경계와 정반대로 작용한다. 다행히, 이 두 시스템은 상호 배타적이라 동시에 활성화될 수 없다. 교감신경계가 우세할 때 우리는 극심한 스트레스의 영향을 받는다. 부교감신경계가 우세할 때는 마음이 차분히 가라앉는다. 이 두 시스템은 긴밀히 협력하기 때문에 일종의 시소 효과를 나타낸다. 각 시스템의 영향은 거의 즉각적으로 드러난다.

나는 라이언과 함께 심호흡을 몇 번 한 다음, 그에게 '멈추고 호흡하고 머무르는' 기법을 알려주고 라디오 프로듀서들을 만나러 가기 직전에 이 방법을 시도하라고 권했다.

전화기 너머에서 라이언의 호흡이 진정되었다. "효과가 진짜 빠르네요! 고맙습니다! '회복탄력성의 2가지 원칙'에 추가해야겠어요."

그날 늦게 라이언은 새로운 호흡법이 멋지게 작용해 당일 만나야 했던 사람들과 원활하게 소통할 수 있었다는 메시지를 보내왔다.

라이언과 마찬가지로, 당신의 스트레스는 이 책에 소개된 여러 전략을 통해 시간이 지날수록 점차 줄어들 것이다. 스트레스로 가득한 찻주전자는 결국 밸브를 열어서 뇌와 몸이 높은 스트레스의 축적을 천천히 해소할 수 있게 해야 한다. 치유 증기 밸브를 열면 교감신경계의 투쟁-도피 반응이 자연스럽게 줄어든다.

교감신경계를 직접 다루려면 시간이 걸릴 수 있다. 이 호흡법이 빠르게 효과를 발휘하는 이유는 교감신경계를 건너뛰고 부교감신경계에 직접 작용하기 때문이다. 특히 부적응성 스트레스 반응의 부정적 영향을 강하게 느낄 때 즉석에서 더 차분하고, 현재에 충실하며, 스트레스를 덜 받도록 도와준다. 이 호흡법은 일시적으로 카나리아를 진정시키는 데 도움이 되지만, 이 책에 소개된 나머지 여러 기법은 카나리아가 영원히 잠잠해지도록 도와줄 수 있다.

4-7-8 호흡법

횡격막 호흡을 연습했다면, 4-7-8 호흡이라는 더 발전된 호흡법도 배울 수 있다.[4] 나는 환자들에게 이 호흡법을 가르치고 직접 실천하기도 한다. 잠드는 데 어려움을 겪거나 잠든 상태를 유지하지 못할 때 가장 효과적인 호흡법이다. 그래서 누워 있는 동안에 하는 것이 가장 좋다. 초보자가 똑바로 앉거나 서서 하면 머리가 어지러울 수 있기 때문이다.

일단 간단한 횡격막 호흡법에 적용하는 지침을 따라 천천히 깊게 숨을 들이마시고 내쉬어라.

1. 한 손은 배에, 다른 한 손은 가슴에 올려놓아라. 어느 손을 어디에 두는지는 중요하지 않다. 숨을 쉬면서 배가 오르락내리락하는 것을 느껴보라.
2. 천천히 숫자 1부터 4까지 세면서 코로 깊이 숨을 들이마셔라.
3. 그런 다음 숨을 참고 천천히 1부터 7까지 세라.
4. 마지막으로 천천히 1부터 8까지 세면서 코나 입으로 숨을 내쉬

어라.

5. 이 호흡법을 두세 번 반복한 다음, 자연스러운 호흡 패턴에 따라 평소처럼 숨을 쉬어라.

6. 휴식을 취하고 마음을 가다듬었다면, 4-7-8 호흡법을 두세 번 더 시도하라.

내 환자들 가운데 많은 수가 이 호흡법을 매우 효과적인 수면 유도 수단 중 하나라고 말한다. 4-7-8 호흡법이 매우 효과적인 이유는 몸과 마음과 호흡의 연결을 기반으로 하기 때문이다. 4-7-8 호흡법이나 단순한 횡격막 호흡법을 연습할 때는 의도적으로 부교감신경계를 활성화한다. 이는 교감신경계를 비활성화하는 데 직접적으로 영향을 미친다. 이런 이유로 횡격막 호흡법이나 4-7-8 호흡법은 스트레스를 안에서 밖으로 리셋하는 데 매우 효과적이다.

심장 중심 호흡법

에너지가 고갈되었을 때 도움이 되는 또 다른 호흡법으로 심장 중심 호흡법이 있다. 이 호흡법은 생리적으로 다른 두 호흡법과 비슷한 방식으로 작용한다. 하지만 가슴에 손을 올려놓으면 특히 슬프거나 낙담한 순간에 스스로를 위로하는 느낌이 들 수 있다.

1. 한 손은 심장에, 다른 한 손은 배에 올려놓아라. 어느 손을 어디에 두는지는 중요하지 않다. 숨을 쉬면서 배가 오르락내리락하는 것을

느껴보라.

2. 천천히 숫자 1부터 4까지 세면서 코로 숨을 들이마셔라.

3. 천천히 1부터 7까지 세면서 코나 입으로 숨을 내쉬어라.

4. 마음이 진정될 때까지 이 호흡법을 몇 차례 반복하라.

내가 진료실에서 이 호흡법을 알려주면, 환자들은 그 순간 더 강한 자기 연민으로 자신과 더 깊이 연결되는 것 같다고 말한다. 감정적으로 힘든 순간에도 이 호흡법을 시도해보라. 스트레스를 다스리고 스스로 위로하는 데 도움이 될 것이다.

어떤 호흡법을 사용하든, 호흡은 스트레스를 덜 받고 회복탄력성이 높은 삶을 살기 위해 심신 연결을 활성화하는 강력한 도구가 될 수 있다.

나는 이러한 호흡법을 익히면서 영적 스승인 에크하르트 톨레 Eckhart Tolle의 이 말을 이해하게 되었다. 그는 호흡이 감정 상태에 미치는 영향을 다음과 같이 멋지게 설명했다.

"기억날 때마다 가능한 한 자주 호흡에 주의를 기울이세요. 이렇게 1년 동안 꾸준히 하면 강력한 변화를 경험할 수 있을 것입니다. … 게다가 비용이 전혀 안 들지요."[5]

하루 중 수시로 자신의 호흡을 찬찬히 살펴보면, 호흡이 정신 상태와 얼마나 밀접하게 연결되어 있는지 알 수 있다. 하루를 보내면서 몇 초 동안 호흡에 주의를 기울이되, 호흡을 방해하지 않도록 하라. 관찰자가 되어라. 코나 가슴이나 배 등 호흡이 느껴지는 곳에 주목하

라. 호흡이 특정한 리듬에 따라 몸 안팎을 어떻게 순환하는지 주목하라. 호흡의 자연스러운 리듬을 느껴보라. 당신의 자연스러운 호흡 패턴에 익숙해지면 심신 연결을 활성화하는 데 도움이 된다.

필요할 때마다 멈추고 호흡하고 머무르기, 횡경막 호흡법, 4-7-8 호흡법, 심장 중심 호흡법 등 이 네 가지 기법을 일상생활에 적용하라. 나는 호흡법을 연습하던 초반, '멈추고 호흡하고 머물러라'라는 문구를 포스트잇에 적어 컴퓨터 스크린에 붙여두었다. 아울러 욕실의 칫솔꽂이, 세탁기, 주방의 전기 포트에도 붙여두었다. 나는 이 네 가지 기구와 관련된 일상생활 중에 심신 연결을 활용해 스트레스를 줄이도록 뇌를 리셋할 가능성이 크다. 당신도 일상생활에서 마음과 몸과 호흡의 연결에 주의를 기울이기 시작하면, 기분이 점점 더 좋아질 것이다.

불안하고 스트레스까지 심할 때 호흡을 통해 마음을 가다듬으면, 스트레스의 연쇄반응을 늦추고 그 순간에 집중하며 맑은 정신을 유지하는 데 도움이 된다. 어떤 상황에서도 지금, 이 순간에 집중하는 감각이야말로 심신 연결의 핵심이다!

운동은 뇌의 스트레스를 풀어준다

1장에서 소개했던 소프트웨어 부서의 관리자 마일스를 기억하는가? 당시에 그는 스트레스를 무시하다가 아내의 성화에 못 이겨 나를 찾아왔었다. 6개월 후, 그가 다시 내 진료실을 찾아왔다. 그런데 이번에는 생각이 확 바뀌어 있었다.

마일스는 중대한 상황에 직면한 상태였다. 그의 주치의가 최근에 고혈압과 당뇨병 전단계 진단을 내리면서 당장 약물 치료를 시작하자고 제안했다. 하지만 그는 생활 방식을 바꿀 기회를 달라면서 두 달의 유예 기간을 받아냈다. 이번에는 아내와의 약속 때문이 아니라 스트레스의 악순환을 멈출 방법을 찾기 위해 제 발로 나의 진료실을 찾아왔다.

물론 마일스는 스트레스의 부정적 영향을 무시한 첫 번째 환자가 아니었다. 사람들은 흔히 다른 방법을 다 써버린 후 최후의 수단으로 해로운 스트레스를 인정한다. 우리는 허슬 문화와 회복탄력성 신화에 너무 세뇌되어, 통제되지 않는 스트레스가 건강에 영향을 미치고 증상을 악화한다는 사실을 인정하면 실패했다고 느낀다. 하지만 변하지 않으면 결코 이길 수 없다는 사실을 깨닫고 자신과의 끝없는 싸움을 포기해야 한다. 자신이 이런 상황에 놓일 거라고 상상하지 못했더라도 점점 심해지는 해로운 스트레스를 직시하고 행동을 취해야 한다. 이런 선택이야말로 용기와 힘을 보여주는 것이다.

"이런 식으로 무너질 수는 없어요. 저는 건강하게 살아야 합니다. 가족을 돌보고 아이들도 키워야 하니까요." 마일스가 떨리는 목소리로 말했다.

나는 그가 감정적으로나 육체적으로 취약한 상태에 익숙하지 않다는 사실을 알 수 있었다. 대학 시절 운동선수로 1부 리그에서 활약했기 때문에 더 그랬을 것이다.

"젊었을 때는 잘나가는 운동선수였지만, 이제는 체력이 저질인 중년 직장인으로 아이들과 가볍게 자전거만 타도 숨을 헐떡입니다. 그런데도 주치의가 약물 치료를 시작하자는 말이 아직도 믿기지 않아요."

"당신 잘못이 아니에요, 마일스. 우리 일상은 온종일 가만히 앉아 있도록 설계되어 있어요. 당신만 그런 게 아니에요." 나는 그를 안심시켰다.

데이터를 살펴보면 요즘 미국인들은 그 어느 때보다 앉아 있는 시간이 많다. 때로는 하루에 여덟 시간 이상을 앉아서 보내기도 한다.[6] 좌식 생활이 별로 해롭지 않은 수동적 행동처럼 보이지만, 실제로는 건강과 행복에 심각한 영향을 미칠 수 있다. 약 80만 명을 대상으로 진행한 연구에서, 가장 오래 앉아 있는 사람들은 당뇨병에 걸릴 위험이 112퍼센트 높았고 심장병에 걸릴 위험이 147퍼센트 더 높았다. 아울러 심장 질환으로 사망할 위험이 90퍼센트 더 높았고 전반적인 사망률도 50퍼센트 높았다![7]

"앉아 있는 게 흡연만큼 나쁘다"라는 말을 들어본 적이 있다면, 이러한 결과로 그 이유를 알 수 있을 것이다. 좌식 생활은 신체 건강에만 위험한 게 아니라 정신 건강에도 해로울 수 있다. 연구자들은 좌식 생활과 기분 사이에 연관성이 있다는 사실을 발견했다. 게다가 좌식 생활과 불안감 및 우울증의 위험 증가 사이에 강한 연관성이 있다는 연구 결과도 나왔다.[8] 연구진은 이렇게 지적한다.

"앉아 있는 활동은 참 교묘합니다. 앉아 있다고 생각하지도 않는데 늘 그러고 있거든요."[9]

마일스는 자신의 일과를 돌아보더니 이렇게 말했다. "당신 말이 맞아요. 저는 온종일 책상에 앉아 있어요. 그리고 나서 밤에도 몇 시간 동안 소파에 앉아 있죠. 불을 끄거나 난방 온도를 낮추려고 일어날 필요도 없어요. 스마트폰으로 다 할 수 있거든요! 맙소사!"

"정말 그렇네요." 내가 맞장구를 쳤다. "가끔은 저도 옆방에 있는 남편에게 문자를 보내거든요! 그것이 훨씬 빠르고 덜 수고스러우니까."

마일스는 웃는 듯하다가 이내 심각한 표정을 지었다. "그러니까 제가 가장 오래 서 있는 시간은 샤워하고 양치질할 때일 수도 있겠네요. 참 기가 막힙니다."

마일스는 숨소리가 떨렸고 눈에는 눈물까지 맺혔다.

"지난번에 저희 아버지가 하루도 일을 빼먹지 않았다고 했던 말 기억하세요? 저는 항상 그것이 존경할 만한 일이라고 생각했어요. 아버지는 온종일 회사에 앉아 있다가 집에 돌아와서는 서재에 틀어박혀 늘 업무 생각만 했어요. 인생을 전혀 즐기지 않았죠. 아버지가 잠자는 모습을 본 적도 없어요. 나중에는 살이 자꾸 찌더라고요. 요즘 저처럼."

"좋은 지적이에요, 마일스. 당신 아버지는 당시에 통용되던 정보로 최선을 다하셨을 거예요. 하지만 지금은 스트레스가 뇌와 몸에 미치는 영향에 대해 훨씬 더 많이 알고 있잖아요. 이 새로운 정보를 바탕으로 당신도 최선을 다해야 하지 않겠어요?"

마일스는 이제 시간이 날 때까지 스트레스에 대한 대처를 마냥 '미룰 수 없다'라는 사실을 깨달았다. 주치의와 상담하면서 정신을 번쩍 차렸고, 당장 행동을 취해 회복탄력성을 리셋해야 한다는 절박감을 느꼈다.

"아무래도 트레이너를 고용하거나 다시 헬스장에 다니면서 일주일에 10시간씩 땀을 빼야겠습니다. 힘들겠지만 어쩔 수 없죠."

"그렇게 힘들게 하지 않아도 됩니다. 약간의 활동만으로도 변할 수 있거든요. 날마다 잠시라도 머릿속 생각에서 벗어나 몸에 집중해보세요. 그렇게 하면 마음도 한결 좋아질 거예요."

우리는 '회복탄력성의 2가지 원칙'이 주는 혜택을 논의했다. 그런 다음, 내가 마일스에게 처방한 첫 번째 치료법은 매일 20분씩 걷는 것이었다. 그는 미심쩍은 눈으로 나를 쳐다봤다.

"기분 상하게 할 의도는 없지만, 20분 걷기로는 큰 효과를 볼 수 없습니다. 이래 봬도 저는 예전에 운동선수였어요. 체중을 감량하려면 얼마나 노력해야 하는지 잘 알고 있다고요. 게다가 저는 하루 20분씩 시간을 빼기도 힘듭니다."

"매일 링크드인^{Linkedin}을 스크롤하시죠?"

그는 업무상 하루에도 몇 번씩 링크드인에 접속해 엔지니어 학위가 있는 지원자를 새로 찾는다고 말했다.

나는 그 시간을 한 번만 양보하라고 처방했다. "링크드인 접속을 한 번만 줄이고 그 시간에 산책을 하면 되겠네요."

마일스는 어깨를 으쓱하며 말했다. "선생님이 그렇게 하라니까 일단 한번 해볼게요. 하지만 별 효과가 없을 거예요."

"생활 방식을 갑자기 대대적으로 점검하면 더 큰 스트레스가 될 거예요. 작지만 효과적이고 지속 가능한 2가지 변화로 시작해봅시다. 첫 번째는 걷기입니다."

작은 노력으로 큰 변화를 이룰 수 있다

다른 여러 환자와 마찬가지로, 마일스도 격렬한 운동을 오랫동안 강도 높게 해야 건강을 개선할 수 있다고 믿었다. 안 그래도 바쁜 일상에서 오래 운동할 여유가 없으니, 신체 활동이 건강에 얼마나 중요한지 알면서도 전혀 엄두를 내지 못했다.

마일스 혼자만 '모 아니면 도'라는 식으로 생각하는 것은 아니다. 전체 성인 중 75퍼센트에 달하는 사람들이 더 건강하게 사는 데 운동이 중요하다고 생각하지만, 권장 운동량을 수행하는 사람은 30퍼센트에 불과하다.[10] 운동 부족은 결국 지식의 문제가 아니라 실천의 문제다.

다들 운동광을 한두 명씩 알고 있을 것이다. 하지만 대다수 사람은 규칙적으로 운동하는 데 어려움을 겪는다. 우리는 운동을 해야 한다고 하면 겁부터 집어먹는다. 운동 습관을 들이기는 정말 쉽지 않다. 스트레스로 에너지가 고갈된 상태에서 엄청난 노력을 기울여야 할 것 같다. 타성을 이겨내고 운동화 끈을 묶더라도 처음 시작할 때는 정신적·육체적 불편함을 마주해야 할 것이다. 한동안 안 쓰던 근육을 사용하면 쿡쿡 쑤실 수 있다. 몸이 뜻대로 안 움직여서 속상할 수도 있다. 갈 길이 멀다는 생각에 다 때려치우고 싶을 수도 있다. 그런데 위대한 운동선수 중에도 운동을 좋아하지 않은 사람이 있다. 헤비급 권투 챔피언 타이틀을 오랫동안 지켜온 무하마드 알리는 이렇게 말했다.

"훈련하던 모든 순간이 싫었습니다. 하지만 포기하지 말자고, 지금 고통을 이겨내고 챔피언으로 남은 인생을 살자고 다짐했습니다."

엘리트 운동선수들조차 운동을 좋아하지 않는다는 사실에 위안을 얻지만, 우리와 다른 점이 있다면 어쨌든 그들은 기어이 운동을 한다. 그들은 꾸준히 운동을 하려면 규율이 필요하다고 생각하는 반면, 우리는 동기가 필요하다고 생각한다. 하지만 누구도 운동해야겠다는 의욕이 날마다 넘칠 수는 없다. 어떻게 규칙적으로 운동하게 되었는지 물어보면, 대부분 똑같이 대답했다.

"운동하기 싫은 날에는 운동을 마친 후의 기분을 떠올립니다. 때로는 그것이 운동을 하도록 등을 떠미는 유일한 동기입니다."

그동안 내 환자들은 시간 부족, 에너지 부족, 동기 부족 등 현실적이고 타당한 운동 장벽이 있었다. 하지만 환자들과 나 자신에게서 목격한 가장 큰 장벽 중 하나는, 아무도 말로 표현하지는 않지만 다들 '모 아니면 도'라는 식으로 생각한다는 점이다. 그날 운동에 온 힘을 쏟을 수 없다면 애초에 굳이 시작할 필요가 있을까?

우리는 수면이나 다이어트 같은 건강 영역에서는 너무나 많은 재량을 주면서, 운동과 관련해서는 일말의 여지도 주지 않는다. 수면을 대하듯 운동을 다룬다고 상상해보라. 당신은 수면을 충분히 취하는 데 어려움을 겪고, 마지막 순간까지 미루기도 하고, 항상 완벽하지는 않더라도 하루 24시간 안에 어떻게든 조금이라도 자려고 노력한다. "오늘 밤에는 여덟 시간을 온전히 잘 수 없는데 왜 굳이 자려고 하는 거야?"라고 생각하지 않는다. 오히려 불완전한 수면을 받아들이고, 힘들 때 잠시라도 눈을 붙일 수 있다는 사실에 감사한다. 운동에는 왜 그렇게 너그러운 마음을 품지 않는가?

운동에 대한 '모 아니면 도' 식의 사고방식을 갖는 것은 대부분 우리가 운동의 이상적 측면에 엄청난 가치를 부여하기 때문이다. 탄탄한 배와 근육질 몸매 같은 신체 이미지와 함축적 의미가 너무 멀게 느껴지고, 때로는 도발적으로 느껴지기도 한다. 그래서 운동과 담을 쌓고 살다가 오랜만에 운동을 시작하는 사람들은 금세 좌절하기도 한다.

운동이 체중 감량과 날씬한 몸매에 대한 우리 사회의 집착과 너무 밀접하게 연관되어 있어서 참으로 유감스럽다. 연구에 따르면, 운동의 가장 큰 장점은 사실 체중 감량이 아니라 전반적인 건강과 웰빙 향상이다. 체중에 아무런 변화가 없더라도 일단 운동을 시작한 성인은 혈압, 콜레스테롤, 당뇨병이 악화될 위험을 개선할 수 있다.[11] 운동을 시작한 과체중 성인은 체중 변화가 없더라도 조기 사망 위험을 30퍼센트까지 낮출 수 있다.[12] 운동이 당신의 뇌와 몸에 미치는 혜택은 체중 변화보다 훨씬 크다. 사실 내가 운동 습관을 들이라고 조언했던 수많은 환자 가운데 몸매를 좋게 해준다는 전망에 자극을 받았던 사람은 한 명도 없었다. 그들에게 중요한 티핑 포인트, 즉 전환점은 항상 정신적 측면이었다. 즉, 스트레스를 받은 뇌를 운동으로 바꿀 방법이 많다는 점이다.

마일스도 정신 건강과 뇌 건강이 향상될 가능성에 흥미를 느꼈다.[13]

"찻주전자 비유를 기억하세요?" 내가 마일스에게 물었다. "운동은 치유 증기를 방출할 강력한 방법이 될 수 있습니다."

스트레스 받은 뇌를 운동시키기

신경과학자 폴 톰슨Paul Thompson은 뇌 건강과 스트레스와 운동 간의 관계를 이해하려고 수천 명의 뇌를 연구했다. 톰슨의 말을 들어보자.

"한 가지 이론은 운동이 스트레스를 줄인다는 겁니다. 우리는 코르티솔 수치가 높은 사람들의 뇌를 스캔했어요. 스트레스를 받으면 코르티솔 수치가 굉장히 높아질 수 있습니다. 우리는 코르티솔 수치가 높은 사람들이 뇌 조직을 더 빨리 잃는다는 사실을 알아냈습니다. 이는 참으로 심각한 문제입니다."[14]

여러 후속 연구에서 톰슨의 발견이 확인되었다. 만성 스트레스는 만성적으로 높은 코르티솔 수치를 통해 뇌를 조기에 위축시킬 수 있다.[15] 다행히, 과도한 스트레스로 인한 뇌 위축은 예방할 수 있고, 어떤 경우에는 되돌릴 수도 있다. 톰슨은 우리에게 희망을 주었다.

"그 사실을 알게 되면 코르티솔 수치를 줄일 방법을 찾아보게 되죠. 전혀 어렵지 않아요. 운동, 걷기, 휴식을 통해 스트레스를 줄일 수 있잖아요. 뇌를 돌볼 방법은 아주 많습니다."[16]

스트레스는 뇌 크기를 줄이지만 운동은 특정 뇌 영역의 성장을 도울 수 있다. 연구에 따르면, 신체 활동은 전전두엽 피질을 두꺼워지게 하고 연결성을 높이며 기능을 개선할 수 있다.[17] 그런 이유로, 운동은 문제 해결 능력, 주의력, 인지 능력, 기억력을 개선하는 데 어느 정도 도움이 될 수 있다.[18]

마일스처럼 주로 앉아서 일하는 사람들이 대부분의 시간을 사무실 책상에 앉아 있고 이동할 때도 차에 앉아서 운전한다고 해도, 매일 조금씩 운동을 하면 이러한 뇌의 변화를 이룰 수 있다. 성인 30명을 대상으로 한 연구에서 매일 운동을 하는 사람들은 그렇지 않은 사람들보다 전전두엽 피질이 더 두꺼웠다.[19]

전전두엽 피질의 또 다른 중요한 역할은 스트레스 반응을 관리하기 위해 편도체와 직접 소통한다는 점이다. 초기 뇌 연구에서 운동으로 전전두엽 피질과 편도체의 연결성을 개선할 수 있다는 사실이 밝혀졌다.[20] 전전두엽 피질이 더 크고 더 연결되어 있고 더 부드럽게 작동하면, 뇌는 삶의 스트레스에 더 잘 대처할 수 있다.

운동과 함께 성장하는 또 다른 뇌 영역은 학습과 기억을 관장하는 해마다(2장을 참고하라). 연구에 따르면 운동은 새로운 해마 뇌세포를 성장시킬 수 있는 몇 안 되는 중재 중 하나로, 이는 노화하는 뇌에 큰 영향을 미친다.[21] 실제로, 다른 연구에서 운동이 알츠하이머 치매 발병 위험을 45퍼센트 가까이 낮출 수 있다고 밝혔다.[22]

마일스는 할아버지가 알츠하이머 치매로 돌아가셔서 안전 조치로 자신의 기억력을 주시한다고 말했다. 향후 스트레스와 기억력 문제에서 뇌를 더 잘 보호하기 위해 오늘 할 수 있는 일이 있다면, 그 일을 하고 싶어 했다. 운동으로 얻는 뇌의 이점은 마일스의 티핑 포인트였다.

마일스는 운동 습관을 들이기 위해 날마다 (하루의 1.4퍼센트에 불과한) 20분을 할애하는 데 동의했다.

날마다 몇 분씩만 운동해도 뇌와 몸에 긍정적 영향을 미칠 수 있다는 과학적 연구 결과가 속속 나오고 있다. 한 연구에서는 10분 동안 가볍게 운동하기만 해도 뇌가 향상될 수 있다는 사실이 드러났고, 다른 연구에서는 10분 동안 걷기만 해도 기분이 좋아진다는 점이 밝혀졌다.[23] 운동을 전혀 안 하는 2만 5,241명을 약 7년 동안 추적 관찰했던 한 주요 연구에서, 가령 버스를 타려고 뛰거나 엘리베이터 대신 계단을 오르는 등 하루에 몇 번씩 1~2분 정도의 짧은 운동으로도 암 사망 위험이 약 40퍼센트 줄어들고 심장병 사망 위험이 거의 50퍼센트나 줄어든다는 사실이 드러났다.[24] 가끔 골프 코스를 걷기만 해도 콜레스테롤 수치가 개선될 수 있다.[25]

"저보고 매일 골프를 치라고 처방하는 겁니까?" 마일스가 웃으면서 물었다. 마일스는 예전에는 골프를 열심히 쳤지만 최근 몇 년 동안에는 골프장 근처에도 못 갔다.

"시간 날 때마다 골프를 치면 좋겠지만 지금은 매일 20분 정도 동네를 산책하기만 해도 됩니다."

나는 이렇게 처방한 근거를 덧붙여 설명했다. "산책은 2가지 핵심 목적에 부합합니다. 첫 번째는 신체 건강입니다. 일단 일상적인 움직임에 몸을 적응시켜야 합니다."

"아무래도 그래야 할 것 같습니다." 마일스가 순순히 동의했다. "지난 20년 동안 몸을 도통 쓰지 않았으니까요. 진짜로 운동하고는 담을 쌓고 살았습니다."

"마일스, 저는 당신이 정신 건강을 위해서도 운동하길 바랍니다. 사실 이 두 번째 목적이 더 중요해요. 20분 산책은 당신의 뇌 회로에 새로운 습관을 기르도록 준비시키고 앞으로 더 많은 운동을 위한 발판이 될 겁니다."

운동은 마일스의 몸에만 중요한 게 아니라 뇌에도 똑같이 중요했다. 나는 그 점을 마일스에게 상기시켜주었다.

"몸에 좋은 것은 뇌에도 좋습니다."

당신은 머릿속에 갇혀 사는가?

사람들은 대부분 온종일 머릿속에 갇혀 살면서, 정작 자기 몸을 제대로 느끼지 못한다. 다들 목 위로만 살아서 심신 연결을 인식하는 게 처음에는 무척 낯설게 느껴진다. 스트레스가 많을 때는 목 위로만 살아가는 느낌이 더 강해질 수 있다. 부정적 생각에 사로잡혀 몸에서 벌어지는 일에 주의를 기울이지 못하기 때문이다. 그러다 몸에서 지속적으로 증상이 나타나면, 비로소 목 아래에서 벌어지는 일들을 강제로 인식하게 된다. 그런 상황에서는 흔히 두려움에 빠지게 된다. 나 역시 카나리아가 경고할 때 느꼈던 여러 신체 증상, 즉 빠른 심장 박동, 빠른 호흡, 초조한 기분이 당황스럽고 두려웠다. 그동안 머릿속에 갇혀 스트레스에 대한 몸의 반응을 의식하지 못하고 살았기 때문이다.

매일 걷는 습관은 평온할 때 몸과 그 몸의 감각에 익숙해진다는 점에서 중요하다. 급성 스트레스 반응 중에 경험하는 빠른 심장 박동이나 빠른 호흡 같은 여러 감각은 운동할 때도 정상적인 생리 작용의 일환으로 발생한다. 매일 걷는 습관을 기르면, 당신은 통제되고 예측 가능한 환경에서 이런 감각에 더 익숙해질 수 있다. 따라서 예측할 수 없는 스트레스의 순간에 그와 같은 감각이 발생하면 깜짝 놀라지 않을 수 있다. 그러한 감각에 대한 두려움도 덜 느끼게 된다. 다시 말해, 이 책에 나온 여러 기법을 활용해 실시간으로 스트레스 반응을 늦추도록 침착함을 유지할 가능성이 더 커진다는 뜻이다. 매일 걷는 습관은 정상적인 스트레스 반응 중에 당신의 심장과 폐가 겪을 만한 일에 몸과 마음이 민감해지도록 도와준다.

20분 산책은 머릿속 생각에서 벗어나 몸에 집중할 완벽한 기회라 할 수 있다.

나는 마일스가 그 기회를 온전히 누리길 바랐다. 그래서 걷는 동안 휴대폰을 확인하지 말라고 했다. 산책은 그가 자신의 신체 감각에 익숙해질 기회였고, 또 바쁘고 스트레스에 지친 하루 중에 잠시 멈춰서 자신을 돌아볼 기회였다.

걷기에만 주의를 기울이기 때문에 동료와의 전화 회의나 이메일, 문자에 정신이 팔리지 않는다. 그런 일은 나중에 도입할 수 있다. 일단 지금은 걷는 동안 몸의 느낌에 익숙해지고 일상적 운동을 위한 뇌 경로가 완전히 형성되는 데 집중해야 한다. 나는 그에게 당분간 걷는 경험 자체에 집중할 수 있는지 물었다.

"걸을 때 발을 지면에 정확히 디디면서 대지를 느껴보세요. 걷는 동안 호흡에 주목해야 합니다. 아울러 몸이 어떻게 움직이고 느끼는지 주의를 기울이세요." 나는 한마디 덧붙였다. "이것을 일종의 운동 명상이라고 생각하세요."

마일스가 웃으며 말했다. "저는 명상을 해본 적이 없습니다! 어떻게 한자리에 꼼짝 앉고 앉아 있을 수 있죠? 하지만 이 운동 명상은 구미가 당기네요. 아내가 명상을 배우고 싶어 했는데, 잘 안 되는 것 같더라고요. 아내에게도 이 방법을 알려줘야겠어요. 자신만의 운동 명상을 할 수 있을지 모르니까."

만약 마일스가 걷기에만 집중해야 한다는 사실에 거부감을 보였다면, 나는 그가 걸으면서 업무 전화도 받고 음악이나 팟캐스트를 듣는 것을 반대하지 않았을 것이다. 하지만 그동안 환자들을 치료하면서 경험한 바에 따르면, 그런 방법은 위험한 비탈길로 빠질 수 있다. 전화 통화만 얼른 하고 끝날 것 같지만, 곧이어 몸을 웅크리고 이메일을 확인한 다음 답장을 보내게 된다. 첨단 기기는 우리가 아무리 좋은 의도로 벗어나려 해도 금방 다시 빠져들게 할 수 있다. 그러므로 걷기 습관을 새롭게 들일 때는 주의를 흩트리는 것들을 제한하고 걷기에만 집중하라.

처음에는 대부분의 환자가 이 제안을 거부한다. 물론 그럴 수 있다. 우리는 기기에서 떨어져 있는 시간이 매우 적다. 그래서 기기 없이 20분을 보내는 게 어렵게 느껴질 수 있다. 그래서 적어도 걷기가 일상적 습관이 될 때까지는 기기를 사용하지 말고 걸으라고 권한다. 60일 동안 이 습관이 자리를 잡으면, 나는 환자들에게 원한다면 걷는 동안 휴대폰을 사용해도 된다고 말한다. 대다수 환자는 계속해 휴대폰 없이 걷고 싶다고 대답한다. 그 20분은 주의를 흩트리는 것들에서 벗어난 소중한 시간이다. 기기에서 해방된 산책은 그들이 고대하고 또 고수하고 싶은 활동이다.

기법 #8 | 20분의 여유

1. 하루에 20분씩 걸을 수 있는 시간을 확보한 다음, 실제로 걸어라. 가능하면 오늘 당장 시작하라!

2. 걸으면서 몸의 움직임에 주의를 기울여라. 발이 지면에 닿는 감각에 집중하면서 앞으로 나아가라. 호흡이 들어오고 나가는 방식을 더 의식하라. 휴대폰에서 눈을 떼고 가깝거나 먼 주변 환경을 관찰하라.

3. 산책을 마치고 안으로 들어가면 달력에 체크 표시를 하라. 짧은 운동 명상을 한 후에 당신이 얼마나 차분하면서도 활기가 넘치는지 주목하라. 이 긍정적인 감정을 포착해 내일 다시 짧은 산책을 하도록 동기를 부여하라. 날마다 체크 표시를 하면서 타성을 깨고 몸을 움직이게 한 성취감을 만끽하라!

타성 깨뜨리기

평생 운동과는 담을 쌓고 살았던 내 환자들에게, 매일 걷기 습관을 들이는 일은 마치 진흙탕을 헤치고 나아가는 것처럼 느껴진다. 그들은 온갖 스트레스로 머릿속에 갇혀 사느라 안 그래도 지쳐 있다. 머릿속에서 빠져나와 몸을 움직이는 일은 도무지 내키지 않는다. 너무나 큰 노력을 기울여야 하기 때문이다.

나도 과로와 수면 부족으로 스트레스를 받을 때 육체적으로 너무 지쳐 헬스클럽에 간다는 생각만으로도 본능적으로 부정적 반응이 일어났다. 그렇다고 시도조차 안 했던 건 아니다. 우리 건물 지하에 있는 헬스클럽에 몇 번 내려가봤다. 하지만 헬스클럽 안으로 들어가 거대한 기계와 러닝머신을 둘러보고 벽면 거울에 비친 내 모습을 쳐다보고는 돌아서서 곧장 밖으로 나왔다. 몸이 완전히 지친 상태에서는 그 강렬한 분위기에 압도될 뿐, 환영받거나 차분해지는 느낌이 전혀 들지 않았다.

매일 걷는 습관이 붙게 된 건 순전히 우연이었다. 유난히 멋진 어느 날 저녁, 나는 12시간 근무를 마치고 병원을 나섰다. 바깥 공기가 상쾌하게 느껴졌다. 그래서 곧장 집으로 가는 대신 동네의 경치 좋은 길을 걸었다. 동네 커피숍을 지나고 내가 좋아하는 작은 식료품 가게도 지나서 블록 끝까지 내려갔다. 다음에는 식당가로 들어섰다가 근처 공원 주변을 한 바퀴 돌고 집으로 돌아왔다.

평소보다 겨우 10분 더 걸렸지만, 스트레스 수준의 변화가 바로 감지되었다. 입원 환자의 혈액 샘플이나 실험 시료를 급히 전달하려고 걷는 게 아니라 그냥 걷기 위해 걷는 것, 단순히 몸을 움직이는 그 느낌을 즐겼다. 다음 날 나는 다시 걷기를 시도했고 전날보다 5분을 더 걸었다. 그다음 날에도 5분을 더 걸었다. 그렇게 사흘을 보낸 후, 그다음 주부터 매일 20분씩 걸었다. 20분 걷기는 하루를 즐겁고 편안하게 마무리하는 방법으로 자리 잡았다. 헬스클럽을 이용하려고 시도하던 때와는 무척 다른 느낌이었다. 산책을 마치고 집에 돌아오면 몸과 마음이 달라졌다. 더 차분하고 덜 서두르고 현재에 더 충실해지는 것 같았다. 당시에는 몰랐지만 내 뇌는 걷기를 위한 신경 경로를 만들고 있었다. 도파민 같은 몇 가지 화학물질 덕분에 내 뇌에서 느껴지는 보상 감각이 이 경로를 강화했다. 한 번에 한 걸음씩 회복탄력성을 리셋했던 것이다.

나는 꼼짝하지 않으려는 타성을 깨뜨렸지만, 하루아침에 그렇게 되지는 않았다. 천천히, 신중하게, 점진적으로 이루어졌다. 스트레스를 받고 있다면, 가만히 앉아 있으려는 타성을 깨는 게 얼마나 어려운지 잘 알 것이다. 그것은 중력과도 같다. 당신은 정체된 상태에서 벗어나고 싶지만, 몸을 움직이기 위해 타성을 깨려는 생각만으로도 너무 힘들어서 운동을 미루고 계속 앉아 있게 된다. 그러다 보면 기분이 더 나빠진다. 결국 악순환이 반복된다.

이게 당신 이야기다 싶으면 작게 시작하는 것을 고려해보라. 집 근처를 한 바퀴 돌겠다는 목표를 세워라. 괜찮다 싶으면 다음 날에는 조금 더 돌아라. 걷겠다고 마음먹고 옷을 입고 밖에 나가서 얼굴에 신선한 공기를 쐬면 기분이 좋아질 것이다. 산책을 마치고 집에 돌아오면 애쓴 자신에게 연민을 베풀고 타성의 벽을 깨뜨린 점을 자축하라. 그리고 스트레스 여정의 크고 작은 승리를 기념하라.

"걷고 나서 어깨라도 토닥이라는 말인가요?" 마일스가 미심쩍은 표정으로 웃으며 말했다.

"맞아요. 뇌는 회복탄력성을 리셋하기 위해 무언가를 할 때마다 변하고 있습니다. 축하할 만한 일이죠." 내가 거듭 강조했다.

마일스를 위한 '회복탄력성의 2가지 원칙' 중 두 번째는 (아래에서 자세히 살펴볼) 장과 뇌의 연결gut-brain connection(이하 장뇌 연결)과 관련되는데, 이를 위해서는 식습관에 작은 변화가 필요했다. 나는 마일스에게 오전 10시에 휴게실에서 도넛을 집는 대신, 도넛만큼 쉽게 먹을 수 있는 아몬드나 해바라기씨 같은 단백질을 선택하라고 제안했다.

마일스는 진료실을 나가려고 문손잡이를 돌리다 말고 돌아서서 말했다.

"선생님과 이야기를 하다 보니 대학 시절 코치가 제게 외우라고 했던 말이 생각납니다. 멘스 사나 인 코르포레 사노^{Mens sana in corpore sano}. 라틴어로 '건강한 신체에 건전한 정신이 깃든다'라는 뜻입니다. 고대 그리스의 올림픽경기에서 유래한 말이라고 하더군요. 코치가 그 말을 따라 하라고 했을 때는 다들 웃었지만, 지금 생각해보니 정말 맞는 말이네요."

마일스는 그날 오후 내 진료실을 나선 뒤 매일 20분씩 걸었다. 이 걷기는 그의 심신 연결을 활성화하는 데 도움이 되었다.

⋮   일상적 습관의 힘   ⋮

마일스는 매일 운동하는 습관을 들이려면 노력이 필요하다는 점을 알기에 확실한 계획을 세웠다. 뭐가 되었든 새로운 습관은 처음에는 상당한 정신적 역량과 의지가 필요하므로, 뇌는 당신이 요구하는 변화에 적응할 시간이 필요하다. '회복탄력성의 2가지 원칙'에 따라 작게 단계적으로 접근하면 뇌가 변화를 스트레스로 인식하지 않을 것이다. 뇌가 새로운 습관을 자동화하면 일상생활의 일부로 자리 잡을 수 있다.

작가 타라 파커포프^{Tara Parker-Pope}에 따르면, 새로운 습관을 일상에 매끄럽게 녹아들도록 하는 비결은 그 습관을 쉽게 만드는 것이다. 그러려면 새로운 습관의 마찰을 줄여야 한다고 그녀는 설명한다. 마찰은 시간, 거리, 노력이라는 세 부분으로 구성된다. 결국 새로운 습관을 들일 가능성을 높이려면, 그와 관련된 마찰을 줄이는 것을 목표로

삼아야 한다.[26]

마일스는 새로운 계획으로 이 일을 해냈고, 새로운 습관에서 오는 마찰도 거의 무시할 수 있는 수준이었다. 일단 기존의 링크드인 검색을 산책으로 바꾸면서 시간 장벽을 넘어섰다. 또 헬스장에 가지 않기 때문에 거리도 문제가 되지 않았다. 그냥 일과 중에 잠시 휴식을 취하고자 밖에 나가서 짧게 산책을 했다. 그래도 해결해야 할 문제가 하나 더 있었다. 바로 노력이다. 마일스는 매일 조금이라도 노력을 기울여야 할 것이다.

나는 이렇게 설명했다. "양치질하듯이 매일 걷는다고 생각해보세요. 당신 자신에게 하는, 타협할 수 없는 약속이죠. 좋든 싫든 그냥 하세요. 하고 싶은지 아닌지 생각하지 말고 그냥 운동화 끈을 묶고 나가세요."

미국의 거의 모든 아동과 성인은 아주 어릴 때부터 매일 양치질을 하도록 훈련받는다. 할지 말지 결정하거나 할 시간이 있는지 따져보거나 오늘은 건너뛰고 내일 더 하겠다고 계획할 수 있는 일이 아니다. 그냥 자동으로 수행한다. 아무리 귀찮고 성가셔도 그냥 묵묵히 한다. 뇌과학의 관점에서 어떻게 그럴 수 있는지 잠시 생각해보자.

결정 피로 피하기

양치질을 위한 뇌 회로는 어렸을 때 만들어졌다. 우리가 뇌 회로에 대해 별로 생각하지 않는 이유는, 뇌 회로의 상당수가 이렇게 어린 시절에 만들어지기 때문이다. 하지만 매일 양치질하는 법을 어떻게 배웠는지 살펴보면, 습관 형성에 관해 많은 것을 배울 수 있다. 어린 시절 우리를 돌보던 사람들이 '치아 위생'을 위한 뇌 회로를 만들어 주었고, 번거롭기는 하지만 우리는 성인이 되어서도 그 습관을 계속 이어간다. 매일 산책하는 일은 성숙한 뇌가 '신체 건강 위생'을 위한 뇌 회로를 만드는 데 도움이 된다.

새로운 일을 시작할 때 뇌는 어쩌다 한 번 하는 것보다 매일 하는 편이 더 쉽다. 그래야 결정 피로를 피하게 되어 처음에 얼마나 전념하든 상관없이 쉽게 자리 잡을 수 있다. 운동 요법을 새롭게 시작하겠다고 숱하게 결심했던 일을 떠올려보라. 당신은 월요일, 수요일, 금요일마다 헬스장에 가겠다고 열정적으로 말한다. 첫 주 월요일에 무슨 일이 생기면, 당신은 화요일과 목요일에 가겠다고 말한다. 하지만 화요일에도 일이 생겨서 시간을 내지 못한다. 당신은 수요일에 가겠다고 다짐하고 진짜로 간다. 그런데 목요일에 가족에게 무슨 일이 생겨서 주말 내내 바쁘게 지내다 다시 월요일을 맞이한다. 당신은 첫 주에 여러 번 운동할 생각이었지만, 잘해야 하루 정도, 어쩌면 그 하루도 시간을 내지 못했을 것이다. 이는 당신의 제한된 의지력 때문이 아니라 스트레스 생물학 때문이다. 새로운 습관 형성을 촉진하는 뇌의 기제가 스트레스 메커니즘도 똑같이 촉진한다. 따라서 새로운 일을 시도할 때는 작게 시작하고 매일 하겠다는 목표를 세우도록 하라.

내 운동 처방이 항상 매일 20분씩 걷는 것으로 시작되는 이유가 바로 여기에 있다. 거의 누구나 직장과 가정의 요구에 상관없이 그렇게 할 수 있기 때문이다. 일단 뇌를 훈련하고 운동 습관을 위한 뇌 회로를 형성하면, 당신은 원하는 만큼 더 자주 또는 더 적게 강도 높은 운동을 추가할 수 있다. 뇌 회로는 날마다 하는 산책 요법으로 이미 형성되어 있다.

산책 습관 고수하기

일단 매일 걷는 습관을 들이면 성취감을 느낄 가능성이 크고, 이는 다시 당신의 열정을 북돋워줄 것이다. 그 열정에 힘입어 앞으로 나아가도록 하라. 다만 몇 주 지나면서 열정이 점차 식을 수 있다는 점을 잊지 말아야 한다. 식어가는 열정은 생물학적으로 정상적인 현상일 뿐, 그 습관이 더 이상 뇌에 유익하지 않다는 뜻은 아니다. 오히려 당신이 습관 형성의 새로운 단계로 나아가고, 뇌가 거기에 점차 익숙해지고 있다는 뜻이다.

습관 형성에는 세 가지 단계가 있다. 첫 번째는 습관을 시작하는 '착수' 단계고, 두 번째는 그 습관을 반복하는 '학습' 단계며, 세 번째는 습관이 자동화되는 '안정' 단계다. 전체 과정은 보통 두 달 정도 걸린다. 도중에 며칠 빼먹는 등 자잘한 문제를 예상할 수 있어야 한다. 이러한 문제는 뇌가 학습하는 과정의 일환이다. 연구진은 다음과 같이 밝혔다.

"행동을 수행할 기회를 몇 번 놓쳤다고 해서 습관 형성 과정이 심각하게 훼손되지는 않았다. … 그러나 습관 형성 과정의 기간을 비현실적으로 기대한다면 학습 단계에서 포기하게 될 수 있다."[27]

그러니 과정을 믿고 두 달 동안 뇌가 새로운 신경 경로를 확립할 시간을 충분히 제공하도록 하라. 새로운 습관을 형성하려 애쓰는 뇌에 약간의 연민을 베풀어야 한다. 매일 걷기든 이 책에서 소개하는 다른 기법이든 새로운 습관을 형성하는 일은 완벽함의 문제가 아니라 꾸준함의 문제다.

한 달 후 마일스가 후속 조치를 위해 찾아왔을 때, 우리는 그가 지난달 며칠이나 걸었는지 보여주는 체크 표시를 검토했다. 놀랍게도, 30일 중 28일을 걸었다! 그는 순조롭게 운동 습관을 들이고 있었다. 간혹 20분씩 걷기 어려운 날도 있었지만, 그럴 때는 동료와 함께 걸으면서 회의하거나 저녁 식사 후에 산책하기도 했다. 물론 그런 활동에도 체크 표시를 할 수 있었다. 그는 매일 자신의 진척 상황을 추적하면서 성취감을 느꼈다. 그러자 매일 걷기 습관을 유지하겠다는 열의가 샘솟았다.

"이 짧은 산책으로 이렇게 달라질 수 있다는 게 믿기지 않습니다! 저는 신선한 공기를 마시고 나뭇잎의 색깔이 변하는 모습도 확인합니다. 예전에는 계절이 바뀌는 줄도 모르고 살았거든요. 전보다 의욕도 넘치고, 오전 간식으로 도넛 대신 아몬드나 호두 한 줌을 먹은 후로는 정신도 더 또렷해졌습니다. 생각지도 못한 소득인 거죠."

"그래서 작은 변화가 큰 차이를 만든다고 하잖아요." 내가 말했다.

"정말 그렇습니다. 이제는 놓치고 싶지 않습니다. 저는 무슨 일이 있어도 매일 산책을 해야 합니다. 제 비서도 산책하러 나가라고 채근한답니다. 게다가 초등학교 4학년생인 우리 아이가 아침마다 제 가방에 아몬드를 한 봉지 넣어주고 자기 도시락통에도 하나 넣어 갑니다. 이참에 녀석도 좋은 습관을 들이고 있답니다."

마일스는 매일 하는 운동으로 새로운 뇌 회로를 만들고, 조만간 이 습관으로 뇌와 신체에 온갖 혜택을 얻게 될 터였다.

매일 걸으면서 스트레스뿐만 아니라 수면과 활력도 개선되었다. 결국 그는 일주일에 세 번씩 헬스장에 갔고 식단에도 더 많은 변화를 주었다. 4개월 뒤, 의사를 찾아갔을 때 그의 혈압은 정상 범위로 돌아와 있었다. 여전히 당뇨병 전단계였지만, 주치의는 당장 약물 치료를 시작하는 대신 한 달 후에 다시 혈액을 검사하고 그때 약물의 필요성을 평가하자고 했다. 마일스는 이러한 진척을 계속 이어가기로 굳게 마음먹었다.

생활에 운동 도입하기

나도 예전에는 운동을 안 했다. 그런데 스트레스로 고생하던 시절 92세 여성과 대화를 나누면서 운동에 대한 관점을 바꾸게 되었다. 당시에 나는 히말라야산맥 기슭의 인도 다르질링으로 하이킹 여행을 떠났다. 하이커도 아니고 평소에 자주 걷지도 않았기 때문에, 혹시

도움이 될까 싶어 재킷과 부츠, 배낭 등 최신 장비를 잔뜩 챙겨 갔다. 첫날, 하이킹 코스를 힘겹게 걷고 있는데 한 노부인이 사리와 양모 스웨터 차림에 슬리퍼만 신은 채로 내 곁을 빠르게 지나갔다.

나중에 시내의 한 노점에서 그 노부인을 우연히 만났다. "저번에 봤던 분이네요!" 내가 말했다.

노부인은 노점을 여는 데 늦는 바람에 하이킹 코스에서 나를 서둘러 지나쳤다고 했다. 지난 50년 동안 작은 가게를 꾸려온 그녀에게, 나이에 비해 신체적으로나 정신적으로 기민한 비결이 무엇인지 물었다.

그녀가 내 첨단 장비를 가리키며 말했다. "저딴 건 필요 없어요." 그러더니 자신의 머리를 가리키며 말했다. "당신에게 필요한 건 이것뿐이에요! 이것으로 어디든 갈 수 있어요!"

그날 이후로 나는 운동을 할 수 없는 오만 가지 핑계가 생각날 때마다 그 노부인의 슬리퍼와 정신 건강을 떠올린다.

내 변명이 통할 가능성은 전혀 없다.

2008년 출간된 『블루존: 세계 장수 마을』(살림Life)에서, 댄 뷰트너 Dan Buettner는 세계에서 가장 나이가 많은 사람들의 일상 습관을 설명한다. 운동과 관련해 꼭 기억해야 할 점이 한 가지 있는데, 그들은 격렬하게 땀 흘리는 운동을 하지 않는다. 단지 일상생활에서 저강도 운동을 꾸준히 할 뿐이다.

현대인의 생활이 대부분의 시간을 앉아서 보내게 하고 매일 조금씩 운동해도 뇌와 신체에 큰 영향을 미친다는 사실을 이제 알았으니,

어떻게 하면 생활 속에 고통 없이 운동을 포함시킬 수 있을지 고민해보라. 하루하루 살아가면서 어떻게 이 지혜로운 노년의 에너지를 당신의 삶에 불어넣을 수 있을까? 건물 입구에 바짝 붙여서 주차하는 대신 조금 멀리 주차하고 100미터 정도는 걷도록 하라. 한두 층은 엘리베이터를 타는 대신 계단으로 올라가라. 지하철역이나 버스 정거장이 집이나 직장에서 가깝다면 한 정거장 일찍 내려서 나머지 길은 걸어가라. 일상생활에서 운동 습관을 들이는 데 도움이 될 만한 것들이다. 이런 자잘한 활동이 스트레스는 줄이고 회복탄력성은 높이는 새로운 출발점이다. 스트레스, 불안, 심장 건강, 장수 등 당신을 더 많이 움직이게 하는 촉매제가 무엇인지는 중요하지 않다.

삶에 운동을 어떻게 도입할지 생각할 때 중국의 철학자 노자의 명언을 떠올려보라.

"어려운 일은 쉬울 때 하고, 위대한 일은 작을 때 하라. 천 리 길도 한 걸음부터 시작해야 한다."

장뇌 연결

운동은 심신 연결을 활성화해 회복탄력성을 리셋하는 오래된 방법이다. 회복탄력성을 리셋하는 덜 알려진 방법은 '장과 뇌의 연결'을 활성화하는 것이다. 장뇌 연결에 대해 들어본 적이 없다고? 당신만 그런 게 아니다. 이는 비교적 새로운 과학 개념이며, 의학계에서도 장뇌 연결이 정신 건강과 신체 건강에 얼마나 광범위하게 영향을 미칠 수 있는지 아직 제대로 파악하지 못하고 있다. 그나마 장이 단순히 소화를 담당하는 기능만 하는 게 아니라 기분, 정신 건강, 심지어 스트레스 같은 다른 여러 신체 과정에도 영향을 미친다는 점은 확실히 파악하고 있다. 여기서 '장gut'이라는 말은 당신의 소장과 대장을 의미한다. 장뇌 연결의 많은 부분이 바로 그곳에서 일어나기 때문이다.

장뇌 연결에 관한 과학은 처음 접하더라도, 이것이 몸에 미치는 영향은 예전부터 줄곧 느꼈을 것이다. 실제로 당신은 수십 년 동안 이와 관련된 용어를 사용해왔다. 애간장을 태우거나, 속(즉 위장)이 쓰리거나, 어떤 직감gut feeling이 들거나, 속이 울렁거린 적이 있다면 장뇌 연결을 직접 경험한 것이다.

장뇌 연결은 스트레스에 영향을 미칠 수 있다. 장과 뇌가 양방향 정보 채널을 통해 밀접하게 연결되어 있기 때문이다. 장이 감정 상태에 민감하므로 과학자들은 간혹 장을 '제2의 뇌'라고 부른다. 장은 뇌에 이어서 두 번째로 많은 신경세포, 즉 뉴런이 모여 있는 곳이다.[28] 뇌는 장에 '하향' 신호를 보내고 장은 뇌에 '상향' 신호를 보내는데, 이를 '교차 대화cross talk'라고 한다.[29] 장뇌 교차 대화는 전화 교환원 역할을 하면서 뇌와 장을 연결하고, 당뇨병에서 파킨슨병, 불안감, 우울증에 이르기까지 다양한 신체적·정신적 건강 상태에 영향을 미친다.[30] 알고 보니, 장뇌 교차 대화는 스트레스 반응에도 영향을 미칠 수 있다.

레이나는 '신경성 위장^{nervous stomach}' 증상이 있다면서 내게 이렇게 설명했다.

"회사에서 프레젠테이션을 하기 전날이면 배가 아프고 메스꺼워 화장실에 자주 가야 해요. 프레젠테이션 전에는 매번 그런다는 사실을 잊고 장염에 걸렸다고 생각하죠. 그럴 때마다 스트레스를 잔뜩 받아요. 하지만 프레젠테이션이 끝나면 증상이 감쪽같이 사라진다니까요!"

레이나 같은 사람들의 카나리아 증상은 장뇌 연결에서 메스꺼움, 복통, 소화 불량, 복부 팽만, 식욕과 배변 습관 변화 등으로 나타난다. 스트레스를 받을 때 이러한 증상이 나타난다면, 당신도 경고 신호를 무시했을 가능성이 있다.

레이나는 자신의 신경성 위장 증상이 스트레스와 관련되었다는 사실을 알았지만, 어떻게 대처해야 할지 몰랐다. 그래서 내게 이렇게 토로했다.

"저는 시간 관리를 더 잘하고 프레젠테이션 전날 밤에 긴장을 풀려고 노력하지만, 도저히 증상을 떨쳐내지 못하겠어요. 정말 너무 불편해요."

안타깝게도, 레이나처럼 장뇌 연결의 불균형으로 고통받는 사람들은 흔히 의학적 치료를 받기보다는 불편을 혼자 감내하려 든다. 장뇌 연결 증상이 스트레스와 관련 있다고 의심된다면, 의사를 만나 해당 증상이 기저 질환에서 비롯되지 않았는지 꼭 확인해야 한다. 위장 증세가 스트레스 때문이 아니라고 생각되더라도, 의사와 터놓고 상담해야 한다. 정통 의학에서 장뇌 연결에 대한 인식이 점점 커지고 있으며, 여러 의료 행위가 이 분야의 전문가인 심리학자들과 연계되어 있다. 의사는 복잡한 의료 시스템을 잘 안내해주고, 원인이 무엇이든 당신이 필요한 자원을 지원받을 수 있도록 도와줄 수 있다.

레이나는 내 진료실에 왔을 때 이미 주치의의 소개로 위장병 전문의를 만나본 뒤였다. 정밀 검사를 받은 후, 과민대장증후군irritable bowel syndrome, IBS 진단을 받았고 그에 따른 치료도 시작했다. 치료와 더불어 스트레스를 더 잘 관리해보라고 권유도 받았다.

"스트레스 때문에 증상이 심해지는 건 알지만 스파에 간다고 도움이 되지는 않거든요." 레이나는 절박한 심정으로 이렇게 덧붙였다. "저는 실제로 제 몸의 스트레스를 낮추는 방법을 알아야 해요."

나는 레이나의 스트레스 문제를 전적으로 이해하고 공감했다. 예전에 단지 "긴장을 더 풀어보세요"라던 내 주치의의 호의적 제안이 떠올랐기 때문이다.

레이나는 혼자서 스트레스를 관리하려고 노력했지만 결국 실패했다. 그래서 카나리아의 경고에 어떻게 대응할지 구체적 계획을 세울 수 있기를 바라며 내 진료실에 찾아왔다. 레이나는 대부분의 사람이 카나리아를 인식할 때 흔히 하는 일을 하고 있었다. 즉, 프레젠테이션 전날 단기적으로 스트레스를 관리했다. 하지만 극심한 스트레스 증상이 사라지면 바로 평범한 일상으로 돌아갔다. 그녀의 평범한 일상은 늦은 취침, 불규칙한 식사, 우울증 완화를 위해 밤에 와인을 반병 마시는 습관으로 이루어져 있었다.

"스트레스가 심해질 때 일상에 변화를 주는 건 정말 좋은 일이에요." 나는 그녀를 안심시키며 말을 이었다. "하지만 우리 목표는 애초에 그런 스트레스 폭발을 예방하거나 빈도를 최소한으로 줄이는 거예요."

레이나는 익숙한 악순환에 빠져 있었다. 그녀의 스트레스는 단기간에 격해져, 이를 관리하는 데 온 신경을 집중하게 했다. 그러나 극심한 스트레스 기간이 지나가면 그녀는 카나리아의 경고에 신경 쓰지 않았고, 일상 습관이 스트레스에 어떤 영향을 미치는지에 별 관심이 없었다. 그냥 시간이 지나면서 모든 것이 괜찮아질 터였다. 그러다가 다시 불가피한 프레젠테이션 일정이 생기면, 이것이 스트레스 촉발제가 되어 그녀의 카나리아가 다시 경고를 보냈다.

레이나는 스트레스 사이클을 끊어내는 데 도움이 필요했다.

"스트레스 관리는 장기전이에요. 우리는 한 번에 2가지씩 작지만 지속 가능한 변화를 이루는 데 초점을 맞출 겁니다. 그러면 중요한 발표를 앞두었을 때뿐만 아니라 평상시에도 그렇게 할 수 있을 거예요."

레이나를 위한 '회복탄력성의 2가지 원칙'에서 핵심은 폭발하는 스트레스 찻주전자에서 천천히, 점진적으로 치유 증기를 내보내는 것이었다. 우리는 2가지 핵심 중재에 동의했다. 첫 번째는 취침 시간을 앞당겨 수면을 확보하는 것이었고, 두 번째는 매일 20분 걷기를 실천할 시간을 확보하는 것이었다.

이 2가지 중재 외에, 레이나는 침술 치료도 시작하기로 했다. 침술이 과민대장증후군은 물론이요, 장뇌 연결과 관련된 다른 질환에도 유익하다는 연구 결과가 있었기 때문이다.[31] 아울러 주치의가 처방한 심리 치료도 시작할 예정이었다. 나는 그녀에게 알코올 의존성에 대해 치료사와 상의해보라고 권했다.

"혹시 알코올로 자가 치료를 하고 있지 않나요? 스트레스가 심한 사람들이 흔히 그렇게 하거든요."

내 질문에 레이나가 솔직히 인정했다. "와인을 마시면 확실히 긴장이 풀리고 스트레스에 더 잘 대처할 수 있더라고요."

스트레스가 심한 사람들은 술로 푸는 경우가 많다.[32] 그 점을 인식하고 전문가에게 도움을 구하는 게 중요한 첫 단계다. 나는 레이나에게 자신의 대처 전략을 기꺼이 탐색하고 삶을 바꿀 준비가 되었다고 축하했다.

레이나는 의료진과 종합적인 치료 계획을 세우고 '회복탄력성의 2가지 원칙'을 실천한 지 3개월 만에 장뇌 연결 증상이 극적으로 개선되었다. 그녀가 카나리아의 경고에 주의를 기울이고 장기적인 스트레스 대처 전략을 실천해나가자 카나리아가 잠잠해졌다. 레이나의 카나리아는 바로 그녀의 장이었다는 데 의심할 여지가 없었다!

전 세계 연구자들은 장뇌 연결이 어떻게 작용하는지 이해하고, 또 다양한 치료법이 레이나 같은 환자들에게 어떤 도움을 줄 수 있는지 알아내려고 노력하고 있다. 존스홉킨스에서 장뇌 연결의 기초를 연구하는 제이 파스리차 Jay Pasricha 박사는 이렇게 말한다.

"우리의 2가지 뇌는 서로 '대화'를 나눕니다. 따라서 한쪽에 도움이 되는 치료법이 다른 쪽에도 도움이 될 수 있어요. … 심리 치료 같은 심리적 중재도 대뇌big brain와 장뇌gut brain의 '소통을 개선하는' 데 도움을 줄 수 있습니다."[33]

점점 늘어나는 연구 결과에 따르면, 장은 조만간 스트레스를 관리하는 강력한 관문으로 여겨질 것 같다. 내 초기 멘토 중 한 분은 이런 말씀을 자주 했다.

"우리는 스트레스와 관련해 뇌를 지나치게 찬양하는 경향이 있습니다. 하지만 장도 중요하다는 사실에 더 주목해야 합니다. 장에서 온갖 일이 벌어지고 있으니까요!"

그 교수님은 우리 몸의 세로토닌 중 95퍼센트가 장에서 발견되며, 뇌보다 장에 세로토닌 수용체가 세 배에서 다섯 배까지 더 많다는 사실을 언급했다.[34] 세로토닌은 신경전달물질로도 알려진 뇌 화학물질로, 기분을 관리하는 데 부분적으로 기여한다. 아마도 프로작Prozac 같은 '선택적 세로토닌 재흡수 억제제selective serotonin reuptake inhibitors, SSRI'라는 약물군과 관련해 세로토닌을 들어본 적이 있을 것이다. 프로작은 기분을 개선하고 우울증을 치료하는 데 사용된다. 세로토닌이 대부분 장에서 발견되는데도 우리는 이를 뇌 화학물질로 부른다는 사실이 흥미롭지 않은가? 장은 정말로 제2의 뇌다!

장뇌 연결에 영향을 미치는 방법을 이해한다면 스트레스를 최소화하는 데 유용할 것이다. 그러려면 스트레스가 어떻게 장뇌 연결에 영향을 미치는지, 또 그 반대도 마찬가지인지 명확히 이해해야 할 것이다.

장은 우리 몸의 건강한 박테리아와 기타 유기체들의 가장 큰 미생물 생태계인 미생물 군집, 즉 '마이크로바이옴microbiome'의 본거지다.[35] 이 마이크로바이옴은 장과 뇌 사이에서 정보 채널과 교차 대화의 핵심 중재자 역할을 한다. 이 건강한 박테리아는 장에 살고 있지만, 소화뿐만 아니라 면역, 기분 조절, 스트레스 관리 등 수백 가지 다른 신체 기능에도 관여한다.

뇌가 신경가소성을 통해 변화하고 자극에 반응하듯이, 장의 마이크로바이옴도 몸에서 일어나는 일에 따라 기능을 바꾼다. 나이, 최근 질환, 약물, 특히 스트레스 등 많은 요인이 장의 마이크로바이옴에 영향을 미친다. 만성 스트레스는 마이크로바이옴의 구조와 구성을 변화시켜 건강하지 못하게 만든다.[36] 장내 마이크로바이옴은 숙면, 스트레스 감소, 운동 증가 등 이 책에서 소개하는 여러 전략으로 강화되는 반면, 흡연, 과음, 운동 부족, 수면 부족 등으로 고갈된다.

최근 여러 연구에 따르면, 장내 마이크로바이옴을 구성하는 수조 개의 건강한 유기체 안에는 기분을 조절하는 기능만 하는 특정 박테리아가 있다. 장내 마이크로바이옴 중 이 특정 박테리아 그룹은 '사이코바이옴psychobiome'이라고 불리며, 정신 건강과 관련된 장뇌 연결의 중심 역할을 한다.[37] 과학자들은 사이코바이옴이 어떻게 우리가 생각하고 느끼는 방식에 영향을 미치는지 밝혀내려고 노력하고 있다.

사이코바이옴을 표적으로 하는 약물을 연구하는 존 크라이언John Cryan은 이렇게 말한다. "뇌와 장은 끊임없이 소통합니다." 크라이언의 동료인 제럴드 클라크Gerald Clark는 이렇게 덧붙인다. "장에서 일어나는 메커니즘을 더 정확하게 이해하는 것이 중요합니다."[38]

사이코바이옴에 특정한 영향을 미치는 방법과 관련해서는 아직 연구 초기 단계지만, 뇌가 신경가소성을 통해 일상적 행동에 영향을 받듯이, 전체 마이크로바이옴도 습관과 행동에 영향을 받을 수 있다는 점을 시사하는 데이터는 충분하다. 당신은 스트레스를 리셋하고 번아웃을 되돌리기 위해 내가 이 책에서 이미 설명한 여러 기법과 다음 장에서 소개할 여러 기법을 통해 전체 마이크로바이옴을 적극적으로 강화할 수 있다. 모든 기법이 뇌와 스트레스를 리셋하는 데 도움이 되듯이, 이러한 기법들은 전체 장내 마이크로바이옴을 더 건강한 상태로 리셋하는 데 도움이 될 수 있다.

일상적 행동으로 장뇌 연결에 영향을 미치는 것 외에도, 마이크로바이옴은 당신이 먹는 음식에 민감하게 반응한다. 몇 가지 연구에 따르면, 특정 음식이 마이크로바이옴에 직접적인 영향을 미칠 수 있다.[39] 실제로, 새로 떠오르는 '영양 정신의학nutritional psychiatry' 분야는 음식이 정신 건강에 미치는 영향에 초점을 맞추는데, 그 기초는 장뇌 연결에 있다.[40]

영양 정신의학은 스트레스를 개선할 만한 음식을 선택하는 데 도움을 줄 수 있다. 다음 절에서 이 내용을 다룰 것이다. 하지만 당신은 일상생활에서 스트레스와 음식 간의 상호작용에 대해 귀중한 교훈을 이미 배웠을 것이다.

가령 스트레스가 어떻게 특정 음식을 선택하게 하는지 알고 있을 것이다. 스트레스를 받을 때, 당신은 고지방 또는 고당분 음식을 갈망할 것이다. 이러한 현상은 매우 흔하게 일어나며, '스트레스 섭식stress eating' 또는 '감정적 섭식emotional eating'이라고 불린다. 초콜릿 케이크, 드라이브 스루에서 파는 감자튀김, 아이스크림, 도넛이 얼핏 떠오를 것이다. 나는 스트레스가 많은 시기에 블루콘 토르티야 칩을 자주 찾는다. 커다란 봉지를 한 번 뜯으면 1회분 분량인 11개로 끝나는 적이 없다.

스트레스를 받을 때, 내 환자들은 그런 음식에 저항할 의지력이 없는 것 같다고 말한다. 우리는 TV 광고를 보면서 감자칩이나 탄산음료, 아이스크림으로 편안하고 느긋한 시간을 보낼 수 있다는 메시지를 강하게 받는다. TV 광고에서 사람들이 여린 시금치로 더 멋진 삶을 누릴 거라고 떠벌리는 모습을 보진 못했을 것이다. 그렇지 않은가?

하지만 스트레스를 받을 때 우리가 설탕, 소금, 지방을 더 갈망하는 데는 TV 광고보다 훨씬 더 깊은 이유가 있다. 이는 동굴 거주 시절부터 있던 작은 도마뱀 뇌로 거슬러 올라간다. 스트레스를 받는 동안, 우리 뇌는 칼로리 밀도가 가장 높은 고지방, 고당분 음식을 갈망하도록 생물학적으로 프로그래밍되어 있다. 앞에서 살펴봤듯이, 스트레스 상황에서 뇌의 작은 파충류인 편도체가 활성화되면 우리는 생존에 집중하게 된다. 단도직입적으로 말하면, 칼로리는 생존과 같다. 당신의 파충류 뇌는 청구서 납부로 생긴 스트레스와 기근으로 생긴 스트레스를 구별할 수 없으니, 가능한 한 몸을 크게 살찌우는 게 좋다.

먹으면 기분이 좋아지는 음식에 절로 손이 간다면, 뇌가 당신의 내부 신호에 반응하기 때문이다. 하지만 사람들이 흔히 그러하듯 자신을 질책하는 대신, 자기 연민을 품고 디팩 초프라Deepak Chopra가 제기한 질문을 자문해보자.

"나는 정녕 무엇을 갈망하는가?"⁴¹

그 답변은 어쩌면 더 많은 휴식, 미래에 대한 확신, 더 강한 유대감일 것이다. 그 답변대로 하겠다는 목표를 세워보라.

당신은 무엇을 갈망하는가?

"저는 날마다 친구들에게 정서적 지지를 받고 있어요." 내 진료실에 처음 찾아온 로렌이 말하다 말고 슬쩍 웃더니 이렇게 덧붙였다. "물론 커다란 초콜릿 케이크도 한몫하죠."

49세인 로렌은 22년째 사회복지 분야에서 열정적으로 일하고 있다. 직장 생활과 별개로, 로렌은 자꾸 밖으로 나돌려 하는 10대 딸 두 명과 자동차 대리점 일로 정신없이 바쁜 남편 문제로 걱정이 많았다.

로렌의 부모는 아이들이 어릴 때 일손을 보태겠다고 근처로 이사 왔다. 그런데 이제는 두 분 다 건강 문제가 생겨서 오히려 로렌에게 도움을 요청했다.

"제 불안은 하루아침에 생긴 게 아니에요. 벌써 7년 가까이 심리 치료사를 만나고 있어요. 하지만 스트레스 섭식이 한층 심해졌어요. 지난 2년 동안 9킬로그램이나 늘었다니까요! 아무래도 초콜릿 케이크 해결책이 역효과를 일으키나 봐요."

로렌은 그 문제를 가볍게 취급하려 애썼지만, 무릎 위에서 손을 비트는 모습을 보니 한계에 다다른 눈치였다.

내가 그녀의 감정적 섭식 패턴을 설명해달라고 부탁하자, 그녀는 이렇게 설명했다.

"처음에는 자기 전에 어쩌다 한 번씩 간식을 먹었어요. 하지만 이제는 초콜릿 케이크를 먹지 않고는 하루도 견딜 수 없어요. 그것도 잠자기 직전에 먹고, 크기도 점점 더 커졌어요." 로렌이 얼굴을 붉히며 덧붙였다. "저는 나약해서 이 나쁜 습관을 도저히 억제할 수 없을 것 같아요."

"우선, 당신은 절대로 나약한 사람이 아니에요, 로렌." 나는 그녀를 다독여주었다. "당신은 과도한 스케줄에 시달리고 강도 높은 일을 하며 당신에게 의존하는 가족이 있어요. 그에 따른 스트레스를 먹는 것으로 푼다고 할 수 있죠."

"하지만 이런 상황이 조만간 바뀔 것 같지는 않은데, 도대체 어떻게 해야 할까요?"

"맞아요. 만성 스트레스가 마법처럼 사라지진 않을 거예요. 그래서 우리는 '회복탄력성의 2가지 원칙'으로 시작할 거예요."

첫 번째 단계로, 로렌은 매일 20분씩 활기찬 걷기로 시작하는 운동 프로그램을 실천하기로 했다. 운동은 로렌에게 2가지 효과를 줄 것이다. 첫째, 우리가 앞서 논의한 뇌 메커니즘을 통해 불안감과 스트레스에 직접적인 영향을 미친다. 둘째, 식욕을 담당하는 뇌 영역인 전전두엽 피질에 간접적인 영향을 미친다. 연구에 따르면, 전전두엽 피질의 활동이 증가하면 식욕을 줄이는 데 도움이 될 수 있으며, 운동이 이 경로를 조절하도록 도와줄 수 있다.[42]

51명의 여성을 대상으로 한 연구에서, 평균 시속 5~6킬로미터로 20분간 빠르게 걸으면 칩과 초콜릿에 대한 갈망을 억제하는 데 도움이 되었고, 그 결과 이러한 음식 소비가 줄어들었다. 연구진은 이와 같은 연구 결과로, "적당한 수준의 유산소운동을 한바탕하고 나면 [뇌가] 억제 조절을 강화할 수 있고, [개인이] 식단 선택을 개선할 수 있음이 입증되었다"라고 말했다.[43] 이 연구는 다른 여러 연구와 함께 운동이 스트레스를 관리하는 데 유용할 뿐만 아니라, 스트레스를 받는 동안 식욕과의 관계를 바꾸는 데도 강력한 동인이 될 수 있음을 보여준다.

로렌의 '회복탄력성의 2가지 원칙'에서 두 번째는 음식 일지를 쓰는 것이었다. 언제 무엇을 먹는지 추적하면 당신이 얼마나 많이 먹는지 인식하는 데 지대한 영향을 미칠 수 있다. 그래서 음식 일지는 가장 효과적인 체중 관리 도구 중 하나로 입증되었다. 최근에 체중이 급격히 증가한 로렌은 전체 식습관, 특히 초콜릿 케이크 중독을 더 잘 다루고 싶었지만, 혼자 감당하기에는 역부족이었다. 음식 일지는 로렌이 식습관을 이해하는 데 도움이 될 테고, 그러한 인식이야말로 변화의 첫 단계다.

나는 로렌에게 음식 일지가 얼마나 유용한지 설명하기 위해, 음식 일지를 쓰면 체중 감량이 두 배로 증가한다는 획기적인 연구 결과를 알려주었다.[44] 1,685명의 참가자 가운데, 음식 일지를 쓴 사람들은 그렇지 않은 사람들에 비해 체중이 두 배 이상 줄었다. 하루 동안 먹은 음식을 기록하는 작은 행동이 큰 효과를 발휘할 수 있다.

로렌은 이러한 연구 결과에 고무되었다. 그래서 음식 섭취를 추적하는 데 선뜻 동의했고, 그것이 기존의 불안을 가중하지 않았기에 '회복탄력성의 2가지 원칙'에 포함했다. 우리는 그녀가 잠자리에 들 무렵 간식이 당기면, 영양소가 더 풍부하고 칼로리가 덜한 음식으로 초콜릿 케이크를 대체할 방법도 논의했다. 로렌은 사과에 땅콩버터를 발라서 먹어보겠다면서 이렇게 말했다. "저는 달콤하고 아삭한 사과에 땅콩버터의 부드럽고 끈적한 식감이 필요할 거예요."

로렌에게 처방된 '회복탄력성의 2가지 원칙'은, 일단 스트레스와 불안을 관리하도록 도와주면 감정적 섭식에 파급 효과가 미쳐서 그녀가 장기적인 건강 목표를 향해 나아갈 수 있다는 전제에 기반을 두고 있었다.

로렌은 이제 계획을 세웠고, 바로 그날 저녁부터 실천하고 싶어 했다. 4주 후 이메일로 상황을 확인했을 때, 그녀는 바쁜 일정 속에서도 계획대로 착착 진행하고 있다고 했다.

"저는 걷는 시간과 혼자 있는 시간을 즐기고 있어요. 고대하던 저만의 고요한 시간이에요. 거의 명상처럼 느껴지고, 바쁜 일상에서 맛보는 달콤한 휴식 시간이죠. 날이 좋든 궂든 하루도 거르지 않고 걸어요. 시간도 20분에서 45분으로 늘렸고요. 아울러 새로운 대처 기술을 배우고 있어서 초콜릿 케이크에 손이 갈 가능성도 줄어들고 있어요!"

나는 로렌에게 계속 정진하라고 격려했다.

두 달 후 후속 조치를 위해 다시 만났을 때, 그녀의 개인별 스트레스 지수는 18에서 8로 뚝 떨어졌다. 그녀는 음식 일지를 나와 공유했고, 일주일에 평균 두 번만 야식을 먹었다. 일주일 내내 먹었던 때와 비교하면 엄청난 개선이었다! 체중도 3킬로그램 넘게 빠졌다. 몇 달 전 스트레스 여정을 막 시작했을 때보다 훨씬 나아지고 있었다.

로렌은 내 진료실을 나서기 전에 달리 무엇을 더 할 수 있는지 물었다. 추진력이 생겼으니 좀 더 밀어붙이고 싶어 했다.

"'회복탄력성의 2가지 원칙'을 실천했더니 정말 효과가 좋네요." 로렌이 자랑스럽게 말했다. "하지만 이제는 다음 단계로 나아가고 싶어요. 건강을 지키려면 식단으로 무엇을 더 할 수 있을까요?"

나는 로렌에게 매일 빠르게 걷고 음식 일지를 기록하는 것 외에, 지중해식 식단을 도입해보라고 제안했다. 내가 지중해식 식단이 건강에 미치는 여러 이점을 설명하자, 그녀는 흥미를 보이며 그 요소를 자신의 식습관에 선뜻 도입하겠다고 했다.

건강식의 황금률

스트레스와 식습관의 관계에서는 그 영향이 양방향으로 작용한다. 스트레스가 당신에게 특정 음식을 갈망하게 할 수 있다. 가령 로렌에게는 초콜릿 케이크로, 내게는 블루콘 토르티야 칩으로 나타났다. 그런데 특정 음식도 당신의 스트레스 수준에 영향을 미칠 수 있다. 영양 정신의학에서 여러 연구를 통해 어떤 음식을 선택해야 하는지 풍부한 정보를 제공하고 있다. 하지만 내 환자들은 더 건강하게 먹고 싶어도 최신 '슈퍼푸드'를 따라가는 게 어렵다고 말한다. 그들은 흔히 변화하는 트렌드에 좌절한다.

로렌처럼 스트레스를 줄이고 건강을 증진하기 위해 가장 좋은 식단이 무엇인지 묻는 사람들에게, 나는 항상 지중해식 식단을 추천한다. 지중해식 식단은 엄격한 식단이라기보다 일반적 식생활 방식에 가깝다. 주로 신선한 과일과 채소, 통곡물, 콩과 식물과 콩, 견과류와 올리브유에서 얻는 단일불포화지방, 생선과 닭고기, 유제품에 초점을 맞춘다. 지중해식 식단에는 다른 더 엄격한 식단처럼 특정한 공식이 있지는 않다. 단지 영양이 풍부하고 최소한으로 가공된 음식을 균형 잡힌 식사로 조합하는 데 중점을 둔다. 일반적인 미국식 식단에 비해 전체적으로 가공식품과 붉은 고기, 단순 탄수화물과 포화지방을 적게 먹는다.

수많은 연구에서 다양한 유형의 식단과 비교한 결과, 그 어떤 식단보다도 지중해식 식단은 온갖 질환과 전반적 건강에 가장 우수한 식단으로 여러 번 입증되었다. 지중해식 식단은 뇌 건강을 유지하고,

수명을 늘리고, 체중을 조절하고, 당뇨병을 관리하고, 암을 비롯한 만성질환을 예방하는 데 도움이 된다.[45] 아울러 불안과 우울증 같은 정신 건강 문제에도 도움이 된다고 밝혀졌다. 한 연구에서는 3개월 동안 변형된 지중해식 식단으로 먹은 참가자들의 자체 보고 결과, 불안 증상이 감소했다.[46] 또 다른 연구에서는 과일과 채소, 생선, 살코기가 풍부한 지중해식 식단을 실천하면 우울증 증상이 줄어드는 것으로 나타났다.[47]

장뇌 연결에 관해 이야기한 김에 덧붙이자면, 지중해식 식단은 당신의 마이크로바이옴에도 영향을 미칠 수 있다. 유럽의 5개 국가를 대상으로 1년 동안 진행한 연구에서, 지중해식 식단을 따른 참가자들은 장내 마이크로바이옴이 개선되었다.[48]

지중해식 식단에서 중요한 또 다른 부분은 프리바이오틱 식품 Prebiotic foods과 프로바이오틱 식품Probiotic foods에 초점을 맞춘다는 점인데, 이는 세계 여러 지역에서 수 세기 동안 식습관으로 자리 잡았다. 이 2가지 식품은 장뇌 연결을 강화하도록 장내 마이크로바이옴에 직접적 영향을 미칠 수 있다. 프리바이오틱 식품에는 통곡물, 귀리, 사과, 바나나, 양파, 아티초크, 마늘, 아스파라거스, 심지어 코코아 등이 포함된다. 이러한 식품은 마이크로바이옴에 있는 건강한 장 박테리아를 먹이는 데 도움을 준다. 프로바이오틱 식품은 보통 발효 식품으로, 요구르트와 사우어크라우트, 케피어kefir(염소, 양, 소의 젖을 발효시킨 유제품), 콤부차 등이 포함된다. 이러한 식품은 마이크로바이옴에 건강한 박테리아를 돌려준다.[49]

이 식사법은 일반적으로 여러 만성질환을 예방하는 데 도움이 되는 한편, 스트레스 관리 측면에서도 중요한 고려 사항이다. 한 연구에서는 지중해식 식단이 제안하는 대로 채소 섭취를 늘리면, 스트레스 수준을 개선하는 데 도움이 될 수 있다고 밝혔다.[50] 또 다른 연구에 따르면, 45명의 참가자를 대상으로 프리바이오틱 식품과 발효 식품이 풍부한 식단으로 먹게 하자 스트레스가 32퍼센트 감소했다. 아울러 식단을 더 엄격하게 따른 참가자는 스트레스가 훨씬 더 많이 줄어들었다.[51]

지중해식 식단이 건강에 미치는 수많은 이점을 생각하면, 이 식사법을 어떻게 따라야 할지 궁금할 것이다. 지금은 일반 식단을 따르지만 지중해식 식단에서 영감을 얻은 새로운 식사법을 점진적으로 도입하고 싶다면, 다음과 같은 간단한 대체 방법을 선택할 수 있다.[52]

- 각양각색의 과일과 채소를 식단에 추가하라. 매일 5회 섭취를 목표로 하라. 버섯, 완두콩, 콩과 식물, 양파 같은 프리바이오틱 채소를 반드시 포함해야 한다.
- 엑스트라 버진 올리브유를 요리 기름으로 사용하라.
- 붉은 고기 대신 생선이나 닭고기를 먹고, 단백질 섭취를 위해 콩을 비롯한 콩과 식물을 더 많이 먹어라.
- 흰 빵을 통곡물 빵으로 바꿔라. 귀리와 보리 같은 통곡물도 포함해야 한다.
- 탄산음료나 주스 대신 물을 마셔라.

- 주간 식단에 요구르트나 사우어크라우트 같은 프로바이오틱 식품을 몇 순가락 추가하라.

삶의 다른 변화와 마찬가지로, 식습관에 변화를 주는 것도 스트레스를 증가시킬 수 있다. 그러니 지중해식 식단을 당신의 삶에 편입하기 위한 '회복탄력성의 2가지 원칙'을 따르라. 한 번에 작은 변화를 2가지씩만 주고, 몇 주에 한 번씩 2가지를 추가하라. 건강을 개선하기 위해 천천히, 그리고 점진적으로 음식을 요리하고 먹게 될 것이다.

새로운 식사법을 따르게 되면 식품 구입 방식도 바꿔야 할 것이다. 궁금해하는 환자들에게 추천하고 나도 실천하는 한 가지 방법은 식료품점의 가장자리를 따라 쇼핑하는 것이다. 슈퍼마켓은 대부분 구조가 똑같다. 중앙 통로에는 포장되고 가공되고 칼로리 밀도가 높은 식품이 진열되어 있다. 반면에 중앙 통로 주변으로는 자연 상태에 가깝고 영양 밀도가 높은 신선 식품이 최소한의 가공 과정을 거쳐 진열되어 있다. 예를 들면 농산물 코너, 곡물 코너, 단백질 코너, 유제품 코너가 있다. 식료품점 가장자리를 따라 쇼핑하면 최소한의 노력으로 서서히 지중해식 식단을 따라가게 될 것이다.

기법 #9 | 장이 길을 이끌게 하라.

우리는 자라면서 특정 식품을 즐겨 먹었고, 식료품점에서 판매하면 모두 건강에 좋은 줄 알았다. 하지만 이제는 매장에서 판매되는 많은 식품이 몸에 좋다기보다는 편의성과 긴 유통 기한을 위해 만들어진 다는 사실을 알고 있다. 장 건강에 좋고 두뇌 강화에도 도움이 되는 간단한 아이디어를 몇 가지 소개한다.

- 하루 동안 먹은 음식을 기록하라. 특히 스트레스를 받을 때 먹은 음식을 꼼꼼히 기록하라. 스트레스를 받을 때는 흔히 고지방, 고당분 식품이 당긴다.
- 다음에 식료품점에 갈 때는 먼저 가장자리로 가서 신선 식품으로 장바구니를 채우고, 가공식품과 저장 식품이 진열된 안쪽 통로를 나중에 둘러보라.
- 매주 지중해식 식단 목록에 있는 식품을 한두 가지 편입하는 것을 목표로 하라.
- 배가 고프지 않을 때도 간식을 꺼내러 냉장고나 찬장에 간다면, 잠시 멈춰서 왜 간식이 당기는지 확인하라. 어쩌면 당신은 그저 업무에서 잠시 벗어나거나 환경 변화를 원할지도 모른다. 어쩌면 당신을 불편하게 하는 상황에 직면해 자기 연민의 시간이 필요한 것일 수도 있다. 아니면 땅콩버터 초콜릿으로는 풀기 힘들 만큼 너무 지루한 것일 수도 있다.

감정적 섭식은 생물학적 특징의 일환이다. 지루함, 좌절, 분노, 걱정 등 우리가 배고프지 않을 때도 먹는 여러 감정적 이유에 대한 몸의 반응과 배고픔을 알리는 신호를 구별하는 법을 배워라. 당신의 스트레스는 그 차이를 아는 당신에게 고마워할 것이다.

나를 알게 된 지 3개월 후. 로렌이 '좋은 소식!'이라는 제목의 이메일을 보내왔다. 그녀는 3가지 기법을 실천하면서 5킬로그램을 감량했다. 매일 활기차게 20분씩 산책하고 음식 일지를 기록하고 지중해식 식단으로 섭취함으로써 스트레스, 체중, 장뇌 연결에서 큰 진전을 이루었다. 체중계의 숫자 외에도, 로렌은 3개월 동안 '회복탄력성의 2가지 원칙'에 따라 몇 가지 간단한 기법으로 이뤄낸 성과가 무척 뿌듯했다. 이런 자신감은 삶의 다른 영역으로 옮겨 갔다. 가족들과 직장 동료들이 그녀의 변화에 주목했다.

"다들 나더러 뭘 하느냐고 물어보더라고요. 외모만 변한 게 아니라 기분도 훨씬 좋아 보인다면서요. 전에는 통제력을 잃은 것 같았는데, 단계별로 작은 조치를 밟다 보니 내 삶을 다시 통제한다는 기분이 들어요."

외부 환경에 아무런 변화가 없는데도 로렌은 '회복탄력성의 2가지 원칙'으로 폭주하는 스트레스를 낮추는 방법을 찾아냈다. 가정과 직장에서 여전히 어려움을 겪고 있지만, 이제는 그런 삶의 스트레스를 더 잘 관리할 수 있었다. 로렌의 성공은 완벽함이 아니라 진전 덕분이었다.

로렌은 마음을 달래고 힘든 감정에 대처하는 데 도움이 될 만한 것이 필요했다. 음식은 양껏 즐길 수 있는 인생의 큰 즐거움이다. 초콜릿 케이크를 완전히 끊어내겠다는 생각은 현실적이지 않았다. 오히려 운동 프로그램, 음식 일지, 점진적 식단 변화를 통해 감정을 부드럽고 연민 어린 태도로 다루면서 스트레스를 리셋할 수 있었다. 로렌은 뇌와 몸을 동기화하는 법을 배웠다.

레이나와 로렌의 이야기가 하루아침에 성공한 사례처럼 보일 수 있지만, 사실 두 사람은 작고 느리고 점진적인 단계를 두루 거쳤다. 그 과정에서 실수도 꽤 저질렀다. 심신 연결을 강화하고자 뇌와 몸을 동기화하려면 연습이 필요하다. 하지만 이 리셋 버튼에서 제시하는 네 가지 기법, 즉 '멈추고 호흡하고 머무르기'로 현재에 머무는 법을 배우고, 효과가 입증된 호흡법으로 스트레스 반응을 다시 조정하고, 매일 조금씩 몸을 움직여 머리에서 빠져나오고, 장이 길을 이끌게 한다면, 당신도 머지않아 이런 성공담의 주인공이 될 수 있다. 다만 그곳에 도달하려면 약간의 연습이 필요하다.

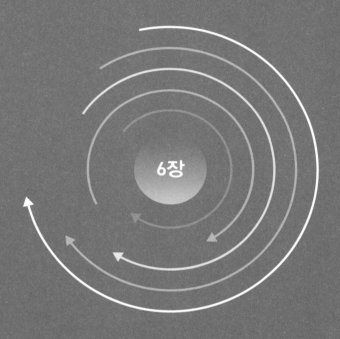

6장

네 번째
회복탄력성 리셋 버튼

뇌를 쉬게 하라

"저는 제대로 하는 일이 하나도 없어요. 아무리 열심히 해도 생산성이 완전 바닥이에요!" 홀리가 손을 내저으면서 말했다. "전보다 더 열심히 노력하는데도 제자리걸음만 한단 말이에요. 하루가 끝날 때면 진이 다 빠집니다. 도무지 숨 돌릴 틈조차 없는 것 같아요!"

번아웃으로 고통받는 사람이 많다는 점을 고려할 때, 홀리만 최선을 다하고도 제자리걸음인 것처럼 느끼는 게 아니다.

"저는 17년 동안 기술 산업에 종사하면서 무슨 일이든 척척 해냈어요. 하지만 인공지능이 부상하면서 온갖 급격한 변화가 걱정됩니다. 업무에서 뒤처지면 제 자리가 AI 프로그램으로 대체될 수 있거든요."

홀리는 성취도가 뛰어난 사람이었다. MIT를 졸업하고 기술 분야에서 화려한 경력을 쌓았다. 하지만 최근 들어서는 높은 스트레스와 낮은 생산성이라는 패턴에 갇혀 있었다. 나는 그녀가 느끼는 스트레스와 번아웃이 특수한 현상이 아니라 일반적인 현상이라면서 마음을 다독여주었다.

"그렇게 걱정하는 것도 무리가 아니죠. 그것이 새로운 추세다 보니 기존 규칙이 통하지 않잖아요. 하지만 AI는 당신이 매일 일터에 가져오는 인간적 요소를 제공할 수 없어요. 그 점은 대체하는 게 불가능해요."

그러자 홀리가 한숨을 쉬면서 말했다. "알아요. 회사는 저와 제 전문성을 높이 평가해요. 다만 온갖 급격한 변화를 따라잡기에는 시간이 부족해요."

"속도를 유지하면서 쉬지 않고 레이스를 계속할 수 있는 사람은 아무도 없어요. 마라톤 대회에서는 결승선이라도 있지만, 일터와 가정 생활에서는 그런 것도 없잖아요. 그러니 스스로 숨 돌릴 시간을 마련해야 해요."

홀리는 지난 몇 년 동안 공허한 상태로 달려왔다. 자신이 번아웃을 겪고 있음을 알았지만, 번아웃이 시작되기 전의 높은 생산성 수준을 억지로 유지했다.

내가 만난 여러 환자와 마찬가지로 홀리도 어린 나이에 타인의 욕망을 자신의 욕망보다 앞세우도록 배웠다. 그래서 그녀의 카나리아 증상에 주의를 기울이려면 관점을 바꿔야 했다. 어쩌면 당신도 홀리와 비슷한 일을 겪고 있을지 모른다. 만약 그렇다면 당신은 이렇게 생각할 수도 있다.

'최선을 다하고 있는데도 효과가 없을 때는 어떻게 번아웃에서 벗

어날 수 있을까?'

네 번째 회복탄력성 리셋 버튼인 '뇌를 쉬게 하라'에서, 당신은 생산성을 희생하지 않고서 뇌를 쉬게 할 방법을 배우게 될 것이다. 사실, 이 리셋 버튼에 나오는 기법들은 스트레스와 번아웃의 한가운데에서도 생산성을 높이도록 도와줄 것이다. 여기서 제공하는 세 가지 기법을 통해 당신은 더 적게 일하면서 더 많은 성과를 이루고, 에너지와 집중력을 유지하기 위해 건전한 경계를 조성하며, 직장과 가정에서 여러 역할을 동시에 수행하면서 통제감을 더 많이 느낄 수 있을 것이다.

스트레스가 압도적으로 느껴지더라도 현재 상황과 상관없이, 네 번째 회복탄력성 리셋 버튼은 당신이 정신적 여유를 찾아서 뇌가 점차 최상의 상태로 작동할 수 있게 도와줄 것이다. 과학적으로 입증되었듯이, 뇌는 과부하가 걸리지 않을 때 가장 잘 작동하기 때문에 '회복탄력성의 2가지 원칙'이 높은 성공률을 보이는 것이다. 그러니 이 네 번째 회복탄력성 리셋 버튼에서 제공하는 세 가지 기법, 즉 골디락스 원리, 모노태스킹 마법(또는 멀티태스킹 신화), 가짜 출퇴근을 배우는 동안 '회복탄력성의 2가지 원칙'을 명심하라.

골디락스 원리

동화 속 주인공인 골디락스Goldilocks처럼 되겠다는 목표가 어떻게 스트레스 수준에 긍정적인 영향을 미칠 수 있을까? 성난 곰의 위협 속에서도 금발 머리 소녀는 자신을 돌볼 '딱 맞는' 방법을 찾을 수 있었기 때문이다.

최근 들어서 스트레스를 받고 기진맥진한 상태라면, 당신은 생산성이 떨어졌을 가능성이 높다. 당신은 삶의 어떤 영역에서도 최상의 상태로 작동하지 못하고 있다. 간신히 살아가고 있을 뿐, 뭐 하나 뜻대로 이루지도 못하고 있다. 예전의 생산성 기준을 따라잡으려고 더 열심히, 더 빨리 일하라고 속으로 채근하지만, 이런 압박은 오히려 속도를 늦추고 생산성을 떨어뜨릴 뿐이다.

홀리가 회복탄력성의 신화 속에 살았기 때문에, '회복탄력성의 2가지 원칙'을 위한 내 첫 번째 제안은 직장에서 일을 줄이고 휴식 시간을 잘 활용하라는 것이었다. 그녀는 눈을 가늘게 뜨고서 내 제안에 대놓고 코웃음을 쳤다. 일을 줄이는 게 그녀에게는 결코 선택 사항이 아니었다. 하지만 갈수록 번아웃과 스트레스에 시달리면서 선택의 여지가 없다고 느꼈다.

"제가 지금껏 시도했던 방법은 확실히 효과가 없었어요." 홀리가 체념하듯 말했다.

홀리는 새로운 업무 수행 방식을 받아들일 준비가 되었다고 판단했다. 나는 그녀에게 단기적으로 일을 줄이라는 이 첫 번째 처방이 장기적으로 훨씬 더 많이 성취할 수 있게 해줄 것이라고 장담했다.

"스트레스가 뇌와 몸에 직선적으로 영향을 미친다고 믿을 수도 있어요." 나는 설명하다 말고 종이에 상승하는 선 그래프를 그렸다. "스트레스가 많아질수록 상황이 더 나빠진다고 생각하죠, 그렇죠?"

홀리가 고개를 끄덕였다. "그런 것 같네요."

"하지만 실제로 스트레스 반응은 종형 곡선과 같다는 연구 결과가 있어요." 내가 힘주어 설명했다.[1] "살면서 스트레스를 너무 적게 받으면, 당신은 이 곡선의 왼쪽에 있는 거예요. 너무 지루하고 의욕도 없고 생산성도 떨어질 때 나타나죠. 하지만 반대로 지금처럼 스트레스를 너무 많이 받으면, 곡선의 오른쪽에 있게 돼요. 이쪽에서는 불안하고 고갈되고 비생산적으로 느껴집니다."

나는 잠시 쉬었다가 말을 이었다. "곡선 중앙에는 스트레스에 대한 최적의 지점이 있어요. 스트레스가 너무 적지도 않고 너무 많지도 않고 딱 적정한 수준이죠. 건전한 스트레스 수준에서는 의욕을 느끼지만 압도당하지 않고, 몰입하지만 고갈되지 않아요.[2] 최적의 스트레스 지점에서 뇌와 몸이 최상의 상태로 작동합니다. 이를 스트레스에 대한 신체의 적응 반응이라고 합니다."

이게 바로 내가 '스트레스의 골디락스 원리'라고 부르는 것이다.

당신도 현재 홀리처럼 곡선의 오른쪽에서 과도한 스트레스와 번아웃을 겪고 있을 가능성이 크다. 우리의 목표는 당신이 현재 과도한 스트레스로 곡선의 오른쪽에 있는 상태에서 점차 곡선의 중간, 즉 건전한 스트레스의 최적 지점인 종형 곡선의 정점으로 이동하도록 돕는 것이다.

스트레스의 최적 지점에 도달하기 위한 치료법은, 물론 속도를 늦추고 일을 줄이라는 것이다. 하지만 까다로운 상사가 있고 마감 일이다가오는 상황에서, 그야말로 현실과는 거리가 먼 처방이다.

당신은 골디락스 원리가 이론적으로는 훌륭하지만, 실생활에서는 현실적이거나 실용적이지 않다고 생각할 수도 있다. 일이 모두 어그러져서 쫓겨날 각오가 아니라면 직장에서 속도를 늦추고 일을 줄일 수는 없다고 생각한다.

이해한다. 동화에서 골디락스도 사실은 곰의 집에 몰래 들어가 자기 삶의 현실을 직시하지 않았다. 하지만 다른 삶을 자신의 삶인 척하면서 오래 버티지는 못했다.

당신은 직장에서 일하고, 매달 청구서와 담보 대출금이나 집세를 내고, 인간관계를 유지하는 등 현실에서 지켜야 할 의무가 있다. 스트레스 수준이 최적 지점에 도달하고 '딱 맞는' 상태가 될 때까지 스트레스를 줄일 수 있는 호사를 누리지 못한다.

누구나 책임을 벗어 던지고 발리 해변으로 떠나고 싶어 하는 만큼, 나는 당신에게 '휴식을 존중하라'라는 골디락스 원리를 현실에 적용하도록 해주고 싶다.

그래서 홀리에게 이렇게 제안했다. "한 회의에서 다음 회의로 바로 넘어가지 말고, 그사이에 잠시 휴식을 취하도록 하세요."

홀리가 데이터를 좋아했기 때문에 나는 마이크로소프트사에서 진행했던 연구를 공유했다. 휴식 없이 회의에 연속으로 참석한 사람들의 뇌 스캔과 짧은 휴식을 취한 후 참석한 사람들의 뇌 스캔을 비교한 연구였다. 연구 결과는 짧은 휴식을 취한 그룹의 뇌 스캔에서 스트레스가 현저히 줄어든다고 나왔다. 10분 정도로 짧게 자주 쉬면,

업무 스트레스가 뇌에 미치는 누적 효과를 감소시켰다.[3] 이 결과는 홀리가 휴식을 존중하는 데 더 열정을 품도록 도와주었다.

당신이 홀리와 같다면 아마도 회의와 업무 사이에 다들 하는 일을 할 것이다. 즉, 아무 생각 없이 소셜 미디어를 스크롤하거나 이메일 수신함을 잽싸게 열어볼 것이다. 이제는 네 번째 회복탄력성 리셋 버튼의 일환으로, 휴식 시간을 활용해 스트레스를 관리하라. 책상에서 가볍게 스트레칭을 하거나, 일어나서 5분 동안 빠르게 걷거나, 5장에서 배운 이완과 호흡법을 연습하라. 휴식 시간 동안 의도적으로 현재에 집중하는 새로운 습관을 들이겠다는 목표를 세우라. 그래야 스트레스 수준을 곡선의 오른쪽에서 점차 최적 지점 근처인 가운데로 바꿀 수 있다.

이는 찻주전자 비유와 비슷해, 치유 증기를 방출할 방법을 찾는 것이다.

휴식을 존중함으로써, 당신은 무심코 스트레스를 높이는 활동에 시간을 허비하는 대신, 골디락스 원리대로 이론과 실제에 '딱 맞는' 스트레스를 달성할 수 있다!

스트레스 곡선에서 현재 위치를 파악하고 나서 자신이 궁극적으로 도달하고자 하는 지점과 비교한 뒤, 홀리는 결국 휴식을 존중함으로써 골디락스 원리를 실천하기 시작했다. 기술 분야에서 일한다는 말은 하루 중 대부분을 컴퓨터 작업과 회의에 보낸다는 의미였다. 회의 사이마다 홀리는 일어나 기지개를 켜고 심호흡을 하기 위해 휴대폰을 비롯한 온갖 기기의 화면에서 물러났다. 홀리는 더 나은 마음가짐을 위해 하루에 한 번씩 힘차게 걸었다. 만약 바깥 산책이 여의치 않으면, 계단으로 가서 10분 동안 오르내리곤 했다. 동료들은 그녀가 다른 회의에 간다고 생각했다.

나는 홀리에게 다음 사항을 상기해주었다. "습관을 기르는 데 적어도 8주가 걸립니다. 그러니 이러한 변화를 자동화할 방법을 찾아야 합니다."

뇌가 새로운 습관을 들이도록 돕기 위해, 홀리는 긴 회의가 끝날 때마다 3~5분 정도의 휴식 시간을 업무 일정에 포함했다. 휴식 시간이 작은 단위였기 때문에 다른 동료들이나 비서는 눈치채지 못했다. 홀리는 두 달 동안 자신의 휴식을 존중하는 데 전념했다. 그렇게 시간과 인내심을 기울이자 스트레스 수준이 점차 낮아지고 건전한 상태로 바뀌었다. 첫 방문에서 받은 개인별 스트레스 지수를 두 달 후의 지수와 비교했더니, 10점이나 감소했다. 그녀는 일상생활에서 변화를 실감한다고 말했다. 분주히 돌아가는 환경에서 일하면서도 휴식을 존중함으로써 최적의 스트레스 지점을 찾아낸 것이다. 아울러 바쁜 업무 중에 뇌를 쉬게 할 방법을 찾아냈다.

기법 #10 | '딱 맞는' 스트레스를 위해 골디락스 원리를 실천하라

그날의 일과에서 자연스러운 휴식 시간을 찾아라. 한 업무에서 다른 업무로 전환할 때, 회의를 마칠 때, 수업과 수업 사이에, 긴 프로젝트의 한 부분을 끝낼 때가 그런 시간일 수 있다. 스마트폰을 확인하거나 다음 회의로 서둘러 넘어가는 대신, 3~5분 정도 여유를 두고서 뇌를 리셋하라.

짧은 휴식 시간 동안 신체 활동으로 몸과 마음을 통합하라. 가령 일어나서 기지개를 켜거나, 횡격막 호흡을 하면서 창밖을 내다보거나, 복도에서 잠깐 걷거나 계단을 오르내리도록 하라. 다음에 할 일을 앞당겨 생각하지 말고, 그 순간 몸이 느끼는 방식에 집중하라.

1. 3~5분 정도의 짧은 휴식을 당신의 일정에 다섯 번에서 여섯 번 정도 편입하라.
2. 3개월 동안 매일 실천하면서 생산성이 향상되고 스트레스가 줄어드는지 관찰하라.

골디락스 원리는 더 빨리, 더 열심히, 더 오래 일해야만 생산성이 향상된다는 허슬 문화의 생산성 신화를 깨뜨리는 데 도움이 된다. 모두 과학적 오류이며, 진실과는 거리가 멀다. 뇌는 새로운 작업을 처리할 때 더 효율적으로 작동한다. 휴식을 취할 시간이 있으면 더욱 그렇다. 휴식을 존중하면 단기적으로 스트레스를 줄일 수 있을 뿐만 아니라 장기적으로 생산성을 높일 수 있다.

휴식은 뇌 기능을 향상시키는 데 도움이 된다. 당신이 하고 있던 업무에서 물러나는 순간, 뇌와 신경 경로는 응고화consolidation라는 중요한 과정을 거치게 된다.

신경 응고화는 머릿속에서 떠다니던 새로운 학습과 정보가 미래에 사용할 경로와 회로로 굳어질 때 일어난다. 한 연구에서 건강한 성인 27명의 뇌 스캔을 분석했는데, 10초 정도의 짧은 휴식도 응고화를 통해 학습 효과를 높인다는 사실이 드러났다.[4] 연구자들은 이 뇌 스캔을 비교했을 때, 학습 시간보다 휴식 시간에 뇌가 더 많이 변한다는 사실을 알아냈다.[5]

그리하여 실행할 때와 쉴 때 중 학습이 실제로 언제 일어나는지 조사하게 되었다. 이 연구의 책임 저자인 레오나르도 코헨Leonardo G. Cohen은 이렇게 말했다. "오히려 일찍, 그리고 자주 쉬는 것이 실행만큼이나 학습에 중요하다는 사실이 드러났습니다."[6] 내가 이 연구 결과를 알려주자 홀리가 웃음을 터뜨리더니 이렇게 말했다. "실제로 지난주에 나에게 그런 일이 일어났어요. 밤중에 컴퓨터 앞에 앉아 업무와 관련된 기술 문제를 해결하느라 몇 시간을 씨름했어요. 무엇이 잘못되었는지 알 수 없어서 결국 포기하고 잠자리에 들 준비를 했죠. 그런데 샤워하던 중에 갑자기 뭐가 문제인지 깨달았어요! 다음 날 아침에 그걸 바로잡을 수 있었어요!"

"뇌를 잠시 쉬게 하면서 돌파구를 마련했군요." 내가 웃으면서 호응해주었다.

당신도 홀리처럼 짧고 의도적인 휴식의 도움을 받으면 당신만의 돌파구를 마련할 수 있다. 뇌에 유익한 휴식은 단 10초면 충분하다.

멀티태스킹은 신화다

홀리의 '회복탄력성의 2가지 원칙'에서 두 번째 조치는 멀티태스킹을 최소화하는 것이었다. 그녀는 자칭 '뛰어난 멀티태스커'였고, 그점을 무척 자랑스럽게 생각했다.

"제가 워낙 뛰어난 멀티태스커라서 승진도 남들보다 빨랐죠. 한 번에 네 가지 일을 처리할 수 있었어요. 하지만 지금은 기운이 달려서 매사에 시간이 두 배나 걸리고 실수도 자주 저질러요. 아무래도 속도를 늦춰야 할 것 같아요."

각종 데이터는 홀리의 경험과 일치한다. 미국 근로자의 82퍼센트는 매일 멀티태스킹을 한다고 말한다. 전 세계 어느 나라보다 많은 수치다.[7] 한 설문 조사에 따르면, 일반적인 사무직 근로자는 31분마다 주의가 산만해진다고 나타났다.[8] 서비스 산업에 종사할 경우, 교대 근무 동안 11가지 작업을 동시에 수행하게 되고, 오전 근무자라면 그 숫자가 두 배로 늘어난다.[9] 다음번에 바리스타가 당신의 모닝커피 주문을 잘못 받더라도 화내는 대신 약간의 연민을 보이도록 하라. 그들은 한꺼번에 엄청난 정신적 부담을 지고 있다.

홀리와 마찬가지로, 당신도 직장 생활에서 멀티태스킹을 더 잘하고 싶거나 아니면 멀티태스킹 능력으로 칭찬받았을 것이다. 다들 그렇지 않은가? 하지만 멀티태스킹은 과학적으로 잘못된 명칭이며, 우리의 허슬 문화가 영속시키고 싶어 하는 또 다른 오래된 신화다. 당신이 멀티태스킹을 할 때, 뇌가 실제로 하는 일은 과제 전환^{task}

switching이다. 한 가지 일에서 다른 일로 빠르게 연속적으로 이동하는 것이다. 인간의 뇌는 한 번에 한 가지 일을 하도록 설계되었다. 연구에 따르면, 사람들 가운데 2.5퍼센트만 동시에 여러 가지 일을 할 수 있는 특별한 능력을 지니고 있지만, 이는 극히 드물다.[10] 다들 자신이 뛰어난 멀티태스커라고 확신하지만, 실제로 멀티태스킹에는 형편없다!

과제 전환은 인지력, 기억력, 주의력과 관련해 뇌에 해로운 영향을 미칠 수 있다.[11] 여러 연구에 따르면, 멀티태스킹은 생산성을 40퍼센트까지 떨어뜨릴 수 있다.[12] 더 높은 실행 기능과 인지 기능을 담당하는 뇌 영역인 전전두엽 피질이 약해지기 때문에 생산성이 떨어진다.[13] 과제 전환은 복잡한 문제를 해결하는 능력도 떨어뜨린다. 하지만 세상은 해결해야 할 복잡한 문제로 가득하다. 우리는 멀티태스킹을 할 여유가 없다!

홀리에게, 이것은 관점의 또 다른 변화를 의미했다. 즉, 한 번에 한 가지 일만 하는 모노태스킹monotasking을 배워야 했다. 모노태스킹은 번아웃과 스트레스로부터 뇌를 보호하는 훌륭한 방법이다. 하지만 당신은 '내 뇌가 그렇게 돌아간다. 나는 항상 한 번에 서너 가지 일을 한다'라고 생각할지도 모른다. 멀티태스킹을 그만둔다면 효율성을 유지하고 직장과 가정에서 당신에게 기대하는 일을 모두 해낼 수 있을지 의문이 들 수도 있다.

효율적으로 모노태스킹을 하기 위한 현실적 전략은 타임 블록time block을 만드는 것이다.

동시에 여러 가지 작업을 하는 홀리의 경우, 우리는 포모도로 기법 Pomodoro Technique을 활용해 다음과 같은 일정을 고안했다.[14] 이 기법은 1980년대 후반에 시간 관리를 위해 개발되었는데, 산만하고 지치고 갈팡질팡하는 사람들이나 중압감 때문에 미루거나 동시에 너무 많은 일을 하려는 사람들에게 크게 환영받았다. 타이머를 사용해 25분 동안 한 가지 일에만 집중한다. 포모도로는 '토마토'를 뜻하는 이탈리아어로, 이 기법을 개발한 사람이 학생 때 토마토 모양의 주방용 타이머를 사용했기 때문에 붙여진 이름이다. 타이머를 설정했다가 25분 후에 울리면, 멈추고 5분 동안 과제에서 벗어난다. 그런 다음, 두 번째 과제로 넘어가 25분 후에 멈추고 5분 동안 쉬는 과정을 반복한다. 포모도로 기법으로 네 가지 과제를 수행한 후에는 30분을 더 쉰다.

홀리의 타임 블록 일정은 다음과 같았다.

- 과제 1: 25분 타임 블록, 5분 휴식.
- 과제 2: 25분 타임 블록, 5분 휴식.
- 과제 3: 25분 타임 블록, 5분 휴식.
- 과제 4: 25분 타임 블록, 5분 휴식.
- 30분에서 40분 정도 더 휴식을 취한다. 그런 다음 위의 순서를 반복한다.

홀리는 이 일정을 활용해 멀티태스킹을 타임 블록으로 바꾸는 데 동의했다. 근무 시간이 끝날 무렵, 홀리는 여러 프로젝트에서 진전을 이루었는데 그 과정에서 주의가 흐트러지지 않았다. 각 프로젝트에 정해진 시간을 쓰면서 완전히 몰입할 수 있었다. 홀리는 자신의 뇌가 모노태스킹을 하게 했고, 그 결과 전전두엽 피질이 강화되었다. 그 덕에 직장에서 겪던 여러 복잡한 기술 문제를 해결할 수 있었다. 휴대폰과 팝업 같은 방해 요소들을 이미 최소로 줄여두었기 때문에, 타임 블록과 새로운 일정으로 멀티태스킹 신화에서 벗어나 한숨 돌릴 수 있었다.

기법 #11 | 모노태스킹의 마법을 배워라

1. 그날의 우선순위가 되는 과제를 결정하라.

2. 마음의 방황 없이 집중할 수 있다고 생각되는 시간을 정하라. 처음에는 10~15분 정도일 수 있지만, 연습하면 20~30분 동안 집중할 수 있다. 자신의 한계를 염두에 두고 무리하지 않도록 한다. 괜히 무리하면 번아웃에서 회복하는 게 늦어질 수 있다.

3. 목록에서 과제를 하나 골라 타이머를 설정한 다음, 그 과제에만 집중하라. 타이머가 울릴 때까지 계속해 모노태스킹을 한다.

4. 잠시 휴식을 취하면서 스트레칭, 횡격막 호흡, 복도 걷기 등 신체 활동을 하라. 물을 마셔도 좋다.

5. 목록에서 다른 과제를 골라 타이머를 설정한 다음, 타이머가 울릴 때까지 그 과제에 집중하라.

6. 위 과정을 퇴근할 때까지 반복하라.

7. 모노태스킹을 통해 집중력을 높인 점을 날마다 자축하라.

시간이 지나면서 번아웃이 개선되자 홀리는 흥미로운 프로젝트를 수행할 때 몰입 상태에 들어가기가 더 쉬워졌다는 점에 주목했다. 3장에서 언급했듯이 몰입은 어떤 활동에 완전히 빠져들어 시간 가는 줄 모르는 상태를 말한다. 몰입 상태는 업무와 관련된 번아웃을 방지하는 등 정신 건강에도 매우 유익하다.[15] 인지 과학자 리처드 허스키 Richard Huskey는 이렇게 말한다.

"몰입은 장기적 웰빙 결과에도 두루 관련이 있다. 직장에서 번아웃을 방지하고 우울증에 대비하며 회복탄력성을 높이는 등 다방면에 도움이 된다."[16]

어떤 활동에 푹 빠져서 몇 시간이 몇 분처럼 느껴진 적이 있다면, 몰입 상태를 경험한 것이다. 몰입 상태로 들어가는 경로는 다양하다. 흔한 예로는 글쓰기, 음악 연주, 예술 창작, 스포츠, 춤, DIY 프로젝트, 퍼즐 풀기 등을 들 수 있다.

번아웃에서 벗어나 한숨 돌릴 수 있도록 자신에게 약간의 여유를 제공하라. 휴식 시간을 존중하는 것을 시작으로, 멀티태스킹 습관을 버리고, 그 대신 시간 블록을 활용한 모노태스킹을 채택하라. 시간이 지나면 즐겁게 몰입 상태로 빠져들게 할 에너지가 생길 것이다. 홀리의 여정은 3개월 넘게 걸렸다.

홀리가 그랬던 것처럼 당신도 서두르지 않기를 바란다. 네 번째 회복탄력성 리셋 버튼에서 첫 단계는 몰입 상태를 추구하기 전에 뇌가 쉬면서 회복하는 데 필요한 휴식을 취하는 것이다. 모노태스킹 습관을 들이는 일은 갈수록 늘어나는 '할 일 목록'에 또 하나를 추가하는 게 아니다. 번아웃에서 회복되는 여정은 느리고 의도적이다. 그 과정에서 자신에게 시간과 인내심, 자기 연민을 베풀도록 하라.

홀리는 시간이 지나면서 모노태스킹 습관이 굳어지자 45분짜리 타임 블록에 10분 휴식을 취할 수 있었다. 당신은 이와 다를 수 있다. 번아웃 수준이 높고 온갖 방해 요소 속에서 최선을 다해 일해왔다면, 일단 방해받지 않는 타임 블록을 점진적으로 확보해야 할 것이다. 방해받지 않는 10분짜리 타임 블록으로 천천히 시작하라. 타이머를 설정하라. 핸드폰을 손이 닿지 않는 곳에 두고, 각종 알림과 슬랙 채널 Slack channel(클라우드 컴퓨팅 기반 인스턴트 메신저 및 프로젝트 관리용 협업 툴 — 옮긴이)을 끄고 업무에 몰두하라. 타임 블록을 완료하면 놓친 부분을 따라잡을 수 있다. 매주 방해받지 않고 25~30분 동안 편안하게 일할 수 있을 때까지 5분씩 타임 블록을 늘리도록 하라.

나는 의대를 다닐 때부터 이 전략을 사용했고 지금도 여전히 사용하고 있다. 내 타임 블록은 이제 50분이다. 더 오래 집중할 수 있는 능력을 서서히 키워온 덕분이다. 하지만 처음에는 포모도로 기법에서 제안한 25분 단위로 시작했다. 실제로 나는 타임 블록 기법을 활용해 이 책을 썼다.

의대를 다니던 시절에는 '모노태스킹'이라는 것이 있는 줄도 몰랐다. 당연히 그것이 뇌에 미치는 갖가지 혜택도 몰랐다. 하지만 매주 익혀야 하는 엄청난 자료를 읽고 기억하는 데 도움이 될 만한 기술이 필요했다. 시행착오를 거치다가 우연히 나에게 효과가 있었던 타임 블록 기법을 발견했고, 그 뒤로 계속 사용하고 있다. 스트레스에 압박감까지 느끼는 상황에서는 완성하는 데 몇 시간씩 걸리는 과제를 맡으면 엄두가 나지 않는다. 전체 작업을 시각화할 수는 없지만 20~45분 정도는 상상할 수 있다.

과제를 관리 가능한 타임 블록으로 나누면, 당면한 일을 더 잘해낼 수 있을 것처럼 느껴진다. 각 타임 블록이 끝날 때마다 성취감을 느끼고 휴식을 취할 수 있다. 나도 타이머가 울리면 안도감을 느꼈고, 의대 도서관을 나와 산책하면서 다리 스트레칭을 할 수 있었다. 처음에는 미리 계획된 휴식 시간 때문에 타임 블록을 사용했던 것 같다. 휴식 덕분에 방대한 자료를 공부하는 데 따른 정신적 장벽을 넘어설 수 있었다. 이제는 습관이 되어 다른 방법으로는 일할 수 없다.

지금까지 거의 모든 프로젝트를 완수할 때마다 타임 블록을 사용했다. 블록은 20분짜리도 있고 45분짜리도 있지만, 절대로 50분을 넘기지 않는다. 심리적으로 뇌를 리셋하려면 매시간 5~10분의 휴식이 필요하기 때문이다.

나는 모노태스킹 기술을 숙달하는 데 수십 년이나 걸렸다. 누구나 허슬 문화에서 벗어나는 데 수십 년 걸린다. 절대로 한 시간, 하루, 심지어 몇 주 만에 털어낼 수 없다. 우리는 모두 무심코 회복탄력성의 신화 속에서 살아왔다. 타임 블록에 맞춰 일정을 조정하면, 우리 뇌는 프로젝트를 수행할 새로운 방식을 기꺼이 받아들인다. 나는 한때

'뛰어난 멀티태스커'라고 자부했던 것 이상으로 이제는 모노태스커라는 점을 자랑스럽게 여긴다!

몇 달에 걸쳐 홀리도 내 열정을 공유하면서 멀티태스커 대열에서 완전히 벗어났다. 이제는 자랑스러운 모노태스커가 되었다. 이 단순하고 어쩌면 직관에 반하는 작업 방식의 변화를 통해 그녀의 생산성은 크게 향상되었다.

뇌는 구획을 좋아한다

타임 블록을 통한 모노태스킹이 스트레스와 번아웃을 극복하는 효과적인 전략 중 하나인 이유는, 뇌의 구획화^{compartmentalization} 욕구를 지원하기 때문이다.

코로나19 팬데믹만큼 뇌 구획화의 필요성을 더 높이 평가한 사건은 없었다. 우리는 대부분 날마다 같은 공간에서 먹고 자고 일도 하고 부모 노릇도 해야 했다. 인간은 다차원적 존재라서 근로자, 부모, 배우자, 친구, 형제자매 등 다양한 역할을 맡는다. 이렇게 다양한 역할을 동일한 물리적 공간에서 억지로 수행해야 한다면, 스트레스와 정신 건강에 결코 좋은 영향을 미치지 못한다. 스트레스로 가득한 찻주전자 이야기로 돌아가보자! 많은 사람이 날마다 불이 약한 상태에서 점점 강하게 데우는 주전자 속 물처럼 느꼈을 것이다. 각자 처한 상황에 갇혀 증기를 뿜어낼 여유가 없었다.

여러 역할에 대해 명확한 물리적 경계를 정할 수 있을 때, 각 역할에서 제대로 작동할 기회가 생긴다. 다양한 영역에서 당신은 각기 다른 기술과 특성을 발휘한다. 그런데 비좁은 공간에서 사람들과 복작거리는 가운데 각 역할에서 최대 역량을 발휘해야 한다면, 어느 역할도 제대로 해내지 못하게 된다. 당신의 뇌가 멀티태스킹보다는 모노태스킹에 최적화되었듯이, 당신도 여러 역할을 동시에 수행하도록 강요받지 않을 때 잠재력을 최고로 발휘해 성취도와 생산성을 높일 수 있다.

지젤은 걸음마를 막 뗀 아이의 엄마이자 의학 문서를 작성하는 메디컬 라이터medical writer였다. 그녀의 회사는 집에서 일하거나 사무실로 돌아가는 하이브리드 워크hybrid work(시간과 공간의 제약 없이 자유롭게 선택해 탄력적으로 일하는 것, 즉 원하는 시간에 원하는 장소에서 일하는 것을 말함—옮긴이) 모델을 제안했다. 남편이 밖에서 장시간 일하기 때문에 지젤은 매일 아이를 놀이방에 데려다주고 데려왔다. 그 일을 회사 사무실까지 가는 데 걸리는 한 시간의 통근 시간 전과 후에 수행했다.

지젤은 갈수록 심해지는 스트레스 때문에 나를 찾아왔을 때 이렇게 설명했다.

"저는 통근 시간이 길어서 싫었어요. 그런데 집에서 일하면 그 시간을 아낄 수 있어 좋겠다고 생각했죠. 하지만 이제는 어찌할 바를 모르겠어요. 생산성이 뚝 떨어져서 마감일을 지키지 못했고 평판도 나빠지고 있어요. 원래는 마감일을 칼같이 지키는 작가로 통했는데,

최근 들어서는 계속 연장을 요구한다니까요."

지젤의 '회복탄력성의 2가지 원칙'을 위한 첫 번째 조치는, 휴식 시간을 존중함으로써 골디락스 원리를 일과에 편입하는 것이었다. 두 번째 조치로, 나는 가짜 출퇴근을 제안했다.

가짜 출퇴근

지젤은 예전에 장시간 통근했던 경험이 아무 가치도 없다고 생각했다. 하지만 출퇴근 시간은 사실 2가지 핵심 목적에 부합했다. 그녀를 물리적으로 직장까지 데려다주었을 뿐만 아니라 정신적으로도 업무 모드로 전환해 뇌가 일하도록 준비해주었다. 하지만 매일 출퇴근 과정을 포기하자 집 모드에서 업무 모드로 서서히 전환하는 능력을 잃어버렸다. 그 대신 바쁜 엄마와 아내 역할을 내려놓고 몇 분 만에 식탁을 책상 삼아 의학 문서에 집중해야 했다. 지젤의 뇌는 아내와 엄마와 주부에서 회사 직원으로 전환하기 위해 출근 시간이 필요했다.

재택근무가 다양한 혜택을 줄 수 있기에, 우리 모두 사무실로 돌아가야 한다고 주장하려는 게 아니다. 연구에 따르면 통근 시간은 직업 만족도와 반비례 관계에 있다. 통근 시간이 짧을수록 직업 만족도가 높다.[17] 하이브리드 워크hybrid work는 자율성, 생산성, 스트레스, 번아웃을 개선하는 것으로 나타났다.[18] 한 갤럽 여론조사에서, 응답자의 약 60퍼센트는 하이브리드 워크가 번아웃을 줄이는 데 도움이 되었다고 말했다.[19] 하이브리드 워크의 여러 장점 때문에, 약 85퍼센트의 근로자가 기존의 사무실 모델보다 하이브리드 워크 모델을 선호하는 것은 놀라운 일이 아니다.[20] 하이브리드 워크는 미래의 근무 형태로 점점 더 주목받으며 일과 삶의 균형을 되찾는 새로운 방법으로 자리 잡고 있다.

그렇다면 재택근무를 하면서도 사무실로 출근하는 심리적 혜택을 누릴 수 있을까? 물론 누릴 수 있다. 가짜로 출근하면 된다.

매일 아침 남편이 아들을 유치원에 보낼 준비를 하는 동안 지젤은 사무실에 나갈 때처럼 옷을 차려입고 출근 준비를 했다. 주방 식탁에 작업 공간을 마련해 노트북, 물병, 우선순위 목록이 적힌 메모지를 배치했다. 그리고 아들을 위해 점심 도시락을 싼 다음 놀이방에 데려다주었다. 그 길로 서둘러 집에 돌아와 정신없이 하루를 시작하는 대신, 가짜 출근을 시작했다. 그녀는 커피숍에 들러 커피를 한 잔 샀다. 커피를 손에 들고 동네를 한 바퀴 돌면서 그날의 일과를 계획했다. 공원에 가서 잠시 벤치에 앉아 휴대전화로 일정을 확인했다. 그날 어떤 회의가 잡혀 있는가? 어떤 프로젝트를 먼저 시작할 것인가? 좀 더 수정해야 할 문서는 무엇인가? 오늘 제출해도 괜찮은 문서는 무엇인가?

지젤의 가짜 출근 시간은 약 15분이었다. 그 시간 동안 집 모드에서 업무 모드로 전환할 수 있었다. 지젤은 차분하고 정돈된 기분이 들었고, 일과를 시작할 준비가 되었다. 재택 사무실로 들어가 주방 테이블을 책상 삼아 업무를 시작했다.

두 달 후, 후속 조치를 위해 내 진료실에 왔을 때 지젤은 무척 기뻐

하고 있었다.

"아침마다 가짜 출근을 했더니 생산성이 훨씬 더 좋아졌어요. 지난 두 달 동안 기사를 엄청 쏟아냈다니까요. 저는 휴식을 많이 취하고, 전에 논의했던 대로 스트레스 관리를 위해 작은 일들을 실천하고 있어요. 대부분 잘 해내고 있고 그에 따른 변화에 매우 만족하고 있습니다. 진짜 효과 만점이에요!"

가짜 출근과 뇌 구획화 과정을 통해 지젤은 사무실로 돌아가지 않고서도 다시 일에 몰두하고 열정을 느꼈다. 그녀의 뇌는 절실히 필요하던 휴식을 얻었다. 지젤도 마침내 숨을 돌릴 수 있었다.

기법 #12 | 가짜 출퇴근을 하라

당신이 만약 집에서 일하거나 사유지에서 사업을 운영한다면, 매일 아침과 저녁 직장 생활과 개인 생활 사이에 완충 시간을 두어라. 그래야 뇌를 리셋할 기회가 생긴다.

먼저 업무를 시작할 시간을 정하라. 아침 일과를 준비할 때, 직장까지 10~15분 정도 걸린다고 가정하고 일어나서 옷을 입고 집을 나설 준비를 하라.

그 10~15분 동안 개인 생활을 뒤로하고 뇌가 업무를 수행할 수 있는 상태로 준비하라. 가령, 동네를 산책하거나, 근처에서 커피를 사거나, 그날의 일정과 약속을 훑어보면서 하루를 그려볼 수 있다.

집에 돌아오면 직장에 도착한 것처럼 곧장 업무 공간으로 가라. 당신은 이제 업무를 시작할 준비가 되었다.

근무 시간이 끝나면 이제는 가짜 퇴근을 하라. 업무 공간을 뒤로하고 산책을 하거나 간단히 볼일을 보면서 개인 생활로 돌아가기 시작하라.

의식의 힘

지젤이 매일 가짜 출퇴근을 했던 이유는, 재택근무를 위한 일종의 의식을 확립하는 데 도움이 되었기 때문이다. 여기서 '의식ritual'이라는 말은 종교적 전통과는 무관하며, 단순히 습관의 심리를 통해 발달하는 반복적 패턴을 의미한다.

의식은 당신이 특정한 순서로 반복해서 하는 일이다. 이러한 의식은 뇌를 미리 준비하는 데 유용한 촉매제이며, 물리적 공간이 적거나 없을 때 정신적 공간을 만들도록 도와준다. 한 공간을 다목적으로 사용할 수밖에 없을 때, 간단한 의식은 뇌가 다음 역할에 익숙한 패턴이 나타난다는 점을 인식하도록 도와줄 수 있다.

의식은 뇌에 강력한 변화를 일으킬 수 있다. 정신과 의사 네하 초드하리Neha Chaudhary는 의식이 감정 조절을 도와줄 수 있다고 말한다. 그녀는 의식을 "우리가 누구인지 기억하고 인생의 방향을 잡는 데 도움을 주는 기준점"으로 본다.[21]

스포츠 심리학자 캐롤라인 실비Caroline Silby는 이렇게 덧붙인다. "의식은 몸과 마음을 연결하는 경로를 만들어, 불확실한 상황에서도 통제감을 느낄 수 있게 한다. … 그 결과, 우리는 더 주체적으로 반응하고 효과적으로 선택할 수 있게 된다."[22]

가짜 출퇴근이 변화를 위한 강력한 의식일 수는 있지만, 다른 의식을 선택해도 무방하다. 근무를 시작할 때 집 모드에서 업무 모드로 전환됨을 알리는 간단한 행동을 꾸준히 실천하도록 하라. 활용하기로 선택한 실제 의식보다 그 행동에 부여한 의미와 목적이 더 중요하다. 그러한 의식을 몇 가지 예로 들자면, 촛불을 켜거나 특별한 책상 램프를 켜거나, 근무 시간에 지정된 커피잔을 사용하거나, 휴대폰을 업무 공간에서 최소 3미터는 떨어진 특정 장소에 두거나, 업무와 관련된 펜과 메모지를 사용하거나, 업무 전화 사이에 일정한 스트레칭을 하는 것이다. 근무 시간 동안 당신의 의식 레퍼토리에 '멈추고 호흡하고 머무르는' 기법을 추가해도 좋다. 의식으로 선택한 작은 몸짓이 무엇이든, 당신이 업무 모드에 있다는 신호를 뇌에 보내기 위해 가능한 한 많은 의미를 부여하라. 점심시간, 휴식 시간, 퇴근 시간 등 시작 지점과 끝 지점에도 의식을 추가할 수 있다.

북엔드 방법

어떤 의식을 선택하든, 근무의 시작과 끝에 북엔드bookend(책이 넘어지지 않도록 양쪽 끝에 받치는 물건 ─ 옮긴이)를 세우도록 하라. 즉, 업무를 시작할 때 명확하게 선언하고, 마칠 때도 분명하게 신호를 보내도록 하라. 아침과 저녁에 같은 의식을 수행할 수도 있고 다른 의식을 수행할 수도 있다. 뭐가 되었든 매일 똑같이 하도록 노력하라. 그래야 뇌가 집 모드에서 업무 모드로, 또 그 반대로 전환하는 데 익숙해질 수 있다. 그러면 시간이 지나면서 뇌가 한 역할에서 다른 역할로 더 쉽게 전환하도록 훈련되어, 그 순간 맡은 역할에 온전히 집중할 정신적 역량이 생긴다.

처음 두 달 동안 골디락스 원리와 가짜 출근을 충실히 실천한 후 지젤이 후속 조치를 위해 찾아왔을 때, 우리는 그녀의 업무 종료를 선언하기 위해 저녁에 가짜 퇴근을 추가하기로 했다. 늦게까지 일하고 아들을 데리러 헐레벌떡 뛰어가는 대신, 지젤은 15분의 여유를 두고서 업무를 마무리했다. 구체적으로, 노트북 전원을 꺼서 업무용 가방에 넣고, 커피 머그잔을 씻은 다음, 가짜로 퇴근하기 위해 밖으로 나갔다. 걸으면서 그날 잘된 일과 잘못된 일, 다음 날 처리해야 할 일들의 우선순위를 검토했다. 아들의 통통한 볼을 떠올리며 저녁으로 무엇을 먹을지 생각했다. 지젤은 주말에 여동생을 만나러 갈지, 아니면 그달 말까지 기다릴지도 생각했다. 아들을 데리러 갔을 때, 지젤은 기쁜 마음으로 그 순간에 머물 수 있었다. 그렇게 업무 모드에서 집 모드로 완전히 돌아오면서 숨을 돌릴 수 있었다.

내 환자들 가운데 일부는 집이나 사무실에서 일하지 않기 때문에 가짜 출퇴근이나 북엔드 방법을 사용할 수 없다. 어쩌면 당신도 그럴

지 모른다. 24세인 택배 기사 헨리도 그랬다. 그의 직장은 사무실이나 집이 아니라 회사 트럭이었다. 그래서 여러 주소로 다양한 소포를 배달하기 위해 도시를 힘들게 돌아다녀야 했다.

헨리는 아픈 어머니를 돌보느라 1학년을 마치고 대학을 떠나야 했다. 게다가 고등학교 때 여자 친구와 결혼해 아들도 하나 있었다. 그 아들이 벌써 5살이었는데, 헨리에게 자부심과 기쁨을 안겨주었다.

헨리는 내게 이렇게 말했다. "저는 절대로 아빠나 남편 역할을 포기하고 싶지 않습니다. 그런데 당시에 바로 일자리를 구해야 해서 진로를 결정하지 못했습니다. 이제는 미래가 어떻게 될지 걱정하면서 온종일 차를 몰고 다닙니다. 제가 멋진 차를 사고, 집도 장만하고, 아내와 아이에게 더 나은 삶을 살게 할 수 있을까요? 이런 생각으로 머릿속이 늘 복잡합니다."

"지금 하는 일은 어떻게 생각하세요?"

내 질문에 헨리가 고개를 옆으로 떨구며 말했다. "까놓고 말해, 이런 일로 빨리 자리를 잡을 수 있겠습니까? 여기저기 다니면서 늘 생각합니다. 평생 이깟 일만 하면서 먹고살아야 할까?"

헨리는 직업적 불만족에 끊임없이 스트레스를 받다가 이제는 막다른 길에 다다른 듯했다. 헨리의 '회복탄력성의 2가지 원칙'에서 첫 번째 조치로, 나는 그가 어떤 일을 하든 마음을 편히 먹도록 다음과 같은 기법을 제안했다.

기법 #13 | 끈적끈적한 거미 발을 활성화하라

사람의 발에는 약 30개의 뼈와 100개 이상의 근육, 힘줄, 인대가 있다. 그 작은 부위에 엄청난 힘이 담겨 있는 것이다. 흔히 간과되곤 하지만, 발은 혼란스러운 시기에 중심을 잡아주는 역할을 할 수 있다.

나는 요가 교실에 다닐 때 '끈적한 거미 발sticky feet' 기법을 배웠다. 강사는 우리에게 자세를 취할 때 발가락을 쫙 벌리라고 했다. 그래야 끈적끈적한 거미 발처럼 찰싹 붙어서 자세를 안정적으로 유지할 수 있다는 것이다. 나는 강사의 설명이 무척 마음에 들었다. 처음에는 무슨 뜻인지 제대로 이해하지 못했지만, 그대로 했더니 매트 위에서 순간적으로 중심을 잡는 데 도움이 되었다. 얼마 지나지 않아 나는 매트 밖에서도 그 기법을 활용하기 시작했다.

당신도 '끈적한 거미 발' 기법을 실천할 수 있다. 핵심은 당신의 발이 머무는 곳에 마음을 집중하는 것이다. 당신의 발을 끈적한 거미 발처럼 벌려서 최대한 많은 지면을 차지하고 있다고 상상하라. 발이 당신을 지탱하면서 땅에 전달하는 유대감과 견고함을 느껴보라. 그 지지력을 온전히 느껴보라.

엘리베이터를 기다릴 때나 주유할 때, 잠시 서 있어야 하는 어느 곳에서나 끈적한 거미 발을 상상하며 당신의 발이 머무는 곳에 마음을 둘 수 있다.

그러니 일할 때도 끈적한 거미 발을 연습하면서 당신의 발이 머무는 곳에 집중하도록 하라. 집에 있을 때도 주방에서 설거지를 하든 욕실에서 이를 닦든, 끈적한 거미 발을 쫙 벌려서 당신의 발이 머무는 곳에 마음을 두도록 하라. 항상 같은 원칙이 적용된다. 물리적으로 어디에 있든 당신의 발이 머무는 곳에 정신적으로 집중하라.

이는 이론적으로는 이해하기 어렵지만 실제로는 경험하기 쉬운 마음챙김의 주요 원리다. 헨리는 온종일 이곳저곳으로 물건을 배달하면서 끈적한 거미 발을 연습하고 그의 발이 머무는 곳에 마음을 둘 기회가 많았다. 부드럽고 연민 어린 태도로 "내 발이 머무는 곳에 마음을 쏟아라"라고 자신에게 말할 수 있었다. 그러자 점차 현실에 기반을 두고 당면 과제에 집중할 수 있었다.

'끈적한 거미 발'은 호흡 대신 발로 몸을 안정시키고 중심을 잡아주기 때문에 심신 연결을 활용하는 효과적인 방법이다. 가만히 서 있든 마음챙김 운동으로 균형을 잡든, 두 발로 땅을 단단히 디디고 있으면 현재 순간에 집중하는 데 도움이 된다. 지금, 이 순간에 존재한다는 느낌이야말로 심신 연결의 핵심이다.

발이 머무는 곳에 집중하면 불안으로 인한 정신적 방황을 최소화할 수 있다. 불안은 미래에 집중하는 감정이라는 점을 기억하라. 헨리의 불안과 고뇌는 지금 하고 있는 배달 일이 아니라 미래에 관한 생각에서 비롯되었다. '만약에what if'는 불안할 때 자신에게 가장 많이 던지는 질문이다. 그의 머릿속 대화는 늘 이런 식이었다.

"만약에 내가 평생 이 일로 먹고살아야 한다면 어떡하지? 만약에 더 나은 직업을 찾을 수 없다면 어떡하지? 만약에 내가 생계를 유지할 수 없다면 어떡하지? 만약에 가족을 부양할 수 없다면 어떡하지?"

이런 의문이 끊임없이 이어졌다. 나는 헨리가 '만약에'라는 생각을 줄이고 그의 뇌가 잠시 숨을 돌릴 수 있도록 도와주었다.

불안하고 스트레스를 받을 때 흔히 '만약에'라는 생각이 끊임없이 이어진다. 도마뱀 뇌가 부적응성 스트레스 반응을 줄줄이 몰고 다니 듯, 이 '만약에' 사고방식도 편도체, 즉 도마뱀 뇌가 주도한다. 편도체 라는 같은 운영자가 주도하기 때문에 불안감과 스트레스는 매우 밀 접하게 연결되어 있다. 편도체가 가장 잘하는 일은 바로 앞날에 대한 걱정의 소용돌이로 당신을 빠트리는 것이다.

헨리의 경우, 나는 그가 어디에 머물든 그곳에 집중하기를 바랐다. 그래서 이렇게 말했다.

"물건을 배송할 때마다 그곳에 집중해야 합니다. 다음 배송지로 넘 어가면 역시나 그곳에 마음을 두세요. '만약에' 사고방식을 최소화 하기 위해 신체 상태와 정신 상태를 일치시키도록 노력해야 합니다. 차를 몰고 가는 동네를 주목하세요. 운전하면서 스쳐 지나가는 나 무, 건물, 도로의 곡선을 보세요. 당신의 발이 머무는 곳에 마음을 두 세요."

"알겠습니다. 하지만 그것이 저에게 어떤 도움을 줄지 모르겠습니 다." 헨리가 어깨를 으쓱하며 말했다.

"될 대로 되라고 포기하는 게 아닙니다. 당신의 생물학적 상태를 '만약에'라는 가정 모드에서 '지금, 이 순간'이라는 현실 모드로 전환 하는 것입니다. 일단 마음이 편안하고 현재에 머물러 있으면 그 상황 을 해결할 더 참신한 방법을 찾을 수 있습니다."

"만약에 그래도 걱정이 계속 떠오르면 어떡하죠?" 헨리는 또 다른 '만약에' 질문을 던지고 멋쩍게 웃었다.

"그런 걱정은 다 정상적인 반응이에요. 하지만 이 기법을 사용하다 보면 걱정의 강도가 줄어들 거예요. 그리고 스트레스를 덜 받으면 더 명확하게 생각할 수 있을 거예요. 아울러 자동차에 걱정 노트를 챙겨 다니는 것도 고려해볼 수 있어요. 걱정거리가 떠오르면 간단히 적어 놓으세요. 그런 다음 운전 중에는 더 이상 걱정할 필요가 없다고 생각하는 거죠."

헨리의 '회복탄력성의 2가지 원칙'을 위해, 나는 그가 온종일 움직이고 있어도 안정감을 느끼도록 깊은 횡격막 호흡법을 처방했다.

헨리는 한 달 후 내게 이메일을 보내 이러한 기법이 스트레스와 불안감에 유용하다고 말했다. 그러면서 한 달 동안 더 시도한 뒤에 다시 상담하러 오겠다고 했다.

다음 달 내 진료실을 다시 방문했을 때, 헨리는 활짝 웃으며 자리에 앉았다. 그리고 신나게 이야기를 시작했다.

"자, 선생님의 조언으로 어떤 일이 일어났는지 알려드릴게요. 물건을 배달하는 동안에는 제 발이 머무는 곳에 집중했고, 운전하는 동안에는 심호흡을 했습니다. 그런 다음, 건물 입구에 물건을 툭 내려놓는 대신 문 앞으로 가져갔습니다. 고객이 보이면 반갑게 인사를 건네며 1, 2분 정도 한담을 나누었습니다. 전에는 무심코 지나쳤던 멋진 나무와 우스꽝스럽게 생긴 강아지 등이 눈에 들어오더라고요. 다른 운전자와 눈이 마주치면 속으로는 내키지 않더라도 씽긋 웃어주었습니다. 그들도 대부분 미소를 보내주었고요. 퇴근 후에도 아내와 아들은 제가 더 행복해 보인다면서 '무슨 좋은 일 있어요?'라고 묻더군요."

헨리의 말을 듣고 나도 모르게 눈물이 핑 돌았다. 환자가 나아지는 모습을 보는 것보다 의사로서 더 행복한 일도 없다.

그런데 갑자기 헨리가 벌떡 일어났다. "하지만 진짜 기적은 따로 있습니다, 선생님. 그동안 한 스포츠 용품 회사에 거의 매일 배달하러 갔는데, 하루는 회사 사장님이 안내 데스크로 와서 이렇게 말하지 뭡니까. '직원들이 항상 당신과의 교류를 좋게 이야기하더군요. 당신의 계획이 무엇인지는 모르겠지만 우리 회사에서 일해볼 생각이 있으면 기회를 봐서 나를 찾아오세요.'"

나는 잠시 기다렸다가 이렇게 말했다. "좋아요! 말해봐요! 그를 찾아갔나요?"

"네, 선생님! 이번 월요일부터 신입 관리자로 근무할 겁니다. 게다가 배달 일을 할 때보다 두 배나 많이 벌게 되었습니다!"

나도 벌떡 일어나 헨리와 하이파이브를 했다.

"제 발이 머무는 곳에 집중했더니, 걱정거리가 꽤 많이 해결되었습니다!"

물론 발이 머무는 곳에 마음을 둔다고 새로운 일자리를 얻거나 걱정이 싹 사라진다고 장담할 수는 없다. 하지만 당신의 뇌는 확실히 고마워할 것이다. 아울러 가족이나 친구와의 관계도 좋아질 것이다. 집에 있을 때나 친구와 외출할 때도 마음을 그곳에 두라. 일터에서 벗어나면 가능한 한 가족이나 친구와 더 깊이 연결되도록 하라.

당신의 삶은 요구 사항과 의무로 가득 차 있다. 매 순간이 빠듯하고, 여러 방향으로 끌려 다닌다.

당신의 뇌가 그 모든 것을 가능하게 한다. 하지만 최적의 상태로 작동하려면 뇌는 휴식과 회복이 필요하다. 다시 말해, 숨 돌릴 여유가 필요하다. 골디락스 원리로 휴식 존중하기, 모노태스킹 배우기, 가짜 출퇴근, 끈적한 거미 발을 활성화해 발이 머무는 곳에 마음 두기 등 이번 회복탄력성 리셋 버튼에 포함된 네 가지 기법은 당신과 당신에게 의존하는 사람들을 위해 뇌가 최적의 상태를 유지하도록 지원할 것이다.

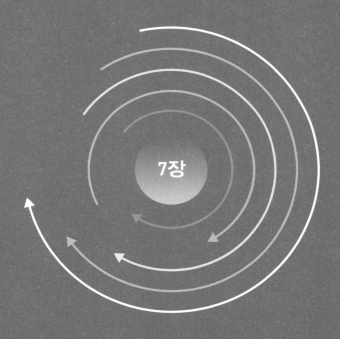

7장

다섯 번째
회복탄력성 리셋 버튼

최고의 자아를 전면에 내세워라

우리는 각자 처한 상황에 따라 독특한 방식으로 스트레스를 경험한다. 당신의 카나리아 증상은 아마 다른 사람의 증상과 상당히 다를 것이다. 하지만 스트레스의 여정에서 겪는 한 가지 공통점은 스트레스를 받는 동안 내면의 비판자inner critic가 나타난다는 점이다.

부정적인 혼잣말negative self-talk로도 알려진 내면의 비판자는 당신의 내적 독백이며, 그간의 양육과 성격, 경험, 사회에 따라 형성된다. 내면의 비판자와 평생 함께 살았기 때문에 그 존재를 미처 깨닫지 못할 수도 있다. 내면의 비판자는 스트레스가 적은 시기에는 잘 들리지 않을 정도로 작게 속삭인다. 하지만 해로운 스트레스에 시달리는 동안에는 확성기를 움켜쥔다. 당신이 실수를 저지르면 욕설을 퍼붓고, 새롭거나 어려운 일을 시도하지 못하게 하며, 일이 계획대로 되지 않는다고 질책한다.

내면의 비판자는 비록 잘못된 방법일지라도 당신을 보호하려는 목적으로, 해로운 스트레스에 시달리는 동안 자주 목소리를 키운다. 1장과 2장에서 배웠듯이, 해로운 스트레스는 편도체를 활성화한다. 그러면 자기 보호 메커니즘이 과열되고, 뇌가 결핍의 사고방식으로 작동한다. 내면의 비판자는 이러한 자기 보호 메커니즘의 일환이다.[1]

그런 이유로, "그냥 행복하게 지내라", "긍정적으로 생각해라", "긴장을 풀어라" 같은 조언이 스트레스를 받을 때는 전혀 도움이 되지 않는다. 단순히 생각만으로 스트레스를 없애는 방법은 통하지 않는다. 그 방법이 통했다면 지금쯤 아무 문제도 없을 것이다.

알다시피, 스트레스 생물학은 질주하는 기차와 같아서 당신은 급히 브레이크를 찾아야 한다. 내가 스트레스를 받는 동안 의사를 비롯해 많은 사람이 선의에서 "긴장을 풀어라", "긍정적인 측면을 찾아봐라", "그냥 견뎌내라"라는 조언을 건넸다. 나는 지푸라기라도 잡는 심정으로 다 시도해봤지만, 어느 것 하나 효과가 없었다. 오히려 기분이 더 나빠졌다. 이미 스트레스로 부정적인 생각에 빠져 있었는데, 긍정적인 사고를 못 하게 되자 결핍의 사고방식이 더 악화되었다. 생각으로 스트레스를 해결한다는 말은 허구에 불과하며, 우리가 받는 조언은 대체로 유독한 회복탄력성 신화에서 비롯된다.

해로운 스트레스를 받는 동안 내면의 비판자가 유난히 크게 떠드는 또 다른 이유는, 스트레스가 자기 효능감에 영향을 미치기 때문이다. 앞서 3장에서 살펴보았듯이 당신의 MOST 목표를 달성하면 자기 효능감이 높아지고, 그에 따른 치유 효과로 행복감도 높아진다.

이것이 중요한 이유는, 스트레스가 당신의 자기 효능감을 약화시키기 때문이다. 해로운 스트레스와 그에 따른 여러 불편한 감각은 당신을 통제할 수 없는 상태로 몰아갈 수 있다. 통제력이 부족하다고 느끼면 자신에게 불쾌한 말을 내뱉기 쉽다. 게다가 내면의 비판자는 확성기를 들고 있다. 목소리가 커져서 당신의 부족감과 해로운 스트레스를 가중시킨다. 결국 악순환의 고리에 빠지고 만다.

다섯 번째 회복탄력성 리셋 버튼은 그 악순환의 고리를 끊어내는 것이다. 내면의 비판자에게서 확성기를 빼앗고 당신의 힘과 자기 효능감을 되찾는 것이다. 이 리셋 버튼의 2가지 기법, 즉 '감사 목록을 작성하라'와 '자신을 표현하라'를 활용해, 당신은 내면의 비판자를 침묵시키고 최고의 자아를 전면에 내세울 방법을 배울 것이다.

내면의 비판자 침묵시키기

나를 처음 찾아왔을 때 로빈은 내면의 비판자에게 휘둘리고 있었다. 그것을 '끈질긴 독백'이라고 묘사했다. 로빈은 새로 회사를 차린 사업가이자 갓난아이를 키우는 초보 엄마였다. 서로 경쟁하는 여러 역할 때문에 그녀가 느끼는 압박감은 이루 다 말할 수 없었다. 이미 치료사와 산부인과 의사에게 도움과 지원을 받고 있었지만, 유난히 힘든 아침을 보낸 후 나를 찾아와 추가로 조언을 받기로 했다. 그녀의 이야기를 들어보자.

"첫 회의에 늦어서 서둘러 나가려다 블라우스에 커피를 살짝 흘렸어요. 그런데 그 상황에 차분히 대처하지 못하고 울음을 터뜨리며 자책하기 시작했어요. '나는 제대로 하는 게 하나도 없고 능력도 없어. 회의에 참석할 준비도 안 되어 결국 나 때문에 거래가 틀어질 거야. 그냥 집에서 살림이나 하는 게 낫겠어.' 조그마한 커피 얼룩 때문에 너무 속상해 온종일 일이 손에 안 잡히더라고요. 사소한 일에 대한 부정적 사고의 강도가 너무 강해서 정말 놀랐어요."

로빈은 만성 스트레스와 번아웃이 예상치 못한 반응을 일으킨다는 사실을 알고 있었는데도 여전히 혼란스러웠다.

"저는 사무실에 여분의 재킷을 두고 다니거든요. 그걸 걸치면 커피 얼룩을 가릴 수 있었죠. 돌이켜보니, 그야말로 최악의 시나리오 모드로 빠져들었더군요. 저에게는 이례적인 일이었어요."

로빈은 자신의 과도한 반응에 놀랐을지 모르지만 나는 그러지 않았다. 부정적 경험에 민감성이 높아지는 현상은 스트레스를 받은 뇌의 공통적인 특징이다. 스트레스를 받은 뇌는 외부 환경에 과민하게 반응하며, 사소해 보이는 실수조차 부정적 감정을 연쇄적으로 일으킬 수 있다. 이는 편도체가 자기 보호와 생존에 집중하려다가 건잡을 수 없게 된 또 다른 예다.

심리학자 릭 핸슨Rick Hanson이 설명하듯이, 스트레스를 받는 동안 부정적 경험은 벨크로 테이프처럼 뇌에 달라붙는다. 뇌가 위험을 감지해 당신을 안전하게 지키려는 방식이기 때문이다.[2] 이는 뇌 구조의 설계 결함이 아니다. 오히려 당신을 경계하게 하고 위험에서 멀어지게 하는 자연스러운 보호 메커니즘이다. 마음이 불안할 때 소셜 미디어를 계속 스크롤하게 하는 메커니즘과도 같다. 또 부족 구성원들이 곤히 자는 동안 위험이나 침략을 감시하는 야간 파수꾼과도 같다(4장을 참고하라). 과도한 경계심과 부정적 경험에 대한 높은 민감성은 부적응성 스트레스 반응의 전형적 특징이다.

로빈은 실시간으로 일어나는 과도한 스트레스 반응을 해결하기 위한 단기 해결책이 필요했지만, 뇌를 파국적 모드에서 완전히 벗어나게 만드는 장기 전략도 필요했다.

로빈의 '회복탄력성의 2가지 원칙'은 '멈추고 호흡하고 머무르는' 기법으로 시작했다(5장을 참고하라). 나는 로빈에게 아침 일과로 스트레스를 유발하는 과제를 2가지만 선택하라고 했다. 새로 사업을 시작한 데다 갓난아기까지 있어서 로빈은 매일 아침 5시 30분에 하루를 시작했다. 아기 울음소리가 기상 시간을 알려주었기 때문에 따로 알람이 필요하지 않았다. 로빈은 침대에서 벌떡 일어나 가운을 걸치고 아기방으로 달려갔다.

로빈은 자신의 상황을 이렇게 말했다. "어쩐 일인지 저는 늘 응급상황처럼 달려가요. 막상 도착하면, 아이는 침대 위에 매달아둔 태양계 모빌을 보며 옹알거리고 있지요. 아기는 멀쩡하게 잘 있는데, 저는 도대체 왜 이럴까요?"

나는 로빈에게 아침마다 아기방에 들어가기 전에 '멈추고 호흡하고 머무르는' 기법을 활용해보라고 제안했다. 로빈이 완전히 멈추고 심호흡으로 마음을 차분히 가라앉혀서 그 순간에 온전히 머물길 바랐다. 그런 다음, 안으로 들어가 아기를 안아 올리면 될 터였다.

나와 상담하고 일주일 뒤 로빈이 이메일을 보내 왔다. "'멈추고 호흡하고 머무르는' 이 간단한 기법이 매일 아침 저와 아들에게 커다란 기쁨을 선사합니다. 하루의 분위기에도 영향을 미치고요. 제가 문지방에 서서 그 기법을 실천할 때 아이는 방긋방긋 웃으며 저를 지켜봐요! 전에는 아이가 저를 향해 웃는 줄도 몰랐어요. 아침 일찍 시작하는 3초 호흡 덕분에 아침 일과 전체를 다시 생각하게 되었어요."

로빈은 아침에 일어나자마자 '멈추고 호흡하고 머무르는' 훈련을 실천함으로써 이른 아침에 아기방으로 달려가면서 생긴 일련의 스트레스 반응을 끊어냈다. 이른 아침부터 마음을 차분하게 다스리자 도미노 효과가 일어나 남은 하루의 분위기도 달라졌다.

로빈은 이렇게 적었다. "저는 이 기법을 다른 상황에도 많이 활용하고 있습니다. 커피를 타는 동안에는 보통 업무 이메일을 훑어봤지만, 이제는 머그잔을 꺼내기 전에 '멈추고 호흡하고 머무르는' 기법을 실천합니다. 그리고 어린이집에 아들을 데려다주고 출근길에도 합니다. 예전에는 정신없이 바쁜 시간이었지만 지금은 느낌이 달라요. 자동차 시동을 걸기 전에도 이 기법을 활용해요. 추가로 시간이 걸리지도 않아요. 제 뇌는 아침마다 새롭게 리셋한답니다."

로빈은 천천히, 그리고 의도적으로 뇌를 생존 모드에서 더 차분하고 안정된 상태로 바꿔나갔다. 그러면서 최고의 자아를 전면에 내세울 수 있었다. 여전히 스트레스를 많이 받고 있지만, '멈추고 호흡하고 머무르는' 기법으로 하루를 시작하면서 다양한 파급 효과를 누렸다.

이 새로운 마음 상태에서 로빈은 감정을 더 잘 통제한다고 느꼈다. 따라서 스트레스를 줄이도록 뇌를 재구성하기 위한 장기적 해결책에 정신적 역량을 사용할 여유가 생겼다.

이제 로빈에게 '회복탄력성의 2가지 원칙'의 두 번째 조치, 즉 감사 수행을 알려줄 때가 왔다. 감사를 실천하면 그녀의 뇌는 결핍의 사고방식인 종말론적 심리에서 벗어나 풍요의 사고방식으로 돌아갈 수 있을 것이다.

로빈이 감사 수행에 선뜻 나서지 않을 것 같아서, 나는 우선 감사와 인지 재구성에 대한 과학적 원리를 설득력 있게 설명했다. 이 방법은 효과가 있었다.

⋮ 감사하는 뇌: 벨크로 테이프에서 테플론 코팅으로 ⋮

감사의 언어는 뇌의 스트레스 경로를 강력하게 차단한다. 감사는 스트레스를 줄이고 기분을 좋게 만들며, 회복탄력성과 삶의 만족도를 높이는 것으로 나타났다.[3] 한 연구에서, 감사는 스트레스가 심한 사건 동안 우울증과 신체 증상을 예방하는 효과가 있는 것으로 나타났다. 또 다른 연구에서는 감사가 한 달 만에 스트레스 수준을 감소시켰다.[4] 감사는 부정적 경험에 대한 뇌 회로를 바꾸는 데도 도움이 될 수 있다. 그러한 경험이 벨크로 테이프처럼 당신에게 들러붙는 대신 테플론 코팅처럼 미끄러져 떨어지기 때문이다.[5] 이 과정은 인지 재구성cognitive reframing으로 알려져 있는데, 이는 당신이 집중하는 분야가 성장한다는 뜻이다.[6]

앞서 언급한 릭 핸슨은 이렇게 말한다. "긍정적 경험에 몇 초만 더 머무르면, 일시적인 정신 상태가 지속적인 신경 구조로 변하는 데 도움이 될 겁니다. 정신 상태가 신경 특성으로 변하면서, 당신의 마음은 날마다 당신의 뇌를 구축해나갑니다."[7]

뇌에 감사의 언어를 가르치면, 스트레스의 해로운 영향에서 뇌를 보호할 수 있다. 긍정적인 생각을 열심히 하면 내면의 비판자에게 대응하는 데도 도움이 된다. 분명히 말하지만, 감사는 허울뿐인 긍정이 아니다. '다 괜찮아'라는 폴리애나식 접근법Pollyanna approach(폴리애나는 미국의 엘리너 포터가 1913년에 발표한 동화의 여주인공으로, 지나치게 낙관적인 사람을 비유적으로 일컫는다 — 옮긴이)이 아니다. 당신은 스트레스와 정신 건강 문제로 힘들어하면서도 삶의 어떤 면에서는 감사할 수 있다. 실제로 300명의 대학생을 대상으로 한 연구에서, 감사는 스트레스와 정신 건강 문제로 힘들어하는 사람들에게 유익하다는 결과가 나타났다.[8]

연구진은 정신 건강의 유익한 변화를 두고 시간이 지나면서 더 커진다는 뜻으로 '긍정적인 눈덩이 효과'라고 묘사했다. "감사의 정신 건강 혜택은 즉시 나타나지 않고 시간이 흐르면서 서서히 축적된다는 점에 주목해야 합니다. 그리고 이러한 정신 건강상의 차이는 글쓰기 활동을 시작하고 12주가 지나면서 훨씬 더 커졌습니다."[9]

처음에는 감사가 어색하게 느껴져 애써 노력해야 할지도 모른다. 당신의 스트레스 경로가 최근 몇 달 또는 몇 년 동안 과열되었다면 더욱 그렇다. 하지만 각종 연구에서 드러났듯이, 감사도 연습해 숙달해야 하는 하나의 기술이다. 시간을 들여 꾸준히 실천하면 뇌는 감사의 새로운 언어를 배울 수 있다. 그러면 내면의 비판자를 잠재우는 데 도움이 된다.

내가 감사 연습을 시작하라고 말하자 로빈은 선뜻 호응하지 않았다. "감사라니, 너무 오글거리지 않나요? 저는 그렇게 감성적인 사람이 아니에요."

로빈은 감사를 대응 기술로 생각하는 내 생각에 동의하지 않았지만, 감사가 어떻게 번아웃에 도움이 될 수 있는지 보여주는 최근 연구 결과를 알려주자 일단 시도해보기로 했다. 초보 엄마이자 사업가인 로빈은 번아웃과 정신 건강 문제를 일으키는 가장 흔한 문제 2가지를 겪고 있었다. 맞벌이 부모를 대상으로 실시한 연구에서, 부모의 3분의 2, 특히 워킹맘의 거의 70퍼센트는 번아웃 기준을 충족했다.[10] 여성 사업가를 대상으로 한 또 다른 연구에서, 52퍼센트는 정신 건강 문제를 겪었고 95퍼센트는 사업을 구축하기 위해 자금을 모으는 동안 불안을 경험했다.[11]

로빈도 예외는 아니었다. 로빈의 만성 스트레스와 번아웃 증상은 개인적 결함이 아니었다. 오히려 워킹맘과 여성 사업가를 지원하지 않는 더 큰 시스템적 문제를 시사했다. 이러한 통계를 접한 뒤, 로빈은 자신을 소진하는 대신 활력을 주는 건전한 스트레스를 향해 다음 단계로 나아갈 용기를 얻었다. 그리하여 '회복탄력성의 2가지 원칙'의 두 번째 조치로 감사를 실천하는 데 동의했다.

로빈은 매일 밤 잠자리에 들기 전, 그날 감사했던 일 5가지와 그 이유를 적을 수 있도록 침대 옆 탁자에 공책과 펜을 두고 매일 감사 수행을 시작했다. 나는 로빈에게 감사 수행은 글쓰기 훈련이 아니므로 매일 밤 1, 2분 정도만 투자하면 된다고 알려주었다.

아울러 감사가 꼭 인생을 바꿀 만큼 대단한 생각이나 사건에 관한 것일 필요가 없다고 말했다. 가령 "아기를 안아줄 튼튼한 팔이 있어서 감사합니다"라거나 "남은 음식이 있어서 오늘 저녁에는 요리하지 않아서 감사합니다"와 같은 것도 괜찮다.

실제로 이것은 로빈이 내키지 않는 상황임에도 불구하고 떠올린 감사의 표현이었다. "좋아요. 이 정도면 할 만하겠네요." 로빈이 마침내 이렇게 말했다.

우리는 감사를 말로 표현하거나, 휴대폰이나 노트북에 입력하는 대신 종이에 적는 게 중요하다는 점도 논의했다. 타이핑과 달리 손으로 쓸 때, 우리 뇌는 다른 신경 회로를 사용한다. 종이에 적으면 기억할 가능성이 더 크다.[12] 식료품 목록을 종이에 적었다가 깜박 두고 나간 적이 있는가? 이상하게도, 목록에 있는 거의 모든 항목이 기억났을 것이다. 만약 그것을 스마트폰에 입력하고 실수로 삭제했다면, 그런 일은 일어나지 않았을 것이다.

로빈은 마지못해 매일 밤 감사 수행을 시작했다. 4주 뒤 나를 다시 찾아왔을 때, 내면의 비판자가 쏟아내던 암울하고 우울한 독백이 훨씬 조용해졌다고 했다.

"확실히 달라진 걸 느껴요. 예전보다 덜 자책하고 마음도 한결 차분해졌어요. 낮에 가끔 무슨 일이 생기면, '오늘 밤 감사 목록에 이 내용을 적어야지'라고 생각해요. 이제는 사소한 일에도 주의를 기울이기 시작했어요. '음미하다'라는 말로 이러한 변화를 가장 잘 설명할 수 있을 것 같아요. 저는 그냥 자동 조종 모드로 사는 게 아니라 내 삶의 특정 측면을 음미하면서 살고 있어요."

로빈은 관점을 점진적으로 전환하면서 뇌의 경로들을 바꿔나갔다. 그러면서 내면의 비판자를 침묵시키고 최고의 자아를 전면에 내세울 공간을 만들었다.

기법 #14 | 감사 목록을 작성하라

1. 침대 옆에 펜이나 연필과 함께 공책이나 종이를 비치하라.

2. 잠들기 전에 감사하는 내용 5가지를 노트에 적어라. 내용은 그날 있었던 좋은 일일 수도 있고 따뜻한 물로 샤워한 것처럼 간단한 일일 수도 있다.

3. 목록에 있는 각 항목에 감사하는 이유를 간단히 적어라.

4. 이 밤의 의식을 3개월 동안 계속하고 4주마다 자신의 일상적 관점이 바뀌었는지 확인하라.

스트레스에 시달리던 당시 나도 날마다 하는 감사 수행이 매우 유용하다는 사실을 알게 되었다. 로빈과 마찬가지로, 나도 처음에는 이 간단한 수행이 내 스트레스 수준을 개선하는 데 어떤 역할을 할지 상상할 수 없었다. 당시, 나는 병원 병동에서 질병과 죽음을 관리하느라 일주일에 80시간씩 일했다. 10대 소녀처럼 내 감정을 일기에 토로할 시간도 없었고, 관심이나 인내심도 없었다. 나는 그저 데이터에 따른 결과를 원했다. 하지만 연구 결과를 살펴본 뒤, '혹시나' 하는 심정으로 밤마다 잠자리에 들기 전 감사 수행을 시작했다.

힘든 날도 많았다. 그래서 '두 팔과 두 다리에 감사한다', '두근거리는 심장에 감사한다', '숨 쉴 수 있는 폐에 감사한다' 같은 말을 쓰곤 했다. 그렇게 말할 수 없는 환자를 많이 돌봤기 때문에 내 감사는 진정성이 있었다. 진정성이 없다고 느껴지면 적지 않았다. 어떤 날은 5가지를 생각해내기가 어려웠고, 어떤 날은 5가지 이상을 쓰고 싶었다. 초반에는 그냥 얼른 불 끄고 잠자리에 들고 싶었지만, 마음을 다잡고 하루에 5가지씩 기어이 기록했다. 시간이 지나자 생각이 조금씩 바뀌었다. 로빈과 마찬가지로, 내 관점도 절망적이고 우울한 상태에서 차분하고 중심 잡힌 상태로 바뀌는 게 느껴졌다. 내면의 비판자가 서서히 힘을 잃어갔다. 하지만 몇 주에 걸쳐 점진적으로 일어났기에 변화를 알아차리지는 못했다.

그러던 어느 화창한 봄날 오후, 거리를 걷는데 문득 이런 생각이 들었다. '와, 주말 내내 내면의 비판자가 내는 소리를 듣지 못했어. 아니, 일주일 내내 한마디도 안 들렸던 것 같아.'

그 순간 10년 묵은 체증이 쑥 내려간 기분이었다. 나는 날마다 감사 일기를 쓰면서 결국 내면의 비판자를 침묵시키고 최고의 자아를 전면에 내세울 수 있었다.

그날 이후로 나는 지금까지도 감사 수행을 계속하고 있다. 이 새로운 언어에 맞게 뇌를 훈련하던 초기처럼 매일 쓰지는 않지만, 스트레스를 받을 때는 언제나 침대 옆 탁자에 놓아둔 감사 일기를 쓴다. 그러면 나의 뇌 경로는 인지 재구성 과정을 통해 스트레스에서 벗어나 평온함으로 되돌아가기 시작한다. 감사 수행은 이제 스트레스를 받을 때마다 활용하는 귀중한 도구가 되었다. 당신에게도 그렇게 되기를 바란다.

치료적 글쓰기

당신도 로빈처럼 마지못해 감사 수행을 시작할 수 있지만, 결국에는 그것을 음미하게 될 것이다. 생각과 감정을 종이에 적으면 카타르시스와 치료적 경험을 맛볼 수 있다. 트라우마를 겪었다면, 고통스러운 감정을 발산하는 것이 무척 중요하다. 실제로 내 환자들은 과학적으로 입증된 글쓰기 훈련인 표현적 글쓰기expressive writing를 통해 감정을 발산했다.

당신과 마찬가지로, 내 환자들도 정신없이 바쁘고 때로는 혼란스러운 삶을 살고 있다. 다들 직장과 가정에서 감당하기 힘든 기준에 얽매여 있다. 그들 중 상당수는 항상 '긴장 상태'에 있다고 느낀다. 경계심을 내려놓을 기회가 없다 보니, 나를 찾아왔을 때 진료실 문이 닫히는 순간 감정을 터뜨리는 경우가 많다. 마침내 자기 자신으로 존재할 기회가 온 것이다. 우리 인간은 존재 자체로 존중받고 이해받아야 하는 것이지, 어떤 행동이나 성과로 가치를 증명해야 하는 것은 아니다. 표현적 글쓰기는 여러 대외적 역할을 지닌 우리가 각자 역할에 조금 더 잘 대처할 수 있도록 돕는다. 이 점은 과학적으로도 입증되고 있다.

사회심리학자 제임스 페네베이커^{James Pennebaker}가 개발한 표현적 글쓰기는 믿기 어려울 정도로 쉽고 간단하다.[13]

기법 #15 | 자신을 표현하라

페네베이커의 표현적 글쓰기 훈련에 대한 명확한 지침은 다음과 같다.[14]

"당신의 삶에 영향을 미친 매우 중요한 감정적 문제에 대해 깊이 생각하고 느낀 점을 글로 쓰세요. 쓸 때는 당신의 가장 깊은 감정과 생각을 마음껏 탐구하며 솔직하게 표현하세요. 주제는 부모, 연인, 친구, 친척 등 사람들과 맺은 관계가 될 수도 있고, 당신의 과거와 현재와 미래가 될 수도 있습니다. 아니면 당신이 어떤 사람이었고, 어떤 사람이 되고 싶고, 현재 어떤 사람인지를 주제로 삼을 수도 있습니다. 날마다 같은 주제나 경험을 다뤄도 되고, 매일 다른 주제를 다뤄도 됩니다. 당신의 모든 글은 철저히 비밀에 부쳐질 겁니다. 철자나 문장 구조, 문법은 신경 쓰지 마세요. 글을 쓰기 시작하면 시간이 다 될 때까지 계속 쓰세요. 그것이 유일한 규칙입니다."

표현적 글쓰기의 효과는 광범위하다. 신체 질환, 우울증, 감정적 고뇌, 면역 체계, 실직 후 재취업, 직장인의 결근, 학생의 학점 등 당신의 삶에 영향을 미치는 다양한 문제에 긍정적 효과가 있다고 드러났다.[15]

표현적 글쓰기에 관한 수많은 연구에서 가장 일관된 결과 중 하나는 병원 방문 횟수를 줄여준다는 점이다. 스트레스 관련 장애에서 비롯된 신체 질환을 최소화하는 데 도움이 되기 때문이다. 앞서 언급했듯이, 의사들은 환자 예약의 60~80퍼센트가 스트레스와 관련된 장애라고 말한다. 만약 우리가 환자들에게 스트레스와 관련된 신체 증상에 표현적 글쓰기 활용법을 가르칠 수 있다면 어떻게 될까? 아마도 환자 수가 감소해 진료 대기 시간이 확 줄어들 것이다!

나는 연령대와 생활 방식이 다양한 수많은 환자에게 표현적 글쓰기를 처방했고, 거의 모든 환자가 이 훈련을 통해 어느 정도 도움을 받았다. 나도 환자였을 때 스트레스 터널에서 막 벗어날 무렵 표현적 글쓰기를 활용했다. 당시에 나에게 무슨 일이 일어났는지 궁금했다. 표현적 글쓰기는 내 인생에서 가장 힘든 시기에 대한 온갖 숨겨진 생각과 감정을 드러냈다. 내가 그 시기를 이해하고 의미를 찾는 데 도움이 되었고, 나에게 몹시도 필요한 관점과 감정적 거리감을 제공했다. 아울러 내 존재론적 문제를 많이 풀어주었다. 나는 표현적 글쓰기가 이 책에서 소개하는 여러 기법 가운데 하나며, 떼 지어 몰려드는 야생마에게 내가 두 번 다시 시달리지 않도록 도와주었다고 믿는다.

나는 페네베이커가 연구한 것과 같은 글쓰기 프로토콜을 따랐다. 4일 연속으로 15~20분 동안 방해받지 않고 글을 써 내려갔다. 야생마가 떼 지어 몰려들던 첫 느낌의 트라우마 사건에 관해 썼다(1장을 참고하라). 자가 실험이 끝날 무렵 기분이 한결 좋아졌다. 당신도 그렇게 할 수 있다.

다른 사람이 당신의 은밀한 생각을 알게 될까 봐 걱정하지 않아도 된다. 글쓰기 시간이 끝나면 당신은 방금 적은 종이를 찢어 없앨 수 있다. 표현적 글쓰기는 감정을 보존하는 게 아니라 그 감정이 신체적으로나 정신적으로 더 큰 문제가 되지 않도록 해소하는 방법이다. 스트레스 찻주전자의 밸브를 열고 치유 증기를 내뿜는 또 다른 기법이다.

예전에 겪었던 충격적 경험이 현재의 스트레스에 기여한다고 생각된다면, 지금이야말로 그 감정을 처리할 시간이다. 표현적 글쓰기는 감정적 응어리를 내려놓는 데 도움을 주어, 스트레스를 줄이고 회복탄력성을 높이는 길로 가뿐히 접어들게 한다.

물론 스트레스를 관리하는 데 도움이 되는 기법에도 가끔은 당신을 방해하는 요소와 경험이 존재할 수 있다. 누구에게나 그렇다. 3장에서 소개한 아파트 관리인 자네트는 뇌졸중에서 회복하던 중 나를 처음 방문했고, 6개월 뒤 후속 진료를 받으러 다시 찾아왔다. 그런데 첫눈에 뭔가 심상치 않아 보였다. 체중이 상당히 불어난 데다 지팡이를 다시 사용하는 모습을 보니, 신체적으로 퇴보한 것 같았다.

자네트가 힘겹게 입을 열었다. "지난번에 여기 왔을 때는 뇌가 고장 났었는데, 이번에는 마음이 고장 났어요."

알고 보니, 그녀의 파트너가 함께 크루즈 여행을 떠나기 몇 주 전에 이별을 고했던 것이다. "몸이 상당히 좋아지고 있었어요. 하지만 그녀는 성에 차지 않았나 봐요. 더 젊은 사람과 눈이 맞아 집을 나가 버렸어요."

"자네트, 그런 일이 생겨서 정말 안타까워요. 무척 속상하겠어요."

"속상하겠다고요? 저는 화가 나서 미치겠어요!" 자네트는 첫 방문 때 내가 기억하는 모습과 같은 열정으로 지팡이를 바닥에 대고 세 번이나 두드렸다. "제 집에서 아주 편하게 지내더니, 떠나면서 감히 우리 고양이를 데려갔다니까요!"

자네트가 화를 내고 있긴 했지만 어쨌든 팔팔한 기운을 보니 마음이 살짝 놓였다.

"문제는 우리가 같은 친구를 공유한다는 거예요." 자네트가 지팡이를 공중에 흔들며 말했다. "그러다 보니 이 문제를 토로할 사람이 없어요. 2주 동안 아파트에서 꼼짝하지도 않다가 오늘에야 처음으로 나왔어요."

"당신을 위해 '회복탄력성의 2가지 원칙'을 새로 준비해야겠네요, 자네트. 첫 번째 조치로 물리치료사를 다시 만나도록 약속을 잡으세요. 그렇게 할 거죠?"

내 처방을 듣고 자네트가 눈을 반짝이며 말했다. "가만히 앉아서 점심과 저녁으로 팝콘과 아이스크림만 먹었더니, 뇌졸중 회복에는 좋지 않았나 봐요. 알겠어요, 내일 당장 약속을 잡을게요."

그리고 나서 나는 두 번째 조치로 표현적 글쓰기를 알려주었다. 자네트에게 요령을 설명한 뒤, 페네베이커의 지침을 출력해 건넸다.

한 달 후, 안부 전화를 걸었더니 자네트가 흥분한 목소리로 받았다. "요즘 뉴저지주 해안가의 한 콘도에서 지내고 있어요. 잘나가는 내 사촌이 콘도를 많이 샀는데, 관리할 사람이 필요하다고 해요."

"정말 엄청난 변화네요, 자네트." 나도 덩달아 흥분해 말했다.

"선생님의 진료실을 나서고 바로 다음 주부터 표현적 글쓰기를 시작했어요. 전前 파트너에 대한 감정을 다 쏟아냈어요! 종이에 적은 다음 갈기갈기 찢어서 아파트 쓰레기장에 날려버렸어요. 그랬더니 속이 뻥 뚫리지 뭐예요! 물론 여전히 화가 치밀고 슬픔이 밀려들기도 해요. 특히 고양이를 뺏긴 점과 크루즈 여행을 못 가게 된 점은 생각할수록 속상합니다. 하지만 이제는 해변 전체가 생겼어요! 그래서 불평할 수가 없어요."

내가 몸은 좀 어떠냐고 묻자 자네트는 이렇게 대답했다. "느리긴 하지만 좋아지고 있어요. 지팡이를 벽장에 처박아두고 매일 산책하러 나가요. 점심으로 샐러드를 먹었더니 살도 2킬로그램 가까이 빠졌어요."

전화를 끊기 전에 나는 그녀의 고장 난 마음도 치유되고 있는지 물었다. 자네트는 잠시 뜸을 들이더니 말을 이었다. "있잖아요, 저는 발코니에서 바다를 내다보면서 이런 생각을 해요. 썰물이 빠져나가더라도 얼마 지나지 않아 항상 돌아오잖아요, 그렇죠? 인생도 그런 것 같아요."

나는 자네트가 잘 지내리라고 확신했다. 이제 그녀는 건전한 스트레스를 경험하고 있었고, 최고의 자아를 전면에 내세울 방법도 찾아냈다. 그래서인지 그녀의 활기찬 기운이 뉴저지주 해안가에서 보스턴의 내 진료실까지 전해지는 듯했다.

(3장에서 소개한) 변호사에서 예술가로 변신한 카르멘에게 이 기법을 처방할 때만 해도, 그녀의 마지막 '회복탄력성의 2가지 원칙'이 될지 몰랐다. 카르멘은 실험적 암 치료에도 효과를 보지 못해 난소암이 간으로 전이되었다. 그런데도 늘 침착했고 미소도 잃지 않았다.

"그럼 이제는 어쩌죠?" 카르멘이 딱히 대답을 기대하지 않는 듯한 목소리로 물었다. "그냥 다 포기하고 공처럼 웅크린 채 죽어야 하나요? 저는 아직 준비가 안 되었어요. 할 일이 있다고요."

카르멘은 전보다 조금 더 연약해 보였지만, 3주 후에 있을 자신의 갤러리 쇼에 초대할 때는 자부심이 넘쳤다.

첫 진료 이후로 유다이모닉 행복을 기르는 데도 큰 진전을 보였다. 그녀의 '회복탄력성의 2가지 원칙'은 조각 미술에서 의미와 목적을 찾고 자연 속에서 시간을 보내는 데 도움을 주었다.

"제가 떨쳐낼 수 없는 게 딱 한 가지 있어요. 변호사 시절 승진하던 날이 또렷이 기억나요. 저는 승진 제안을 받아들이고 싶지 않았어요. 제 일이 싫었으니까요. 하지만 동료의 설득으로 기어이 받아들이고 말았죠. 그때 제 판단대로 하지 않았던 게 못내 아쉬워요. 내면의 목소리를 좇아 싫다고 말했더라면 제 인생이 어떻게 달라졌을지 누가 알겠어요."

카르멘에게는 여전히 풀지 못한 응어리가 있었다. 그녀가 힘든 경험을 인정하고 정상화하며 후회 속에서 고립감을 덜 느끼도록 돕기 위해, 나는 설득력 있는 연구 결과를 하나 알려주었다. 사람들이 인생의 마지막에 가장 흔히 하는 후회는, "남들이 기대하는 삶이 아니라 나 자신에게 충실한 삶을 살 용기가 있었더라면 좋았을 텐데"라는 점이다.[16]

카르멘은 그때로 돌아가서 다른 선택을 할 수 없었다. 우리 중 누구도 그럴 수 없다. 하지만 그녀는 차선책을 선택할 수 있었다. 그 일에 대해 글을 쓸 수 있었다. 그래서 그녀에게 표현적 글쓰기 훈련을 처방했다. 카르멘은 나흘 연속으로 아무 방해도 없이 20분 동안 그간에 억눌린 고뇌, 분노, 자기 불신, 후회에 대해 글을 썼다.

하루 동안 평생을 살아라

나는 카르멘에게 마지막으로 한 가지 제안을 했다. 나이, 문화, 경제적 지위, 고용 상태, 신체 건강 상태에 상관없이, 또 앞으로 살날이 70일이 남았든 70년이 남았든 상관없이 도움이 될 만한 제안이었다. 즉, 하루 동안 평생을 살라는 것이다. 내가 환자들에게 자주 강조하는 새로운 관점이다.

환자 치료에서 내 역할은 그들이 타고난 회복탄력성, 낙관주의, 행복을 발견하도록 돕는 것이다. 내 앞에 앉아 있는 환자가 말기 암 합병증에 시달리든, 만성 통증을 겪고 있든, 인생 전반의 고난과 역경을 마주하고 있든, 하루 동안 평생을 사는 법을 배우는 일은 내가 가장 보편적으로 추천하는 원칙 중 하나다.

하루 동안 평생을 산다고 하는 것이 단순히 24시간을 최대한 활용하는 접근 방식을 뜻하지는 않는다. 오히려 허슬 문화의 해독제로서 속도를 늦추는 것을 뜻한다. 가령 어린 시절, 일, 휴가, 공동체, 고독, 은퇴 등 길고 의미 있는 삶의 궤적을 구성하는 여섯 가지 요소를 통합해 '단 하루 동안'에 담아내는 것이다. 하루 동안 평생을 사는 법을 실천함으로써, 당신은 가장 소중하고 위태로운 자산인 시간 감각을 새롭고 따뜻한 방식으로 서서히 다시 정의할 수 있다. 하루 동안 평생을 산다면 날이 저물 때마다 당신은 충만한 만족감을 선물로 받을 수 있다. 결국 우리는 모두 빌려온 시간을 살고 있기 때문이다.

하루 동안 평생을 살려면 여섯 가지 요소가 필요하다. 이러한 요소는 단순히 있으면 좋은 것들이 아니라 임상적으로나 심리학적으로 타당한 의미가 있다. 이 여섯 가지 인생 단계를 단 하루 동안에 담아내도록 하라.

- 어린 시절: 당신의 하루 중 일부를 어린 시절에 보내라. 성인이라면 더욱 그렇게 하라. 경이로움과 놀이 감각을 키워라. 기쁨을 주는 일을 마음껏 시도하라. 3장에서 행복의 최적 형태로 탐색했던 몰입 상태를 찾아라.

- 일: 보수를 받든 안 받든 매일 일정 시간을 일하라. 일은 생산성과 성취감을 키울 기회다. 특히 나이가 들면서 온갖 종류의 일이 우리 삶에 몰입감과 목적, 의미를 제공한다는 연구 결과가 있다.[17]

- 휴가: 매일 시간을 내서 기기를 내려놓고 편히 쉬도록 하라. 즐거움을 느낄 수 있는 일이면 뭐든 좋다. 당신에게 만족감을 주는 일에 집중하라. 독서, 빵 굽기, 예술 창작, 음악 연주, 수영, 심지어 넷플릭스에서 좋아하는 프로그램을 보는 것도 좋다. 이는 정신적으로 휴가를 떠나는 것이다.

- 공동체: 매일 가족이나 공동체와 시간을 보내라. 당신에게 소속감을 주는 사람들, 가령 가족 같은 친구들, 친한 동료, 이웃과 교류하라. 긴 시간이 필요하지 않다. 짧은 전화 한 통으로도 유대감을 형성할 수 있다. 인간관계가 평생 행복을 예측하는 데 가장 중요한 단일 변수라는 사실을 보여주는 연구가 많다.[18]

- 고독: 매일 일정 시간을 고독하게 보내는 것도 중요하다. 고독은 행

복감을 높이고, 창의성을 자극하며, 사람들에게 잘 반응하는 우리의 타고난 능력을 촉발하는 데 도움을 줄 수 있다.[19]

- 은퇴: 마지막으로, 매일 은퇴하는 시간을 두고서 당신의 활동과 크고 작은 성과를 잠시 되돌아보고 점검하라. 역설적이게도, 우리는 나이가 들수록 더 행복해진다.[20]

하루 동안 평생을 사는 이 여섯 가지 요소는 사실상 모든 사람에게 적용될 수 있다. 내가 이 방법을 제안했더니, 몇 주나 몇 달밖에 살지 못하는 불치병 환자들은 활력을 얻어 남은 나날을 더 활기차고 의미 있게 보낼 수 있었다. 만성질환을 앓던 환자들은 병이 악화되는 순간에도 이 방법으로 추진력과 발전을 느낄 수 있었다. 대체로 건강하지만 스트레스에 시달리던 환자들은 이 과정으로 삶에 더 몰입할 수 있었다.

당신이 삶의 어느 단계에 있든 하루 동안 평생을 산다면, 현재 처한 상황에 상관없이 하루를 살아가는 동안 마음을 다잡고 현재에 집중하는 데 도움이 될 수 있다. 이것은 인생을 넓게 바라볼 수 있도록 돕는 파노라마 렌즈와 같으며, 의도적으로 최고의 자아를 전면에 내세우도록 해준다.

자신에게 보내는 러브레터

다섯 번째 회복탄력성 리셋 버튼에서 배웠듯이, 말과 이미지는 부적응성 스트레스를 받는 동안 최고의 자아를 전면에 내세우는 강력한 도구가 될 수 있다. 인간은 주로 시각적 학습자라 대체로 시각적 단서가 있을 때 가장 잘 배운다. 스트레스를 줄이는 여정을 시작할 때, 이 정보를 당신에게 유익하게 활용하도록 하라. 평소에 시각적 단서와 격려 문구를 활용해 앞으로 나아갈 수 있게 하라.

날마다 볼 수 있게 당신의 MOST 목표와 역방향 계획을 냉장고에 붙여두라. 산책이나 감사 수행을 날마다 상기하도록 달력에 표시하라. '회복탄력성의 2가지 원칙'에 대한 주간 체크리스트를 만들어두라. 매일 점검할 때 체크 표시를 하면서 잠시나마 성취감을 만끽하라. 스트레스를 이겨낼 수 있다는 사실을 상기하기 위해 시각적 정보를 최대한 활용하라. 그리고 스트레스에 굴복하지 않고 자신을 돌보겠다고 아침마다 다짐하라.

나는 스트레스를 받는 동안 미래의 나에게 집중하기 위해 다양한 시각적 단서를 활용했다. 가령 영감을 주는 인용문이나 격려 문구를 포스트잇에 적어 원룸 아파트 여기저기에 붙여놓았다. 내가 가장 좋아하는 문구 중 하나는 다음과 같다.

"당신은 이미 걸작이지만 앞으로도 계속 발전해나가는 작품이 될 수 있다."[21]

스트레스를 받을 때면 이 문구로 나 자신에게 연민을 더 느낄 수 있었다. 나는 또 아파트 현관에 세워놓을 커다란 포스터도 만들었다. 흰색 바탕에 검정 글씨로 '행동하라DO'라고 썼다. 다른 군더더기는 없었다. 왔다 갔다 하다 보면 자연스럽게 그 굵은 글씨에 시선이 갔고, 덕분에 뭐든 미루지 않고 실행했다. 나는 이 메시지가 자주 필요했다. 당신도 앱이나 스마트워치 같은 첨단 기기의 알림 신호 따위는 없어도 된다. 매직펜과 두툼한 마분지로도 충분하다.

카르멘이 나를 마지막으로 방문하고 한 달 뒤에 이런 이메일을 보내왔다. "고마워요, 네룰카 선생님. 저는 글쓰기와 조각 미술과 자연에 대한 당신의 조언을 따랐어요. 또 '하루하루를 평생처럼 살아라'라고 적힌 포스터를 침실에 붙여두고서 계속 그렇게 실천하고 있어요. 예전에는 '치유being healed'와 '치료being cured'의 차이를 몰랐지만 이제는 알아요. 저는 치료되지는 않겠지만, 적어도 치유된 기분은 들어요."

나는 그 이메일을 저장해두었다.

몇 주 뒤, 카르멘은 갤러리 쇼를 열어서 가족과 친구들과 전 직장 동료들에게 환호를 받았다. 그녀의 여동생이 내게 사진을 몇 장 보내주었는데, 환하게 웃는 카르멘의 얼굴에서 깊은 만족감이 보였다.

두 달 후, 카르멘은 세상을 떠났다.

카르멘의 생애 마지막 순간은 기쁨과 의미, 목적과 성취감으로 가득 차 있었다. 카르멘은 치료되지는 않았지만, 마침내 치유된 느낌을 받았다. 감사의 마음을 글로 적고 치료적 글쓰기를 실험하는 등 다섯 번째 회복탄력성 리셋 버튼의 기법과 함께 하루 동안 평생을 사는 원칙도 기꺼이 실천한 덕분이었다. 카르멘은 상상할 수 없는 질병을 겪으면서 최고의 자아를 전면에 내세울 방법을 찾아냈다. 그 과정에서 그녀를 아끼는 많은 사람이 더 나은 사람으로 발전할 수 있도록 도와주었다. 그녀와 나눴던 대화는 내게도 많은 깨우침을 주었다. 처음에는 스트레스에 시달리는 환자로 나와 마주했지만, 인생의 끝자락을 받아들이는 모습을 지켜보면서 관계가 역전되었다. 그녀는 이제 나의 스승이 되었다.

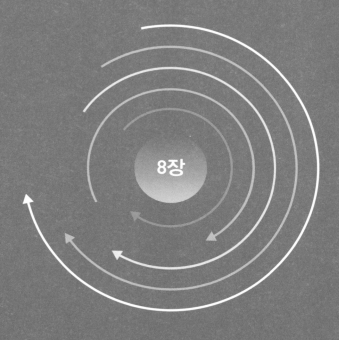

8장

패스트 트랙

꽃을 활짝 피우는 것보다 꽃봉오리 속에 웅크리고 있는 게 더 고통스러운 날이 기어이 왔다.

_ 아나이스 닌Anaïs Nin이 한 말로 추정

당신은 이제 건강에 해로운 부적응성 스트레스를 극복하기 위해 고안된 5가지 회복탄력성 리셋 버튼과 15가지 기법을 모두 파악했다. 지금까지는 함께 걸어왔지만, 여정의 마지막 부분은 당신 혼자서 가야 한다. 이제 5가지 회복탄력성 리셋 버튼과 '회복탄력성의 2가지 원칙'을 도구로 삼아, 이 책에서 배운 지식을 실천할 때가 되었다. 도구를 집어 들고 잘 활용할지는 당신 자신에게 달렸다. 회복탄력성 리셋 버튼과 기법은 당신이 실제로 행할 때만 효과가 있기 때문이다.

엄두가 나지 않을 수도 있지만, 변화가 두려운 이유에 관해서는 많이 논의했다. 나는 당신이 준비되어 있다는 사실을 잘 안다. 그리고 마음 깊은 곳에서 당신도 그 사실을 잘 알고 있을 것이다. 설사 당신의 능력을 완전히 확신할 수 없더라도, 어쨌든 첫걸음을 내디뎌야 한다. 내가 멀리서 응원하고 있다. 게다가 나는 당신이 스스로 이 일을 해낼 수 있다고 굳게 믿고 있다. 그래서 정식으로 초대하겠다. 이제 당신의 삶에 변화를 일으킬 용감하고 보람찬 과정을 시작할 순간이다!

뇌가 변화를 일으키는 방법

"상황이 이렇게 나빠지도록 방치해놓고 이제 와서 변화를 결심하다니, 믿기지 않습니다."

나는 환자들뿐만 아니라 주변 친구와 가족에게서도 이런 이야기를 수없이 들었다. 나 자신도 이런 말을 했다. 당신도 이런 생각이 든다면 실패의 징후가 아니라 진전의 신호로 받아들여라. 과학적 관점에서 볼 때, 이런 식의 깨달음은 뇌가 변화를 향해 나아가는 자연스러운 경로다. 그러니 이런 말을 중얼거릴 때, 당신이 생각하는 것보다 변화에 훨씬 더 가까워졌다는 사실을 기억하라!

우리의 허슬 문화는 단 한 번의 감동적 순간으로 사람들의 인생이 확 바뀐다고 떠벌리지만, 죄다 허구일 뿐 현실이 아니다. 나는 한순간에 변화가 일어났다고 말하는 환자를 본 적이 없다. 변화는 한 가지 사건으로 일어나지 않는다. 수많은 중요한 순간이 쌓이고 쌓여서 점차 탄력을 받고 힘을 얻어야 변화가 일어난다. 변화는 서서히 이루어지며, 흔히 현 상황에 지친 상태에서 시작된다.

1970년대 후반, 흡연자를 대상으로 한 연구에서 연구진은 변화를 5단계로 나눈 '행동 변화 단계 모델Stages of Change Model', 일명 범이론 모델Transtheoretical Model을 개발했다.[1]

1. 숙고 전Precontemplation 단계: 당신은 카나리아의 경고를 알아차릴 수도 있고 모를 수도 있다. 아무튼 그것이 당신에게 문제가 된다는 사실을 아직 깨닫지 못했다. 오히려 그러한 경고에 방어적으로 맞서기도 한다.

2. 숙고Contemplation 단계: 카나리아의 경고가 당신에게 문제가 될 수 있다는 사실을 점차 깨닫지만, 여전히 변할 준비가 되지 않았다. 그래서 선택지를 저울질하면서 조치를 취할지, 아니면 경고를 무시할지 고민한다.

3. 준비Preparation 단계: 당신은 카나리아의 경고에 대해 무언가를 하겠다고 결정한다. 가령 이 책을 읽으면서 5가지 회복탄력성 리셋 버튼 중 어떤 것을 삶에 적용할 수 있을지 고민한다.

4. 실행Action 단계: 당신은 마침내 경고에 대처하기 위해 행동할 준비가

되었다. 5가지 회복탄력성 리셋 버튼에서 한 번에 '회복탄력성의 2가지 원칙'을 실천해, 줄어든 스트레스와 높아진 회복탄력성의 혜택을 누리기 시작한다.

5. 유지Maintenance 단계: 당신은 지속 가능한 작은 노력을 통해 5가지 회복탄력성 리셋 버튼을 일상에 적용할 수 있게 되었다. 당신의 뇌는 스트레스를 줄이고 회복탄력성을 높이기 위한 새로운 경로를 만들었으며, 실행을 통해 전과 다르게 연결되고 있다.

직업을 바꾸거나 새로운 관계를 시작하는 등 인생에서 일어난 크나큰 변화를 떠올려보면, 아마도 이 5단계의 변화를 거치고 나서 실행하기로 최종 결정을 내렸을 것이다. 그러니 '어쩌다 상황이 이렇게 나빠지도록 방치했지?'라는 생각에 마음이 착잡하다면, 자신에게 연민을 베풀며 자축하라. 당신은 이미 변화를 일으키는 두 번째 또는 세 번째 단계에 있으며, 생각보다 훨씬 더 진척된 상태일 것이다.

과정을 신뢰하라

실행하겠다고 결정하기에 앞서 뇌와 몸이 거치는 이 5단계는 사람마다 조금씩 다를 수 있다. 당신의 치유 여정은 당신만의 고유한 과정이 될 것이다. 따라서 스트레스 여정의 단계를 거치면서 불안, 분노,

좌절, 실망, 두려움, 심지어 무관심을 느꼈다면, 경험하는 모든 감정이 유효하고 정상적이라는 사실을 인식하라. 성장 과정은 복잡하고 비선형적이다. 그 과정을 신뢰하고, 도중에 혼란스러운 단계를 지나더라도 계속 나아가야 한다. 그것이 비결이다. 어떤 날은 크게 도약할 것이고, 어떤 날은 거의 아무런 성과를 내지 못했다고 느낄 것이다. 하지만 그러한 궤적이나 속도와 상관없이, 스트레스 여정에서 분명히 나아가고 있다고 믿어라. 실제로 나아가고 있으니까.

5가지 회복탄력성 리셋 버튼에서 제안한 대로 한 번에 2가지씩 실천하다 보면, 때로는 당신이 충분히 빠르게 변하지 못한다는 사실에 좌절할 것이다. 우리는 모두 스트레스를 줄이고 회복탄력성을 높이기 위한 패스트 트랙, 즉 빠른 경로를 원한다. 중간 단계를 건너뛰고 결승선에 도달하고 싶은 유혹이 크다. 누구나 그렇다. 우리의 허슬 문화가 속도를 현대적 미덕으로 여기기 때문이다. 하지만 당신의 뇌와 몸에는 고유한 시간표가 있다. 각각은 서두르지 않고 자신만의 속도로 작동한다. 이 책에서 소개하는 사고방식의 전환과 훈련과 기법은 그 시간표를 존중한다. 당신의 생체 변화를 위해서는 경쟁하기보다는 생체 속도에 맞춰 협력해야 한다. 작고 느리지만 꾸준히 나아가는 것이야말로 스트레스는 줄이고 회복탄력성을 높이는 가장 확실하고 지속 가능한 방법이다.

「토끼와 거북이」 동화를 기억하는가? 스트레스를 극복하는 과정에서는 당신의 뇌와 몸도 그와 매우 비슷하다.

어느 날, 토끼가 거북이에게 너무 느리다고 놀려댔다.

"넌 어디라도 가본 적이 있니?" 토끼가 낄낄대며 물었다.

"물론이지." 거북이가 대답했다. "게다가 난 네가 생각하는 것보다 더 빨라. 나랑 경주한다면 증명해 보일게."

토끼는 거북이와 경주한다는 생각이 너무 웃겼지만, 재미 삼아 해 보기로 했다. 그래서 심판 역할을 맡은 여우가 거리를 표시하고 주자들을 출발시켰다.

토끼는 순식간에 시야에서 사라졌다. 그런데 거북이가 자기와 경주하는 게 얼마나 어리석은 일인지 깨닫게 해주려고 코스 중간에 벌렁 드러누웠다. 거북이가 따라올 때까지 낮잠을 잘 생각이었다.

한편 거북이는 느리지만 꾸준히 나아갔다. 한참 만에 토끼가 자고 있는 지점을 지나갔다. 그런데도 토끼는 태평하게 잠만 잤다. 마침내 잠에서 깼지만, 거북이는 이미 목표에 가까워져 있었다. 그래서 가장 빠른 속도로 냅다 달렸는데, 토끼는 거북이를 제때 따라잡을 수 없었다.

경주에서 빠른 자가 항상 이기는 것은 아니다.[2]

거북이가 경주 중에 자신의 능력을 의심했다고 상상해보자. "난 너무 느려. 이 경주에서 절대로 이길 수 없을 거야. 토끼가 나보다 훨씬 빠르잖아. 괜히 망신만 당할 텐데, 해서 뭐해? 어차피 질 테니 포기하는 게 낫겠어. 그냥 집어치우자. 난 끝났어."

거북이의 부정적인 혼잣말은 분명히 그의 노력을 방해했을 것이다.

하지만 그런 일은 일어나지 않았다. 거북이는 속도의 과장 광고를 믿지 않았다. 오히려 본인의 느리지만 꾸준한 본성이 결국 승리할 거라고 믿었다. 거북이는 자신의 속도에 동요하지 않고 끈기와 인내에 집중했다.

거북이의 사고방식을 가져보자. 한 번에 2가지씩 실천하는 데 집중하라. 작게 시작해 천천히 나아가라. 어쩌면 당신의 2가지 조치는, 짧은 휴식 시간에 소셜 미디어를 스크롤하는 대신 가벼운 스트레칭을 하거나 매일 동네를 산책하는 것일 수도 있다. 뭐가 되었든 작게 시작해 집중력을 유지하라. 처음 두 걸음을 삶에 쉽게 적용할 수 있게 구성했으니, 시간이 지나면서 당신은 두 걸음을 더 내디딜 준비가 될 것이다.

어떤 날은 다른 날보다 쉬울 것이다. 불가능해 보이는 날에는 최소한 이렇게 물어보라. 5분만 투자해 오늘 내 기분을 좋아지게 할 수 있는 일은 무엇일까? 어떤 날에는 단 5분간 횡격막 호흡을 하더라도, 여전히 뇌와 몸에 스트레스를 리셋하고 있다는 신호를 보낸다. 스트레스를 리셋하는 데 에너지나 시간을 도저히 투자할 수 없는 날에는 약간의 여유를 두고 다음 날 다시 시작하라. 연구에 따르면, 가끔 기회를 놓치더라도 스트레스를 낮추는 건강한 습관을 형성하는 뇌의 능력에 부정적인 영향을 미치지 않는다.[3] 일시적 차질은 변화 과정의 일부다. 할 수 있을 때마다 계속 앞으로 나아가라.

5가지 회복탄력성 리셋 버튼을 삶에 적용하면서 당신이 사랑하는 사람을 어떻게 지지해줄지 생각해보라. 아울러 그들의 결단력을 어떻게 응원하고 실수를 용서하며, 그들이 겪고 있는 일을 어떻게 이해하고 공감할지 생각해보라. 그런 다음, 당신에게도 그렇게 대하라. 앞으로 나아가는 모든 걸음이 중요하기 때문이다.

⋮ 자신을 너그럽게 대하라 ⋮

스트레스를 받을 때 자신에게 느끼는 연민은 순식간에 길러지는 쉬운 감정이 아니다. 하지만 그러한 연민이 당신의 스트레스에 지대한 영향을 미칠 수 있다. 자신을 조금 더 너그럽게 대하려는 노력은 스트레스를 극복하는 여정에서 가장 효과적인 경로 중 하나다. 5가지 회복탄력성 리셋 버튼의 거의 모든 기법은 자기 연민의 렌즈로 자신을 바라볼 수 있을 때 더 효과적이다. 연민이 스트레스에 대한 보호막 역할을 하면서 뇌와 몸을 바꾸도록 도와주기 때문이다.

연구에 따르면, 자기 연민은 코르티솔 수치를 낮추고, 힘든 일에 대처하는 데 도움을 주며, 정신 건강을 보호해 스트레스를 개선하도록 도울 수 있다.[4] 연민은 편도체처럼 스트레스를 조절하는 특정 뇌 영역에도 작용할 수 있다. 40명의 뇌 스캔 영상을 조사한 연구에서, 자기 비판적일 때는 편도체의 활동이 더 활발하고 연민 어린 자기 확신을 실천할 때는 덜 활발하다는 사실이 드러났다.[5] 46명의 여성을 대상으로 한 또 다른 연구에 따르면, 자기 연민 수준이 높은 여성은 지각된 스트레스 수준level of perceived stress이 더 낮았다.[6] 하지만 스트레스를 받을 때는 자기 연민을 베풀지 못하고 자기 비판적으로 변하기가 훨씬 더 쉽다. 우리는 왜 가장 필요한 순간에 자신을 응원하는 대신, 가장 신랄한 비판자가 되는 것일까?

자기 연민을 연구하는 심리학자 크리스틴 네프Kristin Neff와 크리스토퍼 거머Christopher Germer는 이렇게 썼다.

"우리는 자기비판에 너무 익숙해져 있으며, 어떤 점에서는 고통이 유용하다고 생각하는 것 같다. 자기 연민의 동기는 사랑에서 비롯되는 반면, 자기비판의 동기는 두려움에서 비롯된다고 할 수 있다".[7]

많은 환자에게 흔히 스트레스와 두려움은 함께 나타난다. 우리 뇌가 두려움과 스트레스를 같은 영역인 편도체에서 처리하기에 충분히 이해된다. 하지만 5가지 회복탄력성 리셋 버튼에서 제안하는 여러 기법과 함께 자기 연민의 렌즈를 통해 본다면, 두려움과 스트레스를 새롭게 구성해 정신 건강을 위한 더 밝은 미래로 바꿀 수 있다. 이 책에 나오는 여느 기법과 마찬가지로, 자기 연민은 다행히 뇌의 놀라운 신경가소성 덕분에 배우고 익히고 완성할 수 있는 기술이다.

네프와 거머에 따르면, "자신을 진정으로 아낀다면, 우리는 새로운 프로젝트에 도전하거나 새로운 기술을 배우는 등 행복해지는 데 도움이 되는 일을 할 것이다."[8]

과감히 도전하고 새로운 기술을 배우는 것이야말로 5가지 회복탄력성 리셋 버튼의 핵심이다.

당신의 미래 자아를 선택하라

나는 임상 진료 과정에서 수많은 환자의 변화를 직접 목격했고, 내 강연에 참석한 사람들의 성공담도 두루 들었다. 이들 중 많은 사람은 번아웃과 만성질환으로 빠르게 치닫고 있는 상태였다. 일부는 스트레스를 처리하는 방식 때문에 대인관계와 직장에서 회복할 수 없는 피해를 보기도 했다. 그들은 모든 상황이 불리하게 돌아갔기에 스트레스로 인한 투쟁에서 이기리라고 장담할 수 없었지만, 기어이 어두운 터널을 뚫고 나와 성공담을 들려주었다.

당신이나 나와 별반 다르지 않은 사람들이 어떻게 그런 성공담의 주인공이 될 수 있었을까? 그들은 스트레스라는 망령의 손아귀에서 벗어나기 위해 무슨 생각을 했고, 궁극적으로 무엇을 했을까? 다들 표현은 달랐지만 말하려는 내용은 똑같았다. 그 모든 사연을 연결하는 공통점이 있다면, 더 나은 삶을 바라는 의지가 현 상태를 유지하려는 욕구보다 강했던 것이다. 그들은 모두 자신의 미래 자아^{future self}를 선택했다.

스트레스를 덜 받는 당신의 미래 자아로 살아간다고 상상해보라. 미래 자아가 MOST 목표를 달성하고 성공하는 모습을 상상해보라. 당신은 어떻게 행동할 것인가? 날마다 어떤 행동을 취할 것인가? 성공을 향해 나아가는 자신에게 뭐라고 말할 것인가? 건강을 위한 여정을 계속 밟다 보면 스스로 걸림돌이 되기 쉽다. 하지만 목표를 명확히 볼 수 있다면, 결국 이뤄낼 수 있다. 이미 성공한 자신의 모습을 떠올리면, 스트레스를 극복하는 여정에서 어려운 순간이 와도 5가지 회복탄력성 리셋 버튼을 계속 시도하면서 추진력을 유지할 수 있을 것이다. 당신의 성공담을 완성해간다고 생각하라. 그러면 뇌는 당신이 한 번에 하나씩 달성하도록 도와줄 것이다. 작가 브레네 브라운 Brené Brown은 이렇게 말했다.

"훗날 당신은 그간의 일을 어떻게 극복했는지 이야기할 테고, 그 이야기는 누군가에게 생존 지침이 될 것입니다."

그러니 당신의 회복탄력성을 믿어라. 당신의 성공담을 들려줄 날이 올 것이다.

완벽을 추구하지 말고 지속적인 발전을 추구하라

당신의 미래 자아에 한 걸음씩 다가갈수록 스트레스 여정을 어디에서 시작했고 또 얼마나 멀리 왔는지 잊어버릴 수 있다. 우리는 자신의 발자취를 되짚을 때 흔히 불완전한 역사가가 되기 쉽다. 매일 그 속에서 살다 보니 얼마나 먼 길을 걸어왔는지 알아차리기 어렵다. 신체 단련이나 체중 감량을 시도한 적이 있다면, 내 말이 무슨 뜻인지 알 것이다. 애써 노력하는데도 별 진전이 없는 것 같다. 가족, 룸메이트, 동료 등 가까운 사람들도 아무런 변화를 알아차리지 못한다. 하지만 6개월 동안 만나지 못했던 친구와 주말여행을 떠나면, 그 친구는 당신이 얼마나 달라 보이는지 바로 감지한다. 그런 이유로, 객관적 데이터를 활용해 당신의 발전 추이를 측정해야 한다. 이 책 앞부분에서, 당신은 개인별 스트레스 지수를 측정하고, MOST 목표를 수립하고, 그 목표를 달성하기 위한 역방향 계획 접근법을 설계하는 등 몇 가지 훈련을 마쳤다.

이것들은 모두 당신의 발전 추이를 추적하는 데 활용할 훌륭하고 객관적인 지표다. 5가지 회복탄력성 리셋 버튼을 당신의 삶에 적용하는 동안, 4주에 한 번씩 스스로 다음과 같은 질문을 던져보라.

- 나의 새로운 개인별 스트레스 지수는 얼마인가?
- 나의 MOST 목표가 여전히 올바른 목표처럼 느껴지는가?
- 나의 현재 상황에 더 적합한 다른 MOST 목표가 있는가?
- 나의 역방향 계획에서 현재 어느 단계에 있는가?
- 현재 실천하는 '회복탄력성의 2가지 원칙'이 뇌에 확실히 자리를 잡았는가?
- 나의 미래 자아와 MOST 목표에 더 가까워지기 위해 '회복탄력성의 2가지 원칙'을 더 추가할 수 있을까?

당신은 스트레스 수준이 크게 바뀌지 않았다고 생각할 수도 있다. 하지만 4주, 8주, 12주 후에 스스로를 점검하다 보면, 당신이 얼마나 많은 진전을 이루었는지, 또 얼마나 멀리 왔는지 놀라게 될 것이다.

겉으로 드러나지 않더라도 속으로 성장할 수 있다는 사실을 인식하는 것도 중요하다. 내가 가장 좋아하는 성장 사례 중 하나는 자연계에서 일어난다. 중국 대나무는 처음 5년간 어떤 성장 징후도 보이지 않다가 6주 만에 30미터 가까이 자란다! 이 경이로운 자연 현상의 비밀은 첫 5년 동안 외부에서는 전혀 보이지 않지만, 내부에서는 엄청난 변화가 일어난다는 점이다. 6주 만에 30미터 가까이 순식간에 변한 것처럼 보일 수 있지만, 사실은 그렇지 않다. 누구나 볼 수 있는 커다란 변화가 뚜렷하게 일어나기 전에, 내부에서 작은 변화가 점진적으로 일어나야 한다. 물론 스트레스의 변화를 느끼는 데 5년이나 걸리지는 않겠지만, 대나무 사례는 외부에서는 보이지 않아도 내부에서는 성장이 이루어질 수 있다는 점을 잘 보여준다.

스트레스로 고생하던 초기에 나는 존 카밧진의 명상 강연에서 위안을 얻었다.

"자기 내면에서 새로운 습관을 기르는 일은 정원을 가꾸는 것과 같습니다. 정원에 씨앗을 심으면, 그 씨앗이 묘목으로 자라도록 시간을 줍니다. 그리고 연약한 새싹이 나오면 부드럽고 다정하게 돌봅니다."[9]

5가지 회복탄력성 리셋 버튼에서 배운 여러 기법을 당신의 삶에 적용할 때도 같은 시각으로 바라보라. 그것들이 뿌리를 튼튼히 내리고 싹을 틔울 시간을 제공하라.

그 여정에서 완벽함은 잊어버리고 지속적인 발전에 집중하라. 완벽함은 존재하지 않는 신화에 불과하다. 최종 목적지인 MOST 목표에 집착하면, 도중에 실행하는 대단히 가치 있는 일을 간과하기 쉽다. 당신은 결국 스스로 설정한 목표에 도달하겠지만, 여정의 각 단계를 밟을 때마다 스트레스를 개선하는 데 한 걸음씩 더 가까워지는 것이다.

진전을 이루었다는 사실을 깨달으면 크고 작은 성과를 모두 기념하라. 큰 성과는 쉽게 볼 수 있어 축하하기 쉽다. 하지만 자잘한 성과도 똑같이 노력해 이루었으니 존중해야 한다. 진전을 이룬 자신을 격려하고 계속 나아가라!

퍼펙트 스톰과 레인코트

영광스럽게도, 나는 지금껏 많은 환자가 자신의 미래 자아에 발을 들이면서 변하는 모습을 지켜볼 수 있었다. 그들의 이야기에서 내가 가장 좋아하는 순간은 바로 '전구가 켜지는' 순간이다. 말 그대로 누군가의 눈에서 희망과 이해의 빛이 번뜩이는 순간이다. 환자들은 내게 이렇게 말하곤 한다.

"네룰카 선생님, 선생님이 제 스트레스를 고쳐주셨어요!"

그때마다 나는 이렇게 대답한다. "아뇨, 제가 고쳐드린 게 아니라 환자분 '스스로' 스트레스를 고치셨어요! 저는 그냥 거울에 불과했어요."

당신에게는 진정 스트레스를 치유할 힘이 있다. 그 여정에서 나는 단지 당신의 모든 발전 과정을 비춰주는 거울 역할만 할 뿐이다. 당신에게 각종 도구와 지침과 자료를 줄 수 있지만, 당신의 스트레스는 당신만이 리셋할 수 있다.

그 일은 전적으로 당신 손에 달려 있다. 내 믿음도 당신에게 달려 있다.

이 책의 여러 기법은 현재의 스트레스를 줄이도록 당신의 뇌와 몸을 점진적으로 변화시키기 위한 것이지만, 미래의 스트레스로부터 당신을 보호하려는 것이기도 하다. 당신은 필연적으로 예상치 못한 상태에서 거센 폭풍우를 만날 것이다. 이러한 기법을 레인코트 삼아 따뜻하고 안전하고 뽀송뽀송한 상태로 온갖 퍼펙트 스톰을 헤쳐 나가길 바란다.

아울러 폭풍우가 거세게 몰아치는 날에는 페마 초드론^{Pema Chödrön}의 다음 말을 기억하길 바란다.

"당신이 하늘이다. 그 외의 것들은 날씨일 뿐이다."

『회복탄력성의 뇌과학』의 여러 아이디어가 내 책상에서 당신의 손까지 가는 데 도움을 준 분들이 많다. WME 에이전시의 멜 버거는 출판 에이전트 가운데 전설적 인물로, 내가 이 책을 쓸지 말지 고민하던 10년 동안 나를 격려해주었다. 하퍼원HarperONe의 편집자 안나 파우스텐바흐는 책을 만드는 모든 단계에서 친절과 다정함으로 나를 이끌어주었다. 주디스 커, 라이나 알더, 앨리 모스텔, 샹탈 톰, 제시 돌치, 멜린다 뮬린, 앤 에드워즈, 타이 안나니아 등 하퍼콜린스 출판사, 하퍼원, WME의 헌신적인 직원들이 이 책에 관심과 지원을 아끼지 않았다. 내 글쓰기 파트너이자 '독서 치료사'인 마르시아 윌키는 내가 과학을 인간적으로 풀어내도록 도와주고, 글을 쓰는 내내 용기를 북돋워주었다. 홍보 기업 로저스 & 코언 PMKRogers & Cowan PMK의 로리 루사리안과 트레이시 콜은 이 책과 그 안에 담긴 메시지를 널리 퍼트려주었다. 내 강연 에이전트인 제니퍼 보웬을 비롯해 리 뷔로Leigh Bureau의 전체 팀은 내 저작물을 전 세계 청중에게 널리 알리고 있다. 하버드 의과대학, 베스 이스라엘 디코니스 메디컬 센터Beth Israel Deaconess Medical Center, 쿠퍼 대학 병원의 여러 멘토와 동료, 즉 러스 필립스, 낸시 오리올, 글로리아 예, 테드 캡트척, 로저 데이비스, 켈리

올랜도, 제인 쉬한, 질 청과 홍 청, 비제이 라지푸트, 안나 헤드리, 에드 비너 등은 나에게 의료 기술뿐만 아니라 환자를 인간적으로 대하는 태도까지 가르쳐주었다. 아울러 환자들은 나에게 영광스럽게도 돌봐드릴 기회를 주었고, 이에 대한 보답으로 큰 가르침을 주었다. 아리아나 허핑턴, 이브 로드스키, 스웨타 차크라보티, 로리 시드먼 등 미디어계의 거물 친구들은 내게 두려워하지 말고 큰 꿈을 꾸라고 격려해주었다. 크리스틴 허스트, 아라티 카르닉, 크리사 산토로, 슈마 판세, 베렛 샵스, 나탈리 메이어, 레이첼 다리섹, 조티 페드케, 데브라 윌리엄스와 더그 윌리엄스, 베스, 마티 마기드는 내가 꿈을 실현하는 데 도움을 주었다. 나의 부모님 아닐 네룰카와 메이나 네룰카는 나에게 모든 것을 주었고, 열정과 목적의식을 품고 살아가도록 가르쳐주었다. 미국과 인도와 네덜란드에 흩어져 사는 일가친척들은 나에게 유대감과 웃음을 안겨주었다. 무엇보다도, 내 인생에서 가장 큰 축복인 맥과 조도 빠뜨릴 수 없다. 독자 여러분과 함께 나눌 수 있기에 내가 하는 모든 일은 더욱 기쁘고 의미 있다.

들어가는 글

1 Oracle and Workplace Intelligence, LLC, "AI@Work Study 2020: As Uncertainty Remains, Anxiety and Stress Reach a Tipping Point at Work," 2020, https://www.oracle.com/a/ocom/docs/oracle-hcm-ai-at-work.pdf.

2 "Burnout Nation: How 2020 Reshaped Employees' Relationship to Work," Spring Health, December 2020, https://springhealth.com/wp-content/uploads/2020/12/Spring-Health-Burnout-Nation.pdf.

1장 스트레스를 줄이고 회복탄력성을 높이려면?

1 Aditi Nerurkar, Asaf Bitton, Roger B. Davis et al., "When Physicians Counsel About Stress: Results of a National Study," *JAMA Internal Medicine* 173, no. 1 (2013): 76–77, https://doi.org/10.1001/2013.jamainternmed.480.

2 J. Porter, C. Boyd, M. R. Skandari et al., "Revisiting the Time Needed to Provide Adult Primary Care," *Journal of General Internal Medicine* 38 (2023): 147–55, https://doi.org/10.1007/s11606-022-07707-x.

3 US Preventive Services Task Force, "U.S. Preventive Services Task Force Issues Draft Recommendation Statements on Screening for Anxiety, Depression, and Suicide Risk in Adults," USPSTF Bulletin, September 20, 2022, https://www.uspreventiveservicestaskforce.org/uspstf/sites/default/files/file/supporting_documents/depression-suicide-risk-anxiety-adults-screening-

draft-rec-bulletin.pdf.

4   Brian Walker and David Salt, "The Science of Resilience," Resilience.org, November 27, 2018, https://www.resilience.org/the-science-of-resilience/.

5   Dike Drummond, "Are Physicians the Canary in the Coal Mine of Medicine?," *You Can Be a Happy MD*, January 21, 2013, https://www.thehappymd.com/blog/bid/285686/are-physicians-the-canary-in-the-coal-mine-of-medicine.

6   Sheldon Cohen, Tom Kamarck, and Robin Mermelstein, "A Global Measure of Perceived Stress," *Journal of Health and Social Behavior* 24, no. 4 (December 1983): 385–96, https://doi.org/10.2307/2136404.

7   "Workplace Burnout Survey: Burnout Without Borders," Deloitte.com, accessed October 4, 2014, https://www2.deloitte.com/us/en/pages/about-deloitte/articles/burnout-survey.html.

8   "The World Health Report 2001: Mental Disorders Affect One in Four People," World Health Organization, September 28, 2001, https://www.who.int/news/item/28-09-2001-the-world-health-report-2001-mental-disorders-affect-one-in-four-people.

9   "Burn-out an 'Occupational Phenomenon': International Classification of Diseases," World Health Organization, May 28, 2019, https://www.who.int/news/item/28-05-2019-burn-out-an-occupational-phenomenon-international-classification-of-diseases.

10 "Stress in America: Money, Inflation, War Pile on to Nation Stuck in COVID-19 Survival Mode," American Psychological Association, March 10, 2022, https://www.apa.org/news/press/releases/stress/2022/march-2022-survival-mode.

11 "Mental Health Replaces COVID as the Top Health Concern Among Americans," Ipsos, September 26, 2022, https://www.ipsos.com/en-us/news-polls/mental-health-top-healthcare-concern-us-global-survey.

12 "Asana Anatomy of Work Index 2022: Work About Work Hampering Organizational Agility," Asana, April 5, 2022, https://investors.asana.com/news/

news-details/2022/Asana-Anatomy-of-Work-Index-2022-Work-About-Work-Hampering-Organizational-Agility/default.aspx.

13 Jean M. Twenge and Thomas E. Joiner, "Mental Distress Among U.S. Adults During the COVID-19 Pandemic," *Journal of Clinical Psychology* 76, no. 12 (December 2020): 2170–82, https://pubmed.ncbi.nlm.nih.gov/33037608/; Anjel Vahratian, Stephen J. Blumber, Emily P. Terlizzi, and Jeannine S. Schiller, "Symptoms of Anxiety or Depressive Disorder and Use of Mental Health Care Among Adults During the COVID-19 Pandemic—United States, August 2020–February 2021," *Morbidity and Mortality Weekly Report* 70, no. 13 (April 2021): 490–94, https://www.ncbi.nlm.nih.gov/pmc/articles/PMC8022876/.

14 Joe Gramigna, "Adults' Unmet Mental Health Care Need Has Increased Since Onset of COVID-19 Pandemic," Helio Psychiatry, April 1, 2021, https:// www.healio.com/news/psychiatry/20210401/adults-unmet-mental-health-care-need-has-increased-since-onset-of-covid19-pandemic; Anjel Vahra- tian, Emily P. Terlizzi, Maria A. Villarroel et al., "Mental Health in the United States: New Estimates from the National Center for Health Statistics," Septem- ber 23, 2020, https://www.cdc.gov/nchs/data/events/nhis-mental-health-webinar-2020-508.pdf.

15 "Pandemic Parenting: Examining the Epidemic of Working Parental Burn-out and Strategies to Help," Office of the Chief Wellness Officer and College of Nursing, The Ohio State University, May 2022, https://wellness.osu.edu/sites/default/files/documents/2022/05/OCWO_ParentalBurnout_3674200_Report_FINAL.pdf.

16 Kristy Threlkeld, "Employee Burnout Report: COVID-19's Impact and 3 Strategies to Curb It," Indeed.com, March 11, 2021, https://www.indeed.com/lead/preventing-employee-burnout-report.

17 Aditi Nerurkar, Asaf Bitton, Roger B. Davis et al., "When Physicians Counsel About Stress: Results of a National Study," *JAMA Internal Medicine* 173, no. 1 (2013): 76–77, https://jamanetwork.com/journals/jamainternalmedicine/

fullarticle/1392494.

2장 뇌는 스트레스를 어떻게 생각할까?

1   Aditi Nerurkar, "The Trauma of War on Ukrainian Refugees," Forbes.com, March 4, 2022, https://www.forbes.com/sites/aditinerurkar/2022/03/04/ the-psychology-of-the-refugee-experience-ukraine/?sh=52a42b9668dd.

2   Bill Hathaway, "Yale Researchers Find Where Stress Lives," YaleNews, May 27, 2020, https://news.yale.edu/2020/05/27/yale-researchers-find-where-stress-lives; Elizabeth V. Goldfarb, Monica D. Rosenberg, Dongju Seo, R. Todd Constable, and Rajita Sinha, "Hippocampal Seed Connectome- Based Modeling Predicts the Feeling of Stress," *Nature Communications* 11 (2020): 2650, https://www.nature.com/articles/s41467-020-16492-2.

3   Aditi Nerurkar, "Meditation vs. Medication: Which Should You Choose?," HuffPost.com, last updated July 30, 2013, https://www.huffpost.com/entry/ benefits-of-meditation_b_820177.

4   Thomas H. Holmes and Richard H. Rahe, "The Social Readjustment Rat- ing Scale," *Journal of Psychosomatic Research* 11, no. 2 (August 1967): 213–18, https://www.sciencedirect.com/science/article/abs/pii/002239 9967900104?via%3Dihub.

5   Peter A. Noone, "The Holmes–Rahe Stress Inventory," *Occupational Medicine* 67, no. 7 (October 2017): 581–82, https://academic.oup.com/occmed/ article/67/7/581/4430935.

6   Gretchen Rubin, "What You Do Every Day Matters More Than What You Do Once in a While," *The Happiness Project*, November 7, 2011, https:// gretchenrubin.com/articles/what-you-do-every-day-matters-more-than-what-you-do-once-in-a-while/.

1   이 모델은 비슷한 모델들이 인터넷에서 여럿 보이지만, 창시자가 알려져
    있지 않다. 예를 들면 다음의 자료를 보라. Robby Berman, "Who Do You
    Want to Be During COVID-19?: One Woman's Viral Roadmap from Fear to
    Learning to Growth," BigThink.com, April 30, 2020, https://bigthink.com/
    health/covid-graphic-growth-zones/.

2   Jon Kabat-Zinn, *Full Catastrophe Living: Using the Wisdom of Your Body and
    Mind to Face Stress, Pain, and Illness* (New York: Bantam, 2013), xlix.

3   Thomas Oppong, "The Only Time You Are Actually Growing Is When
    You're Uncomfortable," CNBC.com, August 13, 2017, https://www.cnbc.
    com/2017/08/11/the-only-time-you-are-actually-growing-is-when-youre-
    uncomfortable.html.

4   Kaitlin Woolley and Ayelet Fishbach, "Motivating Personal Growth by Seek-
    ing Discomfort," *Psychological Science* 33, no. 4 (2022): 510–23, https://
    journals.sagepub.com/doi/10.1177/09567976211044685; Kira M. New-
    man, "Embracing Discomfort Can Help You Grow," Greater Good Magazine,
    May 3, 2022, https://greatergood.berkeley.edu/article/item/embracing_
    discomfort_can_help_you_grow.

5   Laurie Santos, "Philosophy—Happiness 5: How Well Can We Predict Our
    Feelings," Wireless Philosophy, November 9, 2021, YouTube, https://www.
    youtube.com/watch?v=oB_i5E4fLB4.

6   Christina Armenta, Katherine Jacobs Bao, Sonja Lyubomirsky et al., "Chap-
    ter 4—Is Lasting Change Possible? Lessons from the Hedonic Adaptation
    Prevention Model," in *Stability of Happiness*, eds. Kennon M. Sheldon and
    Richard E. Lucas (Cambridge, MA: Academic Press, 2014): 57–74, https:// www.
    sciencedirect.com/science/article/abs/pii/B9780124114784000047.

7   Armenta et al., "Is Lasting Change Possible?," 57–74.

8   유다이모닉은 '인간의 번영과 안녕, 최고선을 뜻한 그리스어 에우다이모니
    아에서 나왔다." "Eudaimonia," Britannica, last updated September 11, 2023,

https://www.britannica.com/topic/eudaimonia

9   Barbara L. Fredrickson, Karen M. Grewen, Kimberly A. Coffey et al., "A Functional Genomic Perspective on Human Well-Being," *PNAS* 110, no. 33 (July 2013): 13684–89, https://www.pnas.org/doi/abs/10.1073/pnas.1305419110.

10 "Positive Psychology Influences Gene Expression in Humans, Scientists Say," Sci.News, August 12, 2013, https://www.sci.news/othersciences/psychology/science-positive-psychology-gene-expression-humans-01305.html.

11 Lauren C. Howe and Kari Leibowitz, "Can a Nice Doctor Make Treatments More Effective?," *New York Times*, January 22, 2019, https://www.nytimes.com/2019/01/22/well/live/can-a-nice-doctor-make-treatments-more-effective.html; Kari A. Leibowitz, Emerson J. Hardebeck, J. Parker Goyer, and Alia J. Crum, "Physician Assurance Reduces Patient Symptoms in US Adults: An Experimental Study," *Journal of General Internal Medicine* 33 (2018): 2051–52, https://link.springer.com/article/10.1007/s11606-018-4627-z.

12 Karen Weintraub, "Growing Tumors in a Dish, Scientists Try to Personalize Pancreatic Cancer Treatment," Stat, October 4, 2019, https://www.statnews.com/2019/10/04/pancreatic-cancer-tumors-in-a-dish/.

13 Luigi Gatto, "Serena Williams: 'I Am a Strong Believer in Visualization,'" Tennis World, April 27, 2019, https://www.tennisworldusa.org/tennis/news/Serena_Williams/69764/serena-williams-i-am-a-strong-believer-in-visualization-/; Carmine Gallo, "3 Daily Habits of Peak Performers, According to Michael Phelps' Coach," Forbes.com, May 24, 2016, https://www.forbes.com/sites/carminegallo/2016/05/24/3-daily-habits-of-peak-performers-according-to-michael-phelps-coach/?sh=79fb95f0102c; Melissa Rohlin, "Phil Jackson and Doc Rivers Use Visualization to Help Their Players," *Los Angeles Times*, October 9, 2014, https://www.latimes.com/sports/sportsnow/la-sp-sn-doc-rivers-clippers-champions-20141009-story.html.

1   "How Much Time on Average Do You Spend on Your Phone on a Daily Basis?," Statista.com, 2021, https://www.statista.com/statistics/1224510/time-spent-per-day-on-smartphone-us/; Michael Winnick, "Putting a Finger on Our Phone Obsession," dscout.com, https://dscout.com/people-nerds/mobile-touches.

2   Adrian F. Ward, Kristen Duke, Ayelet Gneezy, and Maarten W. Bos, "Brain Drain: The Mere Presence of One's Own Smartphone Reduced Avail- able Cognitive Capacity," *Journal of the Association for Consumer Research* 2, no. 2 (2012): 140–54, https://www.journals.uchicago.edu/doi/full/10.1086/691462.

3   J. Brailovskaia, J. Delveaux, J. John et al., "Finding the 'Sweet Spot' of Smartphone Use: Reduction or Abstinence to Increase Well-Being and Healthy Lifestyle?! An Experimental Intervention Study," *Journal of Experimental Psychology*: Applied 29, no. 1 (2023): 149–61, https://doi.org/10.1037/xap0000430.

4   "Smartphone Texting Linked to Compromised Pedestrian Safety," BMJ.com, March 2, 2020, https://www.bmj.com/company/newsroom/smartphone-texting-linked-to-compromised-pedestrian-safety/.

5   "Too Much Screen Time Could Lead to Popcorn Brain," University of Washington Information School, August 9, 2011, https://ischool.uw.edu/news/2016/12/too-much-screen-time-could-lead-popcorn-brain.

6   Aditi Nerurkar, "The Power of Popcorn Brain," Thrive Global, https://community.thriveglobal.com/the-power-of-popcorn-brain/.

7   Andrew Perrin and Sara Atske, "About Three-in-Ten U.S. Adults Say They Are 'Almost Constantly' Online," Pew Research Center, March 26, 2021, https://www.pewresearch.org/fact-tank/2021/03/26/about-three-in-ten-u-s-adults-say-they-are-almost-constantly-online/.

8   "2016 Global Mobile Consumer Survey: US Edition," Deloitte.com, https://

www2.deloitte.com/content/dam/Deloitte/us/Documents/technology-media-telecommunications/us-global-mobile-consumer-survey-2016-executive-summary.pdf.

9   Morten Tromholt, "The Facebook Experiment: Quitting Facebook Leads to Higher Levels of Well-Being," *Cyberpsychology, Behavior, and Social Networking* 19, no. 11 (November 2016): 661–66, https://pubmed.ncbi.nlm.nih.gov/27831756/.

10 Katie Schroeder, "My Grandma Survived WWII. The War in Ukraine Is Making Her Relive Her Trauma," LX News, March 16, 2022, https:// www.lx.com/russia-ukraine-crisis/my-grandma-survived-wwii-the-war-in-ukraine-is-making-her-relive-her-trauma/50317/.

11 American Psychological Association, "Stress and Sleep," APA.org, January 1, 2013, https://www.apa.org/news/press/releases/stress/2013/sleep.

12 Jennifer A. Emond, A. James O'Malley, Brian Neelon et al., "Associations Between Daily Screen Time and Sleep in a Racially and Socioeconomically Diverse Sample of US Infants: A Prospective Cohort Study," *BMJ Open* 11 (2021): e044525, https://bmjopen.bmj.com/content/11/6/e044525; Hugues Sampasa-Kanyinga, Jean-Philippe Chaput, Bo-Huei Huang et al., "Bidirectional Associations of Sleep and Discretionary Screen Time in Adults: Longitudinal Analysis of the UK Biobank," *Journal of Sleep Research* 32, no. 2 (April 2023): e13727, https://onlinelibrary.wiley.com/doi/full/10.11 11/jsr.13727.

13 "Always Connected: How Smartphones and Social Keep Us Engaged," IDC Research Report, 2013, https://www.nu.nl/files/IDC-Facebook%20 Always%20Connected%20(1).pdf.

14 Camila Hirotsu, Sergio Tufik, and Monica Levy Andersen, "Interactions Between Sleep, Stress, and Metabolism: From Physiological to Pathological Conditions," *Sleep Science* 8, no. 3 (November 2015): 143–52, https:// www.ncbi.nlm.nih.gov/pmc/articles/PMC4688585/.

15 Andy R. Eugene and Jolanta Masiak, "The Neuroprotective Aspects of Sleep,"

MEDtube Science 3, no. 1 (March 2015): 35, https://www.ncbi.nlm.nih.gov/pmc/articles/PMC4651462/; see also Nina E. Fultz, Giorgio Bon- massar, Kawin Setsompop et al., "Coupled Electrophysiological, Hemody- namic, Cerebrospinal Fluid Oscillations in Human Sleep," Science 366, no. 6465 (November 2019): 628–31, https://www.science.org/doi/10.1126/science.aax5440.

16   Pal Alhola and Päivi Polo-Kantola, "Sleep Deprivation: Impact on Cognitive Performance," *Neuropsychiatric Disease and Treatment* 3, no. 5 (2007): 553–67, https://pubmed.ncbi.nlm.nih.gov/19300585/.

17   Ilse M. Verweij, Nico Romeijn, Dirk J. A. Smit et al., "Sleep Deprivation Leads to a Loss of Functional Connectivity in Frontal Brain Regions," *BMC Neuroscience* 15 (2014): 88, https://bmcneurosci.biomedcentral.com/articles/10.1186/1471-2202-15-88.

18   Seung-Schik Yoo, Ninad Gujar, Peter Hu et al., "The Human Emotional Brain Without Sleep: A Prefrontal Amygdala Disconnect," *Current Biology* 17, no. 20 (October 2007): R877–R878, https://www.sciencedirect.com/science/article/pii/S0960982207017836?via%3Dihub.

19   Faith Orchard, Alice M. Gregory, Michael Gradisar, and Shirley Reynolds, "Self-Reported Sleep Patterns and Quality Amongst Adolescents: Cross-Sectional and Prospective Associations with Anxiety and Depression," *Journal of Child Psychology and Psychiatry* 61, no. 10 (October 2020): 1126–37, https://acamh.onlinelibrary.wiley.com/doi/full/10.1111/jcpp.13288; Elizabeth M. Cespedes Feliciano, Mirja Quante, Sheryl L. Rifas-Shiman et al., "Objective Sleep Characteristics and Cardiometabolic Health in Young Ad- olescents," *Pediatrics* 142, no. 1 (July 2018): e20174085, https://pubmed.ncbi.nlm.nih.gov/29907703/.

20   Séverine Sabia, Aline Dugravot, Damien Léger et al., "Association of Sleep Duration at Age 50, 60, and 70 Years with Risk of Multimorbidity in the UK: 25-Years Follow-up of the Whitehall II Cohort Study," *PLOS Medicine* 19, no. 10 (2002): e1004109, https://journals.plos.org/plosmedicine/

article?id=10.1371/journal.pmed.1004109.

21 Orchard et al., "Self-Reported Sleep Patterns"; "How Does Sleep Affect Your Heart Health?," Centers for Disease Control and Prevention, last reviewed January 4, 2021, https://www.cdc.gov/bloodpressure/sleep.htm.

22 Liqing Li, Chunmei Wu, Yong Gan et al., "Insomnia and the Risk of Depression: A Meta-Analysis of Prospective Cohort Studies," *BMC Psychiatry* 16, no. 1 (November 2016): 375, https://pubmed.ncbi.nlm.nih.gov/27816065/.

23 Jon Johnson, "How Long Is the Ideal Nap?," Medical News Today, October 5, 2019, https://www.medicalnewstoday.com/articles/326803#tips.

24 Rebecca L. Campbell and Ana J. Bridges, "Bedtime Procrastination Mediates the Relation Between Anxiety and Sleep Problems," *Journal of Clinical Psychology* 79, no. 3. (March 2023): 803–17, https://onlinelibrary.wiley.com/doi/10.1002/jclp.23440.

25 Eric W. Dolan, "Bedtime Procrastination Helps Explain the Link Between Anxiety and Sleep Problems," PsyPost.org, October 29, 2022, https://www.psypost.org/2022/10/bedtime-procrastination-helps-explain-the-link-between-anxiety-and-sleep-problems-64181.

26 Maria Godoy and Audrey Nguyen, "Stop Doomscrolling and Get Ready for Bed. Here's How to Reclaim a Good Night's Sleep," National Public Radio, June 16, 2022, https://www.npr.org/2022/06/14/1105122521/stop-revenge-bedtime-procrastination-get-better-sleep.

27 Janosch Deeg, "It Goes by the Name 'Bedtime Procrastination,' and You Can Probably Guess What It Is," ScientificAmerican.com, July 19, 2022, https://www.scientificamerican.com/article/it-goes-by-the-name-bedtime-procrastination-and-you-can-probably-guess-what-it-is/.

28 Floor M. Korese, Sanne Nauts, Bart A. Kamphorst et al., "Bedtime Procrastination: A Behavioral Perspective on Sleep Insufficiency," in *Procrastination, Health, and Well-Being*, ed. Fuschia M. Sirois and Timothy A. Pychyl (Cambridge, MA: Academic Press, 2016), https://doi.org/10.1016/

C2014-0-03741-0.

29   Sun Ju Chung, Hyeyoung An, and Sooyeon Suh, "What Do People Do Before Going to Bed? A Study of Bedtime Procrastination Using Time Use Surveys," *Sleep* 43, no. 4 (April 2020): zsz267, https://doi.org/10.1093/sleep/zsz267.

30   Shahram Nikbakhtian, Angus B. Reed, Bernard Dillon Obika et al., "Accelerometer-Derived Sleep Onset Timing and Cardiovascular Disease Incidence: A UK Biobank Cohort Study," *European Heart Journal–Digital Health* 2, no. 4 (December 2021): 658–66, https://doi.org/10.1093/ehjdh/ztab088; European Society of Cardiology, "Bedtime Linked with Heart Health," ScienceDaily, November 8, 2021, https://www.sciencedaily.com/releases/2021/11/211108193627.htm.

31   Sophia Antipolis, "Bedtime Linked with Heart Health," European Society of Cardiology, November 9, 2021, https://www.escardio.org/The-ESC/Press-Office/Press-releases/Bedtime-linked-with-heart-health.

32   Andrea. N. Goldstein, Stephanie M. Greer, Jared M. Saletin et al., "Tired and Apprehensive: Anxiety Amplifies the Impact of Sleep Loss on Aversive Brain Anticipation," *Journal of Neuroscience* 33, no. 26 (June 2013): 10607–15.

33   Eti Ben Simon, Aubrey Rossi, Allison G. Harvey, and Matthew P. Walker, "Overanxious and Underslept," *Nature Human Behaviour* 4 (2020): 100–10, https://www.nature.com/articles/s41562-019-0754-8.

34   E. B. Simon and M. P. Walker, "Under Slept and Overanxious: The Neural Correlates of Sleep-Loss Induced Anxiety in the Human Brain" (Neuroscience 2018, San Diego, CA, November 4, 2018), https://www.abstractsonline.com/pp8/#!/4649/presentation/38909; Laura Sanders, "Poor Sleep Can Be the Cause of Anxiety, Study Finds," *Washington Post*, November 10, 2018, https://www.washingtonpost.com/national/health-science/poor-sleep-can-be-the-cause-of-anxiety-study-finds/2018/11/09/9180ea10-e366-11e8-ab2c-b31dcd53ca6b_story.html?noredirect=on.

35   Dana G. Smith, "Lack of Sleep Looks the Same as Severe Anxiety in the Brain," *Popular Science*, November 26, 2018, https://www.popsci.com/

sleep-deprivation-brain-activity/.

36 "Stressed to the Max? Deep Sleep Can Rewire the Anxious Brain," EurekAlert!, November 4, 2019, https://www.eurekalert.org/news-releases/862776.

37 David Richter, Michael D. Krämer, Nicole K. Y. Tang et al., "Long-Term Effect of Pregnancy and Childbirth on Sleep Satisfaction and Duration of First-Time and Experienced Mothers and Fathers," *Sleep* 42, no. 4 (April 2019): zsz015, https://doi.org/10.1093/sleep/zsz015.

38 Bryce Ward, "Americans Are Choosing to Be Alone. Here's Why We Should Reverse That," *Washington Post*, November 23, 2022, https://www.washingtonpost.com/opinions/2022/11/23/americans-alone-thanksgiving-friends/.

39 "Smartphone Penetration Rate as Share of the Population of the United States from 2010 to 2021," Statista.com, https://www.statista.com/statistics/201183/forecast-of-smartphone-penetration-in-the-us/.

40 Valentina Rotondi, Luca Stanca, and Miriam Tomasuolo, "Connecting Alone: Smartphone Use, Quality of Social Interactions and Well-Being," *Journal of Economic Psychology* 63 (December 2017): 17–26, https://www.sciencedirect.com/science/article/pii/S0167487017302520.

41 "Gallup's 2023 Global Emotions Report," Gallup.com, https://www.gallup.com/analytics/349280/gallup-global-emotions-report.aspx.

42 Vivek H. Murthy, "Our Epidemic of Loneliness and Isolation: The U.S. Surgeon General's Advisory on the Healing Effects of Social Connection and Community," 2023, https://www.hhs.gov/sites/default/files/surgeon-general-social-connection-advisory.pdf.

43 "Loneliness and the Workplace: 2020 U.S. Report," Cigna.com, 2020, https://www.cigna.com/static/www-cigna-com/docs/about-us/news room/studies-and-reports/combatting-loneliness/cigna-2020-loneliness-factsheet.pdf.

44 Amy Novotney, "The Risks of Social Isolation," American Psychological As- sociation, May 2019, https://www.apa.org/monitor/2019/05/

ce-corner-isolation.

45 Murthy, "Our Epidemic of Loneliness and Isolation."

46 Kassandra I. Alcaraz, Katherine S. Eddens, Jennifer L. Blase et al., "Social Isolation and Mortality in US Black and White Men and Women," *American Journal of Epidemiology* 188, no. 1 (January 2019): 102–9, https://doi.org/10.1093/aje/kwy231; Novotney, "Risks of Social Isolation."

47 "Welcome to the Harvard Study of Adult Development," Harvard Second Generation Study, accessed October 4, 2023, https://www.adultdevelopmentstudy.org/.

48 Tao Jiang, Syamil Yakin, Jennifer Crocker, and Baldwin M. Way, "Perceived Social Support-Giving Moderates the Association Between Social Relationships and Interleukin-6 Levels in Blood," *Brain, Behavior, and Immunity* 100 (February 2022): 25–28, https://doi.org/10.1016/j.bbi.2021.11.002.

49 "Author Talks: Don't Spoil the Fun," McKinsey.com, March 24, 2022, https://www.mckinsey.com/featured-insights/mckinsey-on-books/author-talks-dont-spoil-the-fun.

5장 세 번째 회복탄력성 리셋 버튼: 뇌와 몸을 동기화하라

1 Pierre Philippot, Gaëtane Chapelle, and Sylvie Blairy, "Respiratory Feedback in the Generation of Emotion," *Cognition and Emotion* 16, no. 5 (2002): 605–27, https://doi.org/10.1080/02699930143000392.

2 Bruce Goldman, "Study Shows How Slow Breathing Induces Tranquility," Stanford Medicine, March 30, 2017, https://med.stanford.edu/news/all-news/2017/03/study-discovers-how-slow-breathing-induces-tranquility.html.

3 Susan I. Hopper, Sherrie L. Murray, Lucille R. Ferrara, and Joanne K. Singleton, "Effectiveness of Diaphragmatic Breathing for Reducing Physiological and Psychological Stress in Adults: A Quantitative Systematic Review," *JBI*

Database of Systematic Reviews and Implementation Reports 17, no. 9 (September 2019): 1855–76, https://pubmed.ncbi.nlm.nih.gov/31436595/; Xiao Ma, Zi-Qi Yue, Zhu-Qing Gong et al., "The Effect of Diaphragmatic Breathing on Attention, Negative Affect and Stress in Healthy Adults," *Frontiers in Psychology* 8 (2017): 874, https://www.ncbi.nlm.nih.gov/pmc/articles/PMC5455070/.

4   "How to Do the 4-7-8 Breathing Exercise," Cleveland Clinic, September 6, 2022, https://health.clevelandclinic.org/4-7-8-breathing/.

5   Eckhart Tolle, *A New Earth: Awakening to Your Life's Purpose*, 10th anniversary ed. (New York: Penguin Books, 2016), 244.

6   Lin Yang, Chao Cao, Elizabeth D. Kantor et al., "Trends in Sedentary Behavior Among the US Population, 2001–2016," *JAMA* 321, no. 16 (April 2019): 1587–97, https://jamanetwork.com/journals/jama/fullarticle/2731178; Emily N. Ussery, Janet E. Fulton, Deborah A. Galuska et al., "Joint Prevalence of Sitting Time and Leisure-Time Physical Activity Among US Adults," *JAMA* 320, no. 19 (2018): 2036–38, https://jamanetwork.com/journals/jama/fullarticle/2715582.

7   E. G. Wilmot, C. L. Edwardson, F. A. Achana et al., "Sedentary Time in Adults and the Association with Diabetes, Cardiovascular Disease and Death: Systematic Review and Meta-Analysis," *Diabetologia* 55 (2012): 2895–905, https://link.springer.com/article/10.1007/s00125-012-2677-z.

8   Megan Teychenne, Sarah A. Costigan, and Kate Parker, "The Association Between Sedentary Behavior and Risk of Anxiety: A Systematic Review," *BMC Public Health* 15 (2015): 513, https://bmcpublichealth.biomedcentral.com/articles/10.1186/s12889-015-1843-x; Jacob D. Meyer, John O'Connor, Cillian P. McDowell et al., "High Sitting Time Is a Behavioral Risk Factor for Blunted Improvement in Depression Across 8 Weeks of the COVID-19 Pan- demic in April–May 2020," *Front Psychiatry* 12 (2021): 741433, https://www.frontiersin.org/articles/10.3389/fpsyt.2021.741433/full.

9   "Sitting More Linked to Increased Feelings of Depression, Anxiety," Iowa

State University News Service, November 8, 2021, https://www.news.iastate.edu/news/2021/11/08/sittingdepression.

10 Ben Renner, "Life Gets in the Way: Nearly Half of Americans Want to Exercise, but Don't Have Time," StudyFinds.org, November 23, 2019, https://studyfinds.org/life-gets-in-the-way-nearly-half-of-americans-want-to-exercise-but-dont-have-time/; Debra L. Blackwell and Tainya C. Clarke, "State Variation in Meeting the 2008 Federal Guidelines for Both Aerobic and Muscle-Strengthening Activities Through Leisure-Time Physical Activity Among Adults Aged 18–64: United States, 2010–2015," National Health Statistics Reports, No. 112, June 28, 2018, https://www.cdc.gov/nchs/data/nhsr/nhsr112.pdf.

11 Bethany Barone Gibbs, Marie-France Hivert, Gerald J. Jerome et al., "Physical Activity as a Critical Component of First-Line Treatment for Elevated Blood Pressure or Cholesterol: Who, What, and How?: A Scientific Statement from the American Heart Association," *Hypertension* 78 , no. 2 (Au- gust 2021): e26–e37, https://www.ahajournals.org/doi/full/10.1161/HYP.0000000000000196; "The Importance of Exercise When You Have Dia- betes," Harvard Health Publishing, Harvard Medical School, August 2, 2023,https://www.health.harvard.edu/staying-healthy/the-importance-of-exercise-when-you-have-diabetes.

12 Glenn A. Gaesser and Siddhartha S. Angadi, "Obesity Treatment: Weight Loss Versus Increasing Fitness and Physical Activity for Reducing Health Risks," *iScience* 24, no. 10 (October 2021): 102995, https://www.cell.com/iscience/fulltext/S2589-0042(21)00963-9.

13 "Exercising to Relax: How Does Exercise Reduce Stress? Surprising Answers to This Question and More," Harvard Health Publishing, Harvard Medical School, July 7, 2020, https://www.health.harvard.edu/staying-healthy/exercising-to-relax.

14 "Exercise, Stress, and the Brain: Paul Thompson PhD," NIBIB gov, July 17, 2013, YouTube, https://www.youtube.com/watch?v=xpy_rAWSWkA.

15　Justin B. Echouffo-Tcheugui, Sarah C. Conner, Jayandra J. Himali et al., "Cir- culating Cortisol and Cognitive and Structural Brain Measures: The Framingham Heart Study," *Neurology* 91, no. 21 (November 2018): e1961–70, https://n.neurology.org/content/91/21/e1961.

16　"Exercise, Stress, and the Brain: Paul Thompson PhD," NIBIB gov.

17　Hayley Guiney and Liana Machado, "Benefits of Regular Aerobic Exercise for Executive Functioning in Healthy Populations," *Psychonomic Bulletin and Review* 20 (2013): 73–86, https://link.springer.com/article/10.3758/ s13423-012-0345-4.

18　Carlo Maria Di Liegro, Gabriella Schiera, Patrizia Proia, and Italia Di Liegro, "Physical Activity and Brain Health," *Genes (Basel)* 10, no. 9 (September 2019): 720, https://www.ncbi.nlm.nih.gov/pmc/articles/PMC6770965/.

19　Ryan S. Falck, Chun L. Hsu, John R. Best et al., "Not Just for Joints: The Associations of Moderate-to-Vigorous Physical Activity and Sedentary Be- havior with Brain Cortical Thickness," *Medicine & Science in Sports & Exercise* 52, no. 10 (October 2020): 2217–23, https://pubmed.ncbi.nlm.nih. gov/32936595/.

20　Yu-Chun Chen, Chenyi Chen, Róger Marcelo Martínez et al., "Habit- ual Physical Activity Mediates the Acute Exercise-Induced Modulation of Anxiety-Related Amygdala Functional Connectivity," *Scientific Reports* 9, no. 1 (December 2019): 19787, https://pubmed.ncbi.nlm.nih.gov/31875047/.

21　Kirk I. Erickson, Michelle W. Voss, Ruchika Shaurya Prakash et al., "Exercise Training Increases Size of Hippocampus and Improves Memory," *PNAS* 108, no. 7 (January 2011): 3017–22, https://doi.org/10.1073/pnas.1015950108; Tzu-Wei Lin, Sheng-Feng Tsai, and Yu-Min Kuo, "Physical Exercise Enhances Neuroplasticity and Delays Alzheimer's Disease," *Brain Plasticity*, December 12, 2018, https://pubmed.ncbi.nlm.nih.gov/30564549/.

22　"Physical Exercise and Dementia," Alzheimer's Society, https://www. alzheimers.org.uk/about-dementia/risk-factors-and-prevention/ physical-exercise.

23 Kazuya Suwabe, Kyeongho Byun, Kazuki Hyodo et al., "Rapid Stimu- lation of Human Dentate Gyrus Function with Acute Mild Exercise," PNAS 115, no. 41 (September 2018): 10487–92, https://www.pnas.org/doi/10.1073/pnas.1805668115; M. K. Edwards and P. D. Loprinzi, "Experimental Effects of Brief, Single Bouts of Walking and Meditation on Mood Profile in Young Adults," *Health Promotion Perspectives* 8, no. 3 (July 2018): 171–78.

24 Emmanuel Stamatakis, Matthew N. Ahmadi, Jason M. R. Gill et al., "Association of Wearable Device–Measured Vigorous Intermittent Lifestyle Physical Activity with Mortality," *Nature Medicine* 28 (2022): 2521–29, https://doi.org/10.1038/s41591-022-02100-x.

25 E. A. Palank and E. H. Hargreaves Jr., "The Benefits of Walking the Golf Course," *The Physician and Sportsmedicine*, October 1990, doi: 10.1080/00913847.1990.11710155.

26 Tara Parker-Pope, "To Start a New Habit, Make It Easy," *New York Times*, Jan- uary 9, 2021, https://www.nytimes.com/2021/01/09/well/mind/healthy-habits.html.

27 Benjamin Gardner, Phillippa Lally, and Jane Wardle, "Making Health Habitual: The Psychology of 'Habit-Formation' and General Practice," *British Journal of General Practice* 62, no. 605 (December 2012): 664–66, https://www.ncbi.nlm.nih.gov/pmc/articles/PMC3505409/.

28 Thomaz F. Bastiaanssen, Sofia Cussotto, Marcus J. Claesson et al., "Gutted! Unraveling the Role of the Microbiome in Major Depressive Disorder," *Harvard Review of Psychiatry* 28, no. 1 (January/February 2020): 26–39, https://doi.org/10.1097/HRP.0000000000000243.

29 Yijing Chen, Jinying Xu, and Yu Chen, "Regulation of Neurotransmitters by the Gut Microbiota and Effects on Cognition in Neurological Disorders," *Nutrients* 13, no. 6 (2021): 2099, https://doi.org/10.3390/nu13062099.

30 Marilia Carabotti, Annunziata Scirocco, Maria Antonietta Maselli, and Carola Sever, "The Gut-Brain Axis: Interactions Between Enteric Microbiota, Central and Enteric Nervous Systems," *Annals of Gastroenterology* 28, no.

2 (April–June 2015): 203–9, https://pubmed.ncbi.nlm.nih.gov/25830558/; Bastiaanssen et al., "Gutted!"

31 Lixia Pei, Hao Geng, Jing Guo et al., "Effect of Acupuncture in Patients with Irritable Bowel Syndrome: A Randomized Controlled Trial," *Mayo Clinic Proceedings* 95, no. 8 (August 2020): 1671–83, https://www.sciencedirect.com/science/article/pii/S0025619620301518; Guan-Qun Chao and Shuo Zhang, "Effectiveness of Acupuncture to Treat Irritable Bowel Syndrome: A Meta-Analysis," *World Journal of Gastroenterology* 20, no. 7 (Febru- ary 2014): 1871–77, https://www.ncbi.nlm.nih.gov/pmc/articles/PMC39 30986/.

32 Daniel P. Alford, Jacqueline S. German, Jeffrey H. Samet et al., "Primary Care Patients with Drug Use Report Chronic Pain and Self-Medicate with Alcohol and Other Drugs," *Journal of General Internal Medicine* 31, no. 5 (May 2016): 486–91, https://www.ncbi.nlm.nih.gov/pmc/articles/PMC4835374/; Rosa M. Crum, Ramin Mojtabai, Samuel Lazareck et al., "A Prospective Assessment of Reports of Drinking to Self-Medicate Mood Symptoms with the Incidence and Persistence of Alcohol Depen- dence," JAMA Psychiatry 70, no. 7 (2013): 718–26, https://jamanetwork.com/journals/jamapsychiatry/fullarticle/1684867; Sarah Turner, Natalie Mota, James Bolton, and Jitender Sareen, "Self-Medication with Alco- hol or Drugs for Mood and Anxiety Disorders: A Narrative Review of the Epidemiological Literature," *Depression and Anxiety* 35, no. 9 (Septem- ber 2018): 851–60, https://www.ncbi.nlm.nih.gov/pmc/articles/PMC6175215/.

33 "The Brain-Gut Connection," Johns Hopkins Medicine, https://www.hopkins medicine.org/health/wellness-and-prevention/the-brain-gut-connection.

34 Adam Hadhazy, "Think Twice: How the Gut's 'Second Brain' Influences Mood and Well-Being," *Scientific American*, February 12, 2010, https://www.scientificamerican.com/article/gut-second-brain/.

35 Chen et al., "Regulation of Neurotransmitters."

36 Annelise Madison and Janice K. Kiecolt-Glaser, "Stress, Depression, Diet,

and the Gut Microbiota: Human–Bacteria Interactions at the Core of Psychoneuroimmunology and Nutrition," *Current Opinion in Behavioral Sciences* 28 (August 2019): 105–10, https://www.ncbi.nlm.nih.gov/pmc/articles/PMC7213601/.

37 Elizabeth Pennisi, "Meet the Psychobiome: Mounting Evidence That Gut Bacteria Influence the Nervous System Inspires Efforts to Mine the Microbiome for Brain Drugs," Science.org, May 7, 2020, https://www.science.org/content/article/meet-psychobiome-gut-bacteria-may-alter-how-you-think-feel-and-act.

38 Pennisi, "Meet the Psychobiome."

39 Madison and Kiecolt-Glaser, "Stress, Depression, Diet"; J. Douglas Bremner, Kasra Moazzami, Matthew T. Wittbrodt et al., "Diet, Stress and Mental Health," *Nutrients* 12, no. 8 (August 2020): 2428, https://pubmed.ncbi.nlm.nih.gov/32823562/.

40 Eva Selhub, "Nutritional Psychiatry: Your Brain on Food," Harvard Health Publishing, Harvard Medical School, September 18, 2022, https://www.health.harvard.edu/blog/nutritional-psychiatry-your-brain-on-food-201511168626; Giuseppe Grosso, "Nutritional Psychiatry: How Diet Affects Brain Through Gut Microbiota," *Nutrients* 13, no. 4 (April 2021): 1282, https://pubmed.ncbi.nlm.nih.gov/33919680/; Jerome Sarris, Alan C. Logan, Tasnime N. Akbaraly et al., "Nutritional Medicine as Mainstream in Psychiatry," *Lancet Psychiatry* 2, no. 3 (March 2015): 271–74, https://pubmed.ncbi.nlm.nih.gov/26359904/.

41 Chopra, Deepak. *What Are You Hungry For? The Chopra Solution to Permanent Weight Loss, Well-Being and Lightness of the Soul* (New York: Har- mony Books, 2013).

42 Cassandra J. Lowe, "Expert Insight: How Exercise Can Curb Your Junk Food Craving: Research Suggests Physical Activity Can Help Promote Better Diet," Western News, Western University, January 4, 2022, https://news.westernu.ca/2022/01/expert-insights-how-exercise-can-curb-your-junk-

food-craving/; Shina Leow, Ben Jackson, Jacqueline A. Alderson et al., "A Role for Exercise in Attenuating Unhealthy Food Consumption in Response to Stress," *Nutrients* 10, no. 2 (February 2018): 176, https://pubmed.ncbi.nlm. nih.gov/29415424/.

43 Cassandra J. Lowe, Dimitar Kolev, and Peter A. Hall, "An Exploration of Exercise-Induced Cognitive Enhancement and Transfer Effects to Dietary Self-Control," *Brain and Cognition* 110 (December 2016): 102–11, https:// doi.org/10.1016/j.bandc.2016.04.008.

44 Jack F. Hollis, Christina M. Gullion, Victor J. Stevens et al., "Weight Loss During the Intensive Intervention Phase of the Weight-Loss Maintenance Trial," *American Journal of Preventive Medicine* 35, no. 2 (August 2008): 118–26, https://pubmed.ncbi.nlm.nih.gov/18617080/.

45 "Diet Review: Mediterranean Diet," Nutrition Source, Harvard T. H. Chan School of Public Health, last reviewed April 2023, https://www.hsph.harvard. edu/nutritionsource/healthy-weight/diet-reviews/mediterranean-diet/; Daniela Martini, "Health Benefits of Mediterranean Diet," Nutrients 11, no. 8 (2019): 182, https://www.mdpi.com/2072-6643/11/8/1802/htm; Marta Crous-Bou, Teresa T. Fung, Bettina Julin et al., "Mediterranean Diet and Telomere Length in Nurses' Health Study: Pop- ulation Based Cohort Study," *BMJ* (2014): 349, https://www.bmj.com/content/349/bmj.g6674.

46 Felice N. Jacka, Adrienne O'Neil, Rachelle Opie et al., "A Randomised Con-trolled Trial of Dietary Improvement for Adults with Major Depression (the 'SMILES' Trial)," BMC Medicine 15 (2017): 23, https://doi.org/10.1186/ s12916-017-0791-y.

47 Heather M. Francis, Richards J. Stevenson, Jaime R. Chambers et al., "A Brief Diet Intervention Can Reduce Symptoms of Depression in Young Adults— A Randomised Controlled Study," *PLOS One* 14, no. 10 (October 2019): e0222768, https://doi.org/10.1371/journal.pone.0222768.

48 Tarini Shankar Ghosh, Simone Rampelli, Ian B Jeffery et al., "Mediterra-nean Diet Intervention Alters the Gut Microbiome in Older People Reducing

Frailty and Improving Health Status: The NU-AGE 1-Year Dietary Intervention Across Five European Countries," *Gut* 69, no. 7 (2020): 1218–28, https://gut.bmj.com/content/69/7/1218.full.

49   Dorna Davani-Davari, Manica Negahdaripour, Iman Karimzadeh et al., "Prebiotics: Definition, Types, Sources, Mechanisms, and Clinical Applications," *Foods* 8, no. 3 (March 2019): 92, https://www.ncbi.nlm.nih.gov/pmc/articles/PMC6463098/; Natasha K. Leeuwendaal, Catherine Stan- ton, Paul W. O'Toole, and Tom P. Beresford, "Fermented Foods, Health and the Gut Microbiome," *Nutrients* 14, no. 7 (April 2022): 1527, https://www.ncbi.nlm.nih.gov/pmc/articles/PMC9003261/.

50   Hoda Soltani, Nancy L. Keim, and Kevin D. Laugero, "Diet Quality for Sodium and Vegetables Mediate Effects of Whole Food Diets on 8-Week Changes in Stress Load," *Nutrients* 10, no. 11 (November 2018): 1606, https://pubmed.ncbi.nlm.nih.gov/30388762/.

51   Kirsten Berding, Thomaz F. S. Bastiaanssen, Gerard M. Moloney et al. "Feed Your Microbes to Deal with Stress: A Psychobiotic Diet Impacts Microbial Stability and Perceived Stress in a Healthy Adult Population," *Molecular Psychiatry* 28 (2023): 601–10, https://doi.org/10.1038/s413 80-022-01817-y.

52   Katherine D. McManus, "A Practical Guide to the Mediterranean Diet," Har- vard Health Publishing, Harvard Medical School, March 22, 2023, https:// www.health.harvard.edu/blog/a-practical-guide-to-the-mediterranean-diet-2019032116194.

6장 네 번째 회복탄력성 리셋 버튼: 뇌를 쉬게 하라

1   Ann Pietrangelo, "What the Yerkes-Dodson Law Says About Stress and Performance," Healthline, October 22, 2020, https://www.healthline.com/health/yerkes-dodson-law#optimal-arousal-or-anxiety.

2   Kevin Dickinson, "The Yerkes-Dodson Law: This Graph Will Change Your

Relationship with Stress," The Learning Curve, Big Think, September 8, 2022, https://bigthink.com/the-learning-curve/eustress/.

3   "Research Proves Your Brain Needs Breaks," Microsoft.com, April 20, 2021, https://www.microsoft.com/en-us/worklab/work-trend-index/brain-research.

4   Marlene Bönstrup, Iñaki Iturrate, Ryan Thompson et al., "A Rapid Form of Offline Consolidation in Skill Learning," *Current Biology* 29, no. 8 (April 2019): 1346–51, https://doi.org/10.1016/j.cub.2019.02.049.

5   "Want to Learn a New Skill? Take Some Short Breaks," National Institute of Neurological Disorders and Stroke, April 12, 2019, https://www.ninds.nih.gov/news-events/press-releases/want-learn-new-skill-take-some-short-breaks.

6   "Want to Learn a New Skill?"

7   "Employee Productivity and Workplace Distraction Statistics," Solitaired.com, September 9, 2021, https://solitaired.com/employee-productivity-statistics; Marriott International, "Americans Multitask More Than Any Other Country—Suppressing Their Creativity and Inspiration," Cision PR Newswire, November 5, 2019, https://www.prnewswire.com/news-releases/americans-multitask-more-than-any-other-country--suppressing-their-creativity-and-inspiration-300951710.html.

8   "Distracted Working," Mopria, https://mopria.org/Documents/Mopria-Distracted-Working-Survey-2021.pdf.

9   Chris Melore, "Multitasking Nightmare: Average Service Industry Work-ers Juggles [sic] 11 Tasks Each Shift," StudyFinds, September 28, 2022, https://studyfinds.org/multitasking-service-industry-workers/.

10 Jason M. Watson and David L. Strayer, "Supertaskers: Profiles in Extraordinary Multitasking Ability," *Psychonomic Bulletin & Review* 17 (August 2010): 479–85, https://link.springer.com/article/10.3758/PBR.17.4.479.

11 Kevin P. Madore and Anthony D. Wagner, "Multicosts of Multitasking," *Cerebrum* 2019 (March–April 2019): cer-04-19, https://www.ncbi.nlm.nih.gov/pmc/articles/PMC7075496/.

12 "Multitasking: Switching Costs—Subtle 'Switching' Costs Cut Efficiency,

Raise Risk," American Psychological Association, March 20, 2006, https://www.apa.org/topics/research/multitasking.

13 Kendra Cherry, "How Multitasking Affects Productivity and Brain Health," Verywell Mind, last updated March 1, 2023, https://www.verywellmind.com/multitasking-2795003.

14 Amrita Mandal, "The Pomodoro Technique: An Effective Time Manage- ment Tool," National Institute of Child Health and Human Development, May 2020, https://science.nichd.nih.gov/confluence/display/newsletter/2020/05/07/The+Pomodoro+Technique%3A+An+Effective+Time+Management+Tool.

15 M. Csikszentmihalyi, *Flow: The Psychology of Optimal Experience* (New York: Harper Perennial, 1990); Fabienne Aust, Theresa Beneke, Corinna Peifer, and Magdalena Wekenborg, "The Relationship Between Flow Experience and Burnout Symptoms: A Systematic Review," *International Journal of Environmental Research and Public Health* 19, no. 7 (April 2022): 3865, https:// www.ncbi.nlm.nih.gov/pmc/articles/PMC8998023/; Miriam A. Mosing, Ana Butkovic, and Fredrik Ullén, "Can Flow Experiences Be Protective of Work- Related Depressive Symptoms and Burnout? A Genetically Informative Approach," *Journal of Affective Disorders* 226 (January 15, 2018): 6–11, https:// doi.org/10.1016/j.jad.2017.09.017.

16 Hannah Thomasy, "How the Brain's Flow State Keeps Us Creative, Focused, and Happy," TheDailyBeast.com, updated June 23, 2022, https://www.thedailybeast.com/how-the-neuroscience-of-the-brains-flow-state-keeps-us-creative-focused-and-happy; Richard Huskey, "Why Does Experiencing 'Flow' Feel So Good?," UC Davis, January 6, 2022, in https://www.ucdavis.edu/curiosity/blog/research-shows-people-who-have-flow-regular-part-their-lives-are-happier-and-less-likely-focus.

17 Ben Clark, Kiron Chatterjee, Adam Martin, and Adrian Davis, "How Commuting Affects Subjective Wellbeing," *Transportation* 47 (December 2020): 2777–805, https://link.springer.com/article/10.1007/s11116-019-09983-9.

18　"State of Remote Work 2021," OwlLabs.com, https://owllabs.com/state-of-remote-work/2021/.

19　Ben Wigert and Jessica White, "The Advantages and Challenges of Hybrid Work," Workplace, Gallup.com, September 14, 2022, https://www.gallup.com/workplace/398135/advantages-challenges-hybrid-work.aspx.

20　"The Future of Work: Productive Anywhere," Accenture.com, May 2021, https://www.accenture.com/_acnmedia/PDF-155/Accenture-Future-Of-Work-Global-Report.pdf#zoom=40.

21　Neha Chaudhary, "Rituals Keep These Athletes Grounded. They Can Help Parents, Too," *New York Times*, July 6, 2020, https://www.nytimes.com/2020/07/06/parenting/rituals-pandemic-kids-athletes.html.

22　Chaudhary, "Rituals Keep These Athletes Grounded. They Can Help Parents, Too."

7장 다섯 번째 회복탄력성 리셋 버튼: 최고의 자아를 전면에 내세워라

1　Desiree Dickerson, "The Inner Critic," accessed October 4, 2023, https:// www.massgeneral.org/assets/mgh/pdf/faculty-development/career-advancement-resources/promotion-cv/theinnercritic.pdf.

2　Michael Bergeisen, "The Neuroscience of Happiness," *Greater Good*, September 22, 2010, https://greatergood.berkeley.edu/article/item/the_neuroscience_of_happiness.

3　Allen Summer, "The Science of Gratitude," Greater Good Science Center at UC Berkeley, John Templeton Foundation, May 2018, https://ggsc.berkeley.edu/images/uploads/GGSC-JTF_White_Paper- Gratitude-FINAL.pdf.

4　Nathan T. Deichert, Micah Prairie Chicken, and Lexus Hodgman, "Appreciation of Others Buffers the Associations of Stressful Life Events with Depressive and Physical Symptoms," *Journal of Happiness Studies* 20, no. 4 (2019): 1071–88, https://link.springer.com/article/10.1007/

s10902-018-9988-9; Erin M. Fekete and Nathan T. Deichert, "A Brief Gratitude Writing Intervention Decreased Stress and Negative Affect During the COVID-19 Pandemic," *Journal of Happiness Studies* 23, no. 6 (2022): 2427–48, https://www.ncbi.nlm.nih.gov/pmc/articles/PMC8867461/.

5   Rick Hanson, "Do Positive Experiences 'Stick to Your Ribs'?" Take in the Good, July 30, 2018, https://www.rickhanson.net/take-in-the-good/; Rick Hanson, Shauna Shapiro, Emma Hutton-Thamm et al., "Learning to Learn from Posi- tive Experiences," *The Journal of Positive Psychology* 18, no. 1 (2023): 142–53, https://www.tandfonline.com/doi/full/10.1080/17439760.2021.2006759; Joshua Brown and Joel Wong, "How Gratitude Changes You and Your Brain," *Greater Good Magazine*, June 6, 2017, https://greatergood.berkeley.edu/article/item/how_gratitude_changes_you_and_your_brain.

6   Hanson et al., "Learning to Learn."

7   Rick Hanson, *Hardwiring Happiness: The New Brain Science of Content-ment*, Calm, and Confidence (New York: Harmony Books, 2013), 10, 70.

8   Y. Joel Wong, Jesse Owen, Nicole T. Gabana et al., "Does Gratitude Writing Improve the Mental Health of Psychotherapy Clients? Evidence from a Randomized Controlled Trial," *Psychotherapy Research* 28, no. 2 (2018): 192–202, https://doi.org/10.1080/10503307.2016.1169332.

9   Brown and Wong, "How Gratitude Changes You and Your Brain."

10   "Pandemic Parenting: Examining the Epidemic of Working Parental Burn-out and Strategies to Help," Office of the Chief Wellness Officer and Col- lege of Nursing, The Ohio State University, May 2022, https://wellness.osu.edu/sites/default/files/documents/2022/05/OCWO_ParentalBurnout_3674200_Report_FINAL.pdf.

11   Charles Mandel, "High Rate of Mental Health Conditions in Women En-trepreneurs 'Alarming,' Reports Flik Study," Betakit, August 30, 2021, https://betakit.com/high-rate-of-mental-health-conditions-in-women-entrepreneurs-alarming-reports-flik-study/#:~:text=More%20than%20

half%20of%20women,during%20rounds%20of%20seed%20funding.

12 Pam A. Mueller and Daniel M. Oppenheimer, "The Pen Is Mightier than the Keyboard: Advantages of Longhand Over Laptop Note Taking," *Psychological Science* 25, no. 6 (2014): 1159–68, https://journals.sagepub.com/doi/10.1177/0956797614524581; Keita Umejima, Takuya Ibaraki, Takahiro Yamazaki, and Kuniyoshi L. Sakai, "Paper Notebooks vs. Mobile De- vices: Brain Activation Differences During Memory Retrieval," *Frontiers in Behavioral Neuroscience* 15 (2021), March 19, 2021, https://www.frontiers in.org/articles/10.3389/fnbeh.2021.634158/full.

13 James W. Pennebaker and John F. Evans, *Expressive Writing: Words That Heal* (Enumclaw, WA: Idyll Arbor, Inc., 2014); James W. Pennebaker and Sandra K. Beall, "Confronting a Traumatic Event: Toward an Understand- ing of Inhibition and Disease," *Journal of Abnormal Psychology* 95, no. 3 (1986): 274–81, https://doi.org/10.1037/0021-843X.95.3.274.

14 James W. Pennebaker, "Writing About Emotional Experiences as a Ther- apeutic Process," *Psychological Science* 8, no. 3 (May 1997): 162–66, https://doi.org/10.1111/j.1467-9280.1997.tb00403.x.

15 Pennebaker, "Writing About Emotional Experiences as a Therapeutic Process."

16 Bronnie Ware, *The Top Five Regrets of the Dying: A Life Transformed by the Dearly Departing* (Carlsbad, CA: Hay House, 2011).

17 Christopher Farrell, "Working Longer May Benefit Your Health," *New York Times*, March 3, 2017, https://www.nytimes.com/2017/03/03/business/retirement/working-longer-may-benefit-your-health.html.

18 Liz Mineo, "Good Genes Are Nice, but Joy Is Better," *Harvard Gazette*, April 11, 2017, https://news.harvard.edu/gazette/story/2017/04/over-nearly-80-years-harvard-study-has-been-showing-how-to-live-a-healthy-and-happy-life/.

19 Julie C. Bowker, Miriam T. Stotsky, and Rebecca G. Etkin, "How BIS/BAS and Psycho-Behavioral Variables Distinguish Between Social Withdrawal

Sub- types During Emerging Adulthood," *Personality and Individual Differences* 119 (December 1, 2017): 283–88, https://doi.org/10.1016/j.paid.2017.07.043; Zaria Gorvett, "How Solitude and Isolation Can Affect Your Social Skills," BBC.com, October 23, 2020, https://www.bbc.com/future/article/20201022-how-solitude-and-isolation-can-change-how-you-think.

20   Marta Zaraska, "With Age Comes Happiness: Here's Why," ScientificAmeri can.com, November 1, 2015, https://www.scientificamerican.com/article/with-age-comes-happiness-here-s-why/.

21   여배우 소피아 부시가 2015년 인스타그램에 올린 문구다.

8장 패스트 트랙

1   J. O. Prochaska and C. C. DiClemente, "Stages and Processes of Self-Change of Smoking: Toward an Integrative Model of Change," *Journal of Consulting and Clinical Psychology*, 1983, https://psycnet.apa.org/doi/10.1037/0022-006X.51.3.390; J. O. Prochaska, C. C. DiClemente, and J. C. Norcross, "In Search of How People Change: Applications to Addictive Behaviors," *American Psychologist* 47, no. 9 (1992): 1102–14, https://pubmed.ncbi.nlm.nih.gov/1329589/; Nahrain Raihan and Mark Cogburn, *Stages of Change Theory* (Treasure Island, FL: StatePearls Publishing, 2023), https://www.ncbi.nlm.nih.gov/books/NBK556005/; Lela Moore, "Shifting Behavior with the 'Stages of Change,'" PsychCentral, September 14, 2021, https://psychcentral.com/lib/stages-of-change.

2   "The Hare and the Tortoise," *The Aesop for Children*, https://read.gov/aesop/025.html.

3   Phillippa Lally, Cornelia H. M. van Jaarsveld, Henry W. W. Potts, and Jane Wardle, "How Are Habits Formed: Modelling Habit Formation in the Real World," *European Journal of Social Psychology* 40, no. 5 (October 2010):

998–1009, https://onlinelibrary.wiley.com/doi/abs/10.1002/ejsp.674.

4 Kristin Neff and Christopher Germer, "Self-Compassion and Psychological Well-Being," in *Oxford Handbook of Compassion Science*, ed. E. Seppälää et al. (Oxford: Oxford Univ. Press, 2017).

5 Jeffrey J. Kim, Stacey L. Parker, James R. Doty et al., "Neurophysiological and Behavioural Markers of Compassion," *Scientific Reports* 10 (2020): 6789, https://doi.org/10.1038/s41598-020-63846-3.

6 Fernanda B. C. Pires, Shirley S. Lacerda, Joana B. Balardin et al., "Self-Compassion Is Associated with Less Stress and Depression and Greater Attention and Brain Response to Affective Stimuli in Women Managers," *BMC Womens Health* 18, no. 1 (November 2018): 195, https://pubmed.ncbi.nlm.nih.gov/30482193/.

7 Neff and Germer, "Self-Compassion and Psychological Well-Being," 376.

8 Neff and Germer, "Self-Compassion and Psychological Well-Being," 376.

9 Jon Kabat-Zinn, *Mindfulness for Beginners: Reclaiming the Present Moment—and Your Life*, CD (Boulder, CO: Sounds True, 2012).

옮긴이 **박미경**

고려대학교 영문과를 졸업하고 건국대학교 교육대학원에서 교육학 석사 학위를 취득했다. 외국
항공사 승무원, 법률회사 비서, 영어 강사 등을 거쳐 현재 바른번역에서 전문 출판번역가이자 글밥
아카데미 강사로 활동하고 있다. 옮긴 책으로『내가 틀릴 수도 있습니다』,『마음챙김』,『가장 다정
한 전염』,『움직임의 힘』,『탁월한 인생을 만드는 법』,『인생의 마지막 순간에서』,『나를 바꾸는 인
생의 마법』,『혼자인 내가 좋다』,『집중력 설계자들』,『공부하는 우리 아이들, 머릿속의 비밀』,『내
가 행복해지는 거절의 힘』,『행복 탐닉』등이 있다.

쓸모 많은 뇌과학 · 10

회복탄력성의 뇌과학

1판 1쇄 발행 2025년 5월 22일
1판 2쇄 발행 2025년 5월 27일

지은이 아디티 네루카
옮긴이 박미경
발행인 박명곤 **CEO** 박지성 **CFO** 김영은
기획편집1팀 채대광, 백환희, 이상지
기획편집2팀 박일귀, 이은빈, 강민형, 박고은
기획편집3팀 이승미, 김윤아, 이지은
디자인팀 구경표, 유채민, 윤신혜, 임지선
마케팅팀 임우열, 김은지, 전상미, 이호, 최고은

펴낸곳 (주)현대지성
출판등록 제406-2014-000124호
전화 070-7791-2136 **팩스** 0303-3444-2136
주소 서울시 강서구 마곡중앙6로 40, 장흥빌딩 10층
홈페이지 www.hdjisung.com **이메일** support@hdjisung.com
제작처 영신사

ⓒ 현대지성 2025

"Curious and Creative people make Inspiring Contents"
현대지성은 여러분의 의견 하나하나를 소중히 받고 있습니다.
원고 투고, 오탈자 제보, 제휴 제안은 support@hdjisung.com으로 보내 주세요.

현대지성 홈페이지

이 책을 만든 사람들
기획·편집 박일귀 **디자인** 유채민